●音源定位，音源分離の技術の分類●

アプローチ	モデル	説明（各変数は周波数領域表現とする）
シングルマイクロホン	減算型	加法性雑音 N のみを扱う手法 $X = S + N \rightarrow \|\hat{S}\|^p = \|X\|^p - \|\ldots\|$ $X, S, N, \hat{S}, \hat{N}$ は，それぞれ観測信号〔…〕後の信号，雑音信号の推定値 p はノルムの次数であり，一般的に 1〔…〕 Lp のまま用いることもある
	積和型	音源信号が時間的・空間的にスパース（同時刻・同周波数で重ならない疎な状態）であることを仮定し，これを利用する手法 $X = HU$ X は観測信号の振幅スペクトログラム行列，H は基底ベクトル行列（各音源，もしくはその要素に対応），U は H に対するアクティベーション行列
	関数型	深層学習を利用した音源分離手法 $X = h(S) \rightarrow \hat{S} = f(X)$ S は音源信号ベクトル，X は S に対する観測信号ベクトル，h, f はそれぞれ信号，雑音抑圧モデルを表す関数，$\hat{S}$ は雑音抑圧後の信号ベクトル
両耳聴	積和型・関数型	頭部伝達関数を陽に用いる手法 定位：$\hat{\theta} = \underset{\theta}{\arg\max}\, \mathrm{SSL}(H_\theta, X)$，　分離：$\hat{S} = \mathrm{SSS}(H(\hat{\theta}), X)$ S は θ 方向の目的音源信号，X は観測信号ベクトル，H_θ は θ 方向の頭部伝達関数 SSL は入力に対し，θ 方向の音源定位尤度を出力する関数，SSS は頭部伝達関数 $H(\hat{\theta})$ を用いて θ 方向の信号を分離抽出する関数（積和型・関数型どちらのモデルでも定義可能）
	関数型	頭部伝達関数をデータから学習する手法 定位：$\hat{\theta} = \mathrm{SSL}(X)$，　分離：$\hat{S} = \mathrm{SSS}(\hat{\theta}, X)$ S は音源信号ベクトル，X は観測信号ベクトル，SSL は事前学習モデルを用いて観測信号から音源方向を推定する関数，SSS は事前学習モデルを用いて観測信号から θ 方向の音源を分離抽出する関数
マイクロホンアレイ	積和型	ビームフォーミング $X = HS \rightarrow \hat{S} = W(H)X$ M, N はそれぞれマイクロホン数，音源数，X は M 次元観測信号ベクトル，S は N 次元音源信号ベクトル，H は $M \times N$ 次元伝達関数行列，W は H から推定される $N \times M$ 次元分離行列．また，$\hat{S}$ は分離信号ベクトル
	積和型	適応ビームフォーミング $X = HS \rightarrow \hat{S}_t = W_t(H, W_{t-1}, X_t)X_t$ H は $M \times N$ 次元伝達関数行列，$S_t, X_t, \hat{S}_t$ はそれぞれ時刻 t における N 次元音源信号ベクトル，M 次元観測信号ベクトル，分離信号ベクトル．また，W_t は H および環境（一般には，W_{t-1}, X_t から更新式で推定）で決まる $N \times M$ 次元分離行列
	積和型	ブラインド音源分離法 $\hat{S} = WX$ マイクロホン数 M，音源数 N とした場合，X は時刻 t の M 次元観測信号ベクトル，W は音源間の統計的独立性を仮定して推定する $N \times M$ 次元分離行列，$\hat{S}$ は分離信号ベクトル
	関数型	深層学習を利用した音源定位・分離手法 $X = h(S) \rightarrow \hat{S} = f(X)$ S は音源信号ベクトル（振幅スペクトル），X は M 次元観測信号ベクトル，h, f はそれぞれ信号，雑音抑圧モデルを表す関数，$\hat{S}$ は雑音抑圧後の信号ベクトル

ロボット聴覚の基礎

実環境での 音源定位・分離技術

中臺 一博・糸山 克寿 共著

Ohmsha

はじめに

　読者の中には，「ロボット聴覚」って何だろうと思い，本書を手に取られた方もいるのではないだろうか？

　ロボット聴覚は，ロボットの耳の機能を実現することを目的に日本発の研究テーマとして，20年以上にわたって，研究開発が進められている分野である．これまでに聴覚処理，音響信号処理，機械学習を含む人工知能，人・ロボットインタラクション，災害救助，生態学，エッジコンピューティングなどさまざまな分野に研究が広がってきており，学術的にも，応用的にも多くの成果が出てきている．本書では，なかでも精力的に研究開発が行われてきており，研究としての価値だけでなく応用価値も高い主要技術である音の方向を検出する音源定位（sound source localization），音源定位結果を時間方向につなげることで音の方向や位置を追跡する音源追跡（sound source tracking），さまざまな音源からの音が混在した混合音から特定の音源を抽出する音源分離（sound source separation）を中心に解説を行う．

　本書の構成は以下のとおりである．第1章で，ロボット聴覚に馴染みのない方の理解を助けるために，ロボット聴覚の概要，変遷を説明する．第2章では，音響信号処理の初学者を対象に，ロボット聴覚の基礎となる音響信号処理について，本書で扱う基本的な理論に絞って解説を行う．また，適宜，Google Colaboratory 環境で実行可能な，Python プログラムを用意しているので，理論にもとづいたプログラムをその場で実行しながら，本書を読み進めることができる．第3章では，さまざまな手法が存在する音源定位・音源分離アルゴリズムの変遷を述べ，ロボット聴覚の観点から，これらのアルゴリズムを整理，分類することで，音源定位・音源分離を俯瞰することを試みる．

　第4章以降は，具体的な音源定位，音源追跡，音源分離のアルゴリズムの解説を行う．また，各アルゴリズムについて，Google Colaboratory 環境で動作する Python プログラムも用意している．第4章では，両耳聴処理にフォーカスし，2つの耳（マイクロホン）を用いた音源定位・音源分離アルゴリズムを解説し，それらの性能について言及している．第5章では，音源追跡のアルゴリズムを紹介するとともに，ロボット聴覚システムの実装例としてスト

リームベースの音源追跡を用いた実時間人物追跡システムを紹介する．第 6 章では，マイクロホンアレイ処理にもとづく音源定位について紹介する．また近年，進展が著しい深層学習を用いた音源定位にも言及する．第 7 章では，音源分離を扱う．具体的には，マイクロホンアレイを用いた空間情報や統計的独立性にもとづく分離手法，マイクロホンが 1 本の場合でも処理が可能な，時間周波数成分のスパース性にもとづく手法，および深層学習にもとづく手法を紹介する．

　筆者らは，マイクロホンアレイ処理を含むロボット聴覚のさまざまな機能をパッケージ化したロボット聴覚のオープンソースソフトウェア *HARK*（Honda Research Institute Japan Audition for Robots with Kyoto University）[※]を一般向けにリリース，継続的に更新を行っている[124]．*HARK* の Python パッケージである *PyHARK* もリリースしている．そこで，本書では，*PyHARK* を用いた音源定位・音源分離プログラム も Google Colaboratory 環境で実行できるよう用意している．

　こうした章立て構成をとることにより，単なる（Python の）プログラミング本でも，理論主体の教科書でもなく，ロボット聴覚分野を概観したい，ロボット聴覚技術の理論を学びたい，ロボット聴覚の機能をコーディングできるようになりたいといったさまざまなレベルのニーズをもった読者に対応した構成としたつもりである．この書籍をきっかけに，多くの方に，ロボット聴覚に興味をもっていただければ幸いである．

　最後に，この場をお借りして，これまでのロボット聴覚研究，および本書執筆に対して，ご指導やご支援をいただいた皆さんに感謝いたします．

2025 年 1 月

著者一同

目　　次

第1章　　ロボット聴覚

第2章　　音響信号処理の基礎

第3章　　音源定位・分離技術の分類

第4章　　両耳聴処理

第5章　　音源追跡

第6章 音源定位

第7章 音源分離

第 1 章

ロボット聴覚

本章では，ロボット聴覚の概要について述べる．

ロボット聴覚は，「ロボットの耳」を実現したいという根本的かつ素朴な問題意識に端を発して提案された研究領域である．まず，音環境理解（computational auditory scene analysis）の実環境適用という観点から，ロボットやシステムが周囲の音環境を理解できるようにする基盤技術を構築し，その後，その基盤技術を幅広く適用可能な応用技術に発展させ展開を図る研究分野へと成長してきたことを示す．具体的には，これまで，ロボット聴覚 1.0 〜 5.0 まで 5 つの段階を経て進められているロボット聴覚の各ステージにおける，研究のフォーカス，技術的な課題，それら課題に対する解決のアプローチについて解説する．

また，ロボット聴覚技術の統合プラットフォームとしてのソフトウェアの重要性について述べ，ロボット聴覚のオープンソースソフトウェアである *HARK* を紹介する．*HARK* は，ロボット聴覚技術をさまざまな分野に展開する活動において大きな役割を果たしており，その研究開発は，ロボット聴覚の学術的研究と，ロボット聴覚の実用化における両輪として進められてきた．

さらに，主に *HARK* を介して進められてきたロボット聴覚の応用例の紹介を通じて，ロボット聴覚の主要技術は，音源定位，音源追跡，音源分離といった音響信号処理ベースの機能群で構成されていることを示す．

📠 1.1

ロボット聴覚とは

　ロボット聴覚（robot audition）は，ロボットの耳の機能を実現するという旗印の下，奥乃，中臺が中心となり，2000 年に提唱した「日本発」の研究分野である[116]．当時の日本国内は，2005 年日本国際博覧会（愛知万博）の開催も相まって，ロボットブームの時代であり，人と音声で会話ができるというロボットも発表されていた．しかし，その多くは，周囲雑音の混入とロボット自身の騒音の問題から，人側にマイクロホンの装着を強いるものであった．

　私たち人間は，カクテルパーティ効果（cocktail party effect）[30] として知られるように，ある程度の雑音下であっても，注意を向けた音源を認識することができる．同様の機能をロボットで実現するには，ロボット自身がつくり出す雑音を含むさまざまな雑音が混入した信号に対して雑音抑圧を行い，必要な音源だけを取り出して，識別や認識を行う技術の実装が必要である．

　さらに，音楽の流れる店内で複数人が会話するときのように，人間の社会活動において，多種多様な音源が混入した信号のうち何が必要な音源であるのかは，その時々の文脈で変化するのが普通である．これと同様のことをロボットで実現するには，低次の信号処理から，高次の知的処理，ロボットの身体性，人間の聴覚処理，動的に変動する実環境への対応，実時間処理など，さまざまな技術の実装が必要であり，ロボティクス，音響信号処理，人工知能にまたがった学際的な研究が必要である．

　本章では，このような背景の下，ロボット聴覚の研究がどのように進められ，どのような進展がなされたのかについて解説する．

🎭 1.2

ロボット聴覚の変遷

　ロボット聴覚が提案されて以来，20 年以上にわたり研究が進められてきたが，これを分類すると，図 **1.1** に示すようにロボット聴覚 1.0 から 5.0 に分けることができる．

1.2.1　ロボット聴覚 1.0

　ロボット聴覚 1.0 では，これまで単発的な研究として行われてきたロボットの聴覚機能に関する研究の体系化が行われ，ロボット聴覚が 1 つの分野として確立した．ロボットの聴覚機能を扱った研究はそれ以前から行われてきたが，話者の口元に設置したマイクロホンを利用したり [22, 106]，単一音源の存在のみを仮定したり [14, 63, 94] するものがほとんどであり，ロボットの耳を実現するという観点で

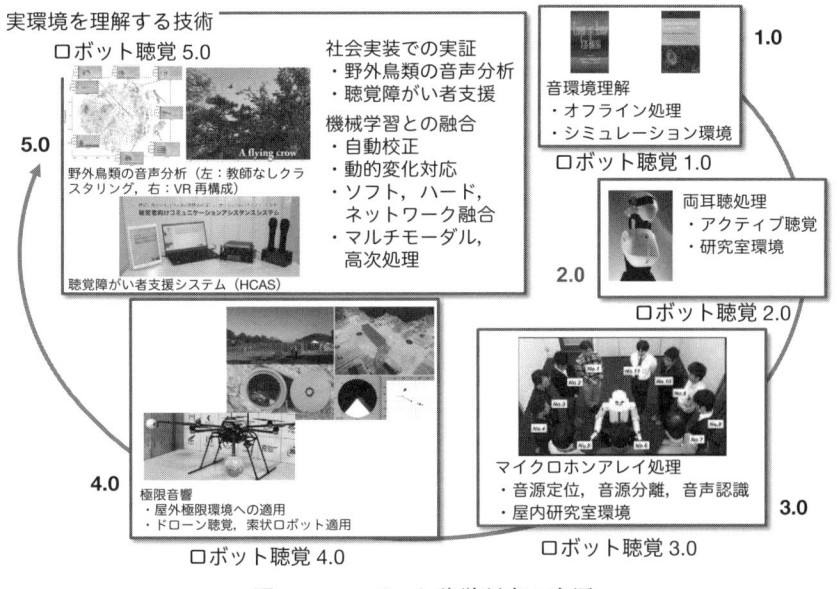

図 **1.1**　ロボット聴覚研究の変遷

の体系的な研究は行われていなかった.

　これらを整理し，自然な人–ロボットインタラクションを実現するうえで，必要不可欠な機能としてロボット聴覚（robot audition）[116] が提案された．また，これには以下の 3 つの課題が本質的であり，取組みが必要であるとされた.

1. 音環境理解
2. アクティブ聴覚
3. マルチモーダル情報統合

(1)　音環境理解

　1990 年に，A. S. Bregman によって著された "*Auditory Scene Analysis*（聴覚情景分析）" は，聴覚心理学分野の研究ではあるものの，工学的に音を理解する機械やアルゴリズムの開発を目指す研究者に大きなインパクトを与えた[23]．この聴覚情景分析では，人間はそれぞれの音を音の流れ（ストリーム）として知覚しているという考え方にもとづき，人間の聴覚機能を心理物理学的に解明することを目指している．特に，複数音源が存在する一般的な環境では，複数音源からの信号が混在した混合音から，さまざまな手がかりをもとに複数のストリームが分凝（stream segregation）し，知覚されるという考え方を中核としている．このような複数音源が同時に存在する場合の人間の知覚についての考え方は，主に単一音源を対象としてきた従来の研究と一線を画するものであったことから，工学の研究者からも注目を集めたのである.

　音環境理解（computational auditory scene analysis）[※1]は，この聴覚情景分析の工学的な実現を目指して，国内外で同時期に提案された研究領域であり，数値シミュレーションを中心とした研究が 1990 年代に精力的に進められた研究領域である[25, 33, 80, 131, 159]．当初はコントロールされた条件下で特定の聴覚機能を探ることを目的として研究が行われてきたため，オフラインやシミュレーション環境における研究が多かったが，2000 年に奥乃，中臺が中心となり，実環境における音環境理解の必要性が唱えられ，その結果としてロボット聴覚が提案された[116]．同時期には，実環境・実録音の音楽を対象にした研究として，音楽情報処理（music

---

※1　当初は，computational auditory scene analysis を直訳して，計算的聴覚情景分析と呼ばれることが多かったが，現在では奥乃らによる意訳である音環境理解が一般的に用いられる.

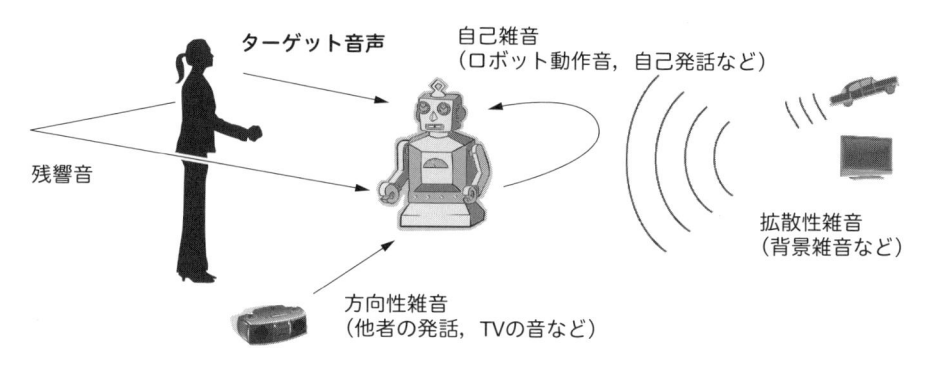

図 1.2 ロボットや人間をとりまく一般的な音環境

information processing）・音楽情報検索（music information retrieval）といった分野の研究も始まっている．その後，1993 年には，情報処理学会 音楽情報研究会が発足，2000 年には国際会議の ISMIR（International Society of Musical Information Retrieval）が発足し，現在にいたるまで，活発な研究が進められている．

　一方，ロボットをとりまく音環境では，ロボットに搭載されたマイクロホンは，話し相手であるユーザから離れていることが一般的であるため，目的音声以外にもさまざまな音源からの信号が混ざった**混合音**（sound mixture）がマイクロホンへの入力となることを前提にロボットの聴覚処理を実現する必要がある．混合音には，図 1.2 のように，ユーザ以外の話者の発話や，TV の音のように特定の方向から到来する**方向性雑音**（directional noise），雑踏やがやがや音のような全方位的な**拡散性雑音**（diffuse noise），まわりの壁や床，天井に跳ね返ってくる**残響音**（reverberation），ロボット自身がつくり出す**自己雑音**（ego-noise）があげられる．これらは，それぞれ性質の異なる雑音であるため，抑圧に有効な方法もそれぞれ異なる．

　また，一般的な音環境では，そもそも目的音が何であるかが状況によって変わってしまう．例えば，車で家族旅行に出かけるシーンでは，さまざまな音が混じって聞こえてくることになるが，その中の何が目的音であり，何が雑音であるかは，家族で会話をすることが目的である場合，カーオーディオのスピーカから流れる音楽を聴きたい場合，道路を走る緊急車両のサイレン音を聞きたい場合など，状況に応じて変わってしまう．こうした状況下にあっても，人間は，混合音から，どこで，いつ，何が起きているかという情報を適切に抽出して，それらをまとめて

シーンとして知覚する**聴覚情景理解**（auditory scene analysis）を行うことができる．ロボット聴覚 1.0 では，第 1 の課題として，ロボットにもこのように人間と同様に音を聞き分けることができる聴覚機能が必要であり，そのための研究が必要であることを提案している．

(2)　**アクティブ聴覚**

　ロボットは，自ら能動的に動くことができるため，人間や動物と同様に，適切な動作を行うことで，知覚を向上させることができる．これを**アクティブ聴覚**（active audition）といい，ロボット聴覚 1.0 における第 2 の課題であった．アクティブ聴覚には，反応的（reactive）な物理的動作で知覚を向上させる低次のアクティブ聴覚と人間との対話・インタラクションの中で，熟慮的（deliverative）な戦略で知覚を向上させる高次のアクティブ聴覚が考えられる．

　低次のアクティブ聴覚では，物理的な動作をともなうことから，その実現には，次の 2 つの問題を解決する必要がある．1 つは，よりよく音を聴こうと動作をすると，その動作によって雑音（自己動作雑音）が発生してしまうというパラドックスであり，もう 1 つは，よく聴くためにどのように動作を行えばよいのかという動作計画の問題である．前者に関しては，自己動作雑音の抑圧が必要である．自己動作雑音の抑圧と一般的な雑音抑圧との大きな違いは，マイクロホンがロボットの身体に取り付けられているため，音声などロボットから離れた場所から到来する目的音源よりも，雑音のほうが大きい音として収音されがちであること，一方，ロボット自身の動作は事前にわかっているため，動作情報を雑音推定に利用可能であることである．また，ロボットが出力する発話音声も一種の自己雑音である．特に，ロボット発話中のユーザ発話（barge-in，バージイン）の認識は困難をともなう．後者の動作計画問題に関しては，ロボットの耳介（集音器）動作，頭部回転運動，ロボットの移動，複数ロボットの協調動作などさまざまな動作について，聴覚処理とロボットの行動計画を同時に考慮したフレームワークの研究が必要となる．

　高次のアクティブ聴覚では，音声がうまく認識できない場合の自然なエラーリカバリ，つまり，音声が認識できなかったことの判断と，その場合の対策といった熟慮的（deliberative）な戦略を考える必要がある．

　このようにアクティブ聴覚は複数のレベルそれぞれに複数の問題を包含する難しい課題であるが，ロボット聴覚の実現には不可欠である．

(3) マルチモーダル情報統合

　一般に，1つのセンサから常時，信頼できる情報を得ることは難しいため，あらゆるセンサ情報はエラーを含んでいることを前提に扱う必要がある．特に，聴覚センサは全方位的なセンシングができる反面，対象が音を出していなければまったくセンシングできない，また得られる情報の精度も，視覚センサに比べて劣ることが多い．

　さらに，人間でも知覚した音源位置と実際の音源位置との誤差（音源定位誤差）は，数度から十数度〔deg〕といわれている[19, 27]．決して人間の聴覚は精度が高いわけではなく，ほかの感覚情報も利用しながら周囲の環境を把握している．ロボットでも人間にならい，複数のモダリティ（感覚）入力を統合して処理を行う，マルチモーダル情報統合（multimodal information integration）でこうした問題の解決が図れると考えられる．例えば，人間が聴覚，視覚を統合して処理を行っていることを示す例としてマガーク効果（McGurk effect）[107]があげられる．これは，「ば」と発音しながら，「が」と発音した場合の映像を見ると「だ」もしくは「が」など，「ば」とは違う音として認識してしまうという人間の聴覚にみられる錯覚（auditory illusion，錯聴）の一種である．

　マガーク効果は，人間でも単一のモダリティに頼ってしまうと実環境を把握することが難しい場合があり，むしろ複数の情報を統合することで環境をロバストに把握していることを示している．ロボットでも同様のはずであり，ロボットは一般にさまざまなセンサを搭載していることから，マルチモーダル情報統合によって解決を図ろうとするのは自然な考え方である．複数のセンサ情報を統合することはセンサフュージョン（sensor fusion）分野で研究が行われてきた[24]．聴覚センサを含むセンサフュージョン研究は，ロボット聴覚が提案される以前から報告例があり，例えば，ロボット頭部に搭載した4本のマイクロホンとステレオカメラから得られる情報を統合した複数音源の定位・追跡[8]などがあげられる．このように聴覚，視覚，その他のセンサ情報を統合することは，ロボットが実環境を扱ううえでの鍵であり，ロボットにおけるマルチモーダル情報統合の統一的なフレームワークを構築することはロボット聴覚研究にとっても大きな課題であることから，ロボット聴覚1.0の第3の課題とされていた．

1.2.2 ロボット聴覚2.0

　ロボット聴覚が立ち上がり，2000年代前半にまず盛んに研究されたのは，第4章

図 **1.3** ロボット聴覚システムの基本的な流れ

で詳しく解説する人間や動物の聴覚処理にならった**両耳聴アプローチ**（binaural approach）だった．人間や動物は 2 つの聴覚センサ（耳）をもち，それらから得られる情報を処理（binaural processing，**両耳聴処理**）していることから，両耳聴処理を工学的に構築できれば，人間や動物と同等の聴覚機能が実現できるはずであるという考え方が背景にあった．ロボットにも人間とのコミュニケーションが求められる以上，人間と同等の聴覚機能が必要であるという考えから，図 **1.3** に示すように，複数の音源が存在する環境下で，それぞれの音源の方向や位置を推定（sound source localization，**音源定位**）し，任意の音源に耳を傾け（sound source separation，**音源分離**），耳を傾けて聞いた音を認識すること（recognition of separated sound，**分離音認識**）が主要な機能として位置付けられ，これらの機能を実現する研究が多く行われるようになった．例えば，Jeffress の音源定位モデル[74] にならって，左右のマイクロホン間の位相差や強度差を用いた音源定位[82, 117, 130, 153, 158, 207]，音源分離[84, 117] が報告されている．両耳聴処理では，頭部の音響的な影響の考慮が重要であることから，ロボット頭部の音響モデルの構築も主要課題として取り組まれた．聴覚エピポーラ幾何や散乱理論を用いたモデル化[118]，ニューラルネットワークを用いたモデル化[130] などが報告されている．さらに，統合的なシステムの研究開発も行われ，両耳聴の音源定位・分離，および分離音声用の音声認識を統合することにより，限定された環境ながら，2 本のマイクロホンでも 3 話者の同時発話の分離・認識ができる 3 話者同時認識ロボットが報告されている[117]．

　同時期には，低次のアクティブ聴覚についての研究が多く行われている．ロボットが対象話者の正面方向を向くことで音源定位エラーを 10 分の 1 に削減したという報告[119] や，動作によって生じる両耳聴の前後問題の解決を図った研究[152]，一部の動物が行うように，耳朶（耳たぶ）を動かして定位性能を向上させる研究[92] などが行われている．しかし，これらのアプローチでは，前述した，よりよく聞こうとするための動作が原因で，雑音が生じることで聴覚処理が阻害されるというジレンマが生じる．この問題に対応するには，雑音抑圧や静音動作機構の検討も併せて扱う必要がある．例えば，参照用雑音を取得するための専用のセンサを

雑音源の近傍に配置し，これを利用して動作時の雑音を抑圧する手法が提案されている [38,116]．ただし，この手法を適用するためには，参照用雑音用のセンサを設置するスペースが必要であり，かつ雑音のみが含まれる理想的な参照用雑音が取得できなければならない．動作情報と対応する動作雑音の間に強い相関関係があることに注目した手法も提案されている [67,70,134]．すなわち，動作情報にもとづいて動作雑音を予測し，スペクトル減算 [20] によって，特定の動作について高精度な雑音抑圧を実現するという手法である．しかし，多自由度のロボットでは複数の関節が同時に動作するため，雑音予測性能を維持しつつ，さまざまなパターンの動作に対する動作雑音を柔軟に記述する必要がある．また，高次のアクティブ聴覚として，後から人に聞き返すことによって音声認識エラーをリカバリするといった手法も報告されている [139]．

このほかマルチモーダル統合については，ロボット搭載の 2 本のマイクロホンから得られる複数の聴覚的な手がかりを統合した複数音源定位・話者認識，および，ステレオカメラ画像からの人物位置検出・顔認識を階層的に視聴覚統合を行うことによって構築したロバスト実時間視聴覚複数人物追跡システムが報告されている [83,117]．この実時間視聴覚複数人物追跡システムについては，第 5 章で，音源追跡フレームワークの応用例として紹介する．

1.2.3 ロボット聴覚 3.0

2000 年代中盤には，複数のマイクロホンを同時に用いて，音源の定位・分離が可能なマイクロホンアレイ信号処理（microphone array signal processing）の研究が盛んに行われた．これにともない，ロボット聴覚研究でもビームフォーミングや独立成分分析といったマイクロホンアレイ信号処理手法の導入が広く研究されるようになる．なぜなら，2 つのマイクロホン（両耳聴）より，多くのマイクロホンを使えば，より高性能なセンシングが実現できるだろうと考えられるからである．2005 年に開催された愛知万博やそれを見据えたロボットブームも相まって，雑音や複数の目的音源が存在する実環境における聴覚処理を意識した研究が多くなり，ロボット聴覚研究は大きな進展をみせた．

(1) 音源定位
音源定位では，遅延和法や MUSIC 法（multiple signal classification）といったビームフォーミングを中心に盛んに研究が行われた．目的音のパワーが雑音より

小さい場合でも，音源定位が可能な手法[128]や，複数のマイクロホンアレイを統合してロバスト性を向上させる手法[216,218]が報告されているほか，マイクロホンアレイ信号処理ベースの音源定位[165,191,216]が数多く報告されている．また，近年では，深層学習ベースの音源定位手法も数多く報告されている[51]．深層学習ベースの音源定位手法は学習データにもとづく手法であることから，信号処理ベースの手法と比較して，学習環境と異なる環境でのロバスト性，環境への適応，複数音源や移動音源などへの対応で課題は残るものの，性能的には信号処理ベースの手法を超えるものも報告されるようになっている[205]．マイクロホンアレイを用いた音源定位については，第 6 章で解説する．

(2) 音源分離

音源分離は，音源定位とならび，盛んに研究が行われているトピックであり，第 7 章で解説する．エコーキャンセラ[219]やビームフォーミング[165]を用いたオーソドックスな手法だけではなく，統計的信号処理にもとづく，より高度なアルゴリズムも報告されている．Valin らは，ビームフォーミングとブラインド音源分離のハイブリッドアルゴリズムである **GSS**（geometric source separation）にもとづいた実時間オンライン音源分離[192]を報告している．さらに，Yamamoto らは，ミッシングフィーチャ理論[155]を用いて，GSS と音声認識を統合し，同時発話の料理注文タスクに適用している[204]．Hara らは，適応ビームフォーマを用いた音源分離を音声認識と接続し，オフィス環境でテレビの音声制御デモを構築している[55]．猿渡らは，2 本のマイクロホンを用いて，独立成分分析にもとづき，高精度に音源分離を行う **SIMO-ICA**（single-input multiple-multiple output independent component analysis）を提案，専用のハードウェアを開発して，奈良県生駒市の音声情報案内システム「キタちゃん」に実装されたロボット対話システムに適用した[163]．その後，独立成分分析は，独立低ランク行列分析（ILRMA）[86]へ発展し，性能や処理速度が，大きく向上している．また，低ランク性とともにスパース性は，音源分離の糸口としてよく用いれられる．例えば，非負値行列分解（NMF）は，マイクロホン数が 1 つでもスパース性，および音源パワーの非負値性にもとづき分離を行う手法として，多くの研究が行われている[44,97,197]．さらに，こうした考え方を深層学習ベースの音源分離手法として発展させた例も報告されている[17]．

当時の研究の多くはマイクロホンアレイや室内の物の配置などが変化しないこと

が前提の静的な環境で行われているが，最近では動的な環境を考慮に入れた研究も行われている．例えば，中島らは，環境の動的変化に高速に適応できる適応ステップサイズ処理を提案し，GSS をさらに発展させた **GHDSS**（geometric high-order decorrelation-based source separation）に適用し，有効性を示している [126]．

(3)　音声強調

マイクロホンアレイを用いた音源分離技術は，方向性雑音には効果的であるが，それ以外の雑音に対する効果は限定的である（前掲の図 1.2 参照）．このため，方向性雑音以外の雑音を扱うための研究も行われている．拡散性の雑音に対しては，音源分離を行った後に分離音をリファインする**ポストフィルタ処理**（post filtering）を用いた音声強調を行う手法が提案されている．また，目的の音声だけが含まれている周波数バンドを選択する**サブバンドセレクション**（subband selection）[173, 186]や，信号処理で一般的に用いられる**スペクトル減算** [20] を応用した手法 [127] が提案されている．さらに，サブバンドセレクションの発展形ともいえる時間周波数マスクを用いた手法も多く報告されている [57, 103, 198]．そのほか，マイクロホンアレイ処理のように空間情報にもとづいて，音源強調を行うのではなく，話者情報や距離情報などさまざまな情報にもとづいて音源抽出を行う **Target Source Extraction** という分野へも発展している [211]．

(4)　残響抑圧

残響音は，音源からの信号が壁や床などで跳ね返ることで時間的に遅れてもとの信号に重畳することで発生する雑音であり，残響音の発生する過程は，畳み込み演算で表現できるため，前述の一般的な方向性や拡散性の雑音を**加法性雑音**（additive noise）と呼ぶのに対し，**乗法性雑音**（multiplicative noise）とも呼ばれる．残響音に対しては，残響成分を初期残響，後期残響に分け，前者はフレーム内残響として音声認識処理の中で，後者はフレーム間残響として，事前計測のインパルス応答を用いて残響抑圧を試みるアプローチが多い．さらに事前計測のインパルス応答を必要としない手法も提案されており，Gomez らは，実時間処理が可能で，環境変動に対応可能な残響抑圧手法を提案している [48, 49]．また，中谷らは，統計モデルにもとづき，ひずみを抑えて残響抑圧が可能な **WPE**（weighted prediction error）法を提案 [133] し，実時間化 [85]，音声認識や雑音抑圧との統合 [210] など，さまざまな展開を行っている．

(5)　自己雑音抑圧

　自己雑音には，大きく自己発話と自己動作雑音があるが，自己動作雑音の抑圧に対しては，主に低次のアクティブ聴覚研究の中で研究が進められており，Ince らは，動作情報と動作雑音のペア（noise template，雑音テンプレート）を処理フレーム単位で構築する手法を提案している[67]．この手法は，ヒューマノイドロボットのような多自由度ロボットでも，時系列に雑音テンプレートを組み合わせることでさまざまな動作が表現できることが特長である．また，雑音テンプレート数の急激な増大を防ぎつつ，高い動作雑音の推定性能を維持できることが報告されている．このほか，Even らは，ロボット内部に搭載したセンサの情報から，信号処理的な手法により自己動作雑音を推定し，抑圧する技術を報告している[38]．ただし，これらの手法では，ロボットは自らの動きを事前に知っているという前提にもとづいて動作雑音を推定を行っている．このため，このような事前知識を用いない一般的なシングルチャネルの雑音抑圧法[20,31]などと比較して良好な雑音抑圧性能が得られるものの，動作情報を事前に得ることができなければ適用が難しい．さらに，そもそもスペクトル減算では，音声認識と相性の悪い非線形雑音が生じてしまうという問題もある．手塚らはこうした課題を解消するために **SB-INMF**（semi-blind infite non-negative matrix factrization）を提案している[188,230]．SB-INMF は，実時間処理になお課題があるものの，事前の動作情報を用いず，線形分離によって自己動作雑音の抑圧が可能であり，Ince らの手法と比較しても高い雑音抑圧性能を示している．

　ロボット発話は自己雑音の一種であるが，自己発話抑圧を行うかわりにロボット発話中にユーザからの音声を受け付けないことを仕様としてしまう，いわばワークアラウンド的ともいえる対処を行うことが多い．しかし，これでは，発話中の割込みを許容できないので，人間らしい自然な音声対話を実現することは難しい．武田らは，ロボットのスピーカからマイクロホンまでの残響を含めた伝達系も考慮することによって，電話などで用いられるエコーキャンセラよりも自己発話の抑圧性能が高いセミブラインド独立成分分析（semi-bline independent component analysis）を提案している[184]．また，より自然な音声対話を実現するために，この手法を利用して割込みを許容できるロボット（barge-in-able robot）を構築している[240]．

(6)　音声認識

ロボット聴覚における音声認識の研究は，ロボット収録音を対象に，上記の雑音抑圧手法と音声認識を組み合わせて，実環境での音声認識を向上させる取組みとして行われた．音声認識における音響モデルを音源分離や音声強調で取り残される雑音に適応させて，対雑音ロバスト性を向上させる手法[81, 225, 236]や，音源分離によって生じるひずみによって信頼できない時間周波数成分にマスクをかけることができる **MFT**（missing feature theory）を適用した音声認識研究も報告されている[204]．こうしたマイクロホンアレイ処理技術を統合することで，聖徳太子[※2]を超える 11 人の料理注文の同時発話を聞き分けることができるロボットの開発も行われた[232]．近年では，深層学習の発展にともない，音声認識の性能が大きく向上し，従来と比較して，音源分離や音声強調と音声認識間のミスマッチ問題は軽減しているものの，依然，音声認識性能の低下の一因として，その解決への取組みが報告されている．例えば，end-to-end で，音声強調と音声認識からなる 1 つの大きなモデルで扱うことにより，全体を最適化する取組み[137]などがあげられる．

(7)　アクティブ聴覚

アクティブ聴覚についても，自己雑音抑圧と関連して積極的に研究が進められ，音源方向の定位情報から 3 次元定位を実現した研究[166]などが報告されている．また，ロボットの行動計画まで踏み込んだ研究としては，雑音情報にもとづいてロボットを聞きやすい位置に制御する手法[104, 172]や，ロボットの音声認識や音楽認識が困難な場合に，音量や動作を制御して周囲の雑音レベルを下げる手法が提案されている[143]．さらに，吉田らは，アクティブ聴覚，視覚，動作を因果ベイジアンネットワーク（causal Bayesian network）[※3]にもとづき統合[149]するアクティブ視聴覚統合フレームワーク（active audio-visual integration framework）を提案しており，発話区間検出を向上させるための最適な動作計画への応用が報告されている[206]．

※2 同時に 10 人の発話を聴き取ることができたという逸話がある．

※3 介入という考え方を導入して，事象の因果関係を非循環型の有向グラフとして記述できるベイジアンネットワークの一種のこと．

(8)　マルチモーダル情報統合

　マルチモーダル情報統合については，ロボット頭部に搭載したマイクロホンアレイによる音響信号処理と画像処理を統合した音源定位・追跡に関する取組みが報告されている[55,223]．また，音源分離でも画像中の物体の動きと音響信号の共起関係を学習して音源を分離する研究が報告されている[108,176]．音声認識では，リップリーディング（lip-reading，読唇術）を用いた視聴覚統合による性能向上が報告されている[90,229]．また，深層学習[58]によってさらに性能向上を図る試みも行われている[135]．しかし，実環境下では，唇領域の解像度が必ずしも高いわけではなく，リップリーディングの性能を維持することが難しいという問題がある．近年では，大規模言語モデルの進展により，言語情報を音源分離に利用する試みも行われており，DCASE（IEEE AASP Challenge on Detection and Classification of Acoustic Scenes and Events）では，コンペティション（Challenge 9, 10）も行われている．

(9)　音楽ロボット・擬音語認識

　音声以外の音響信号を対象にしたアプリケーションとして，音楽を通じた人間とロボットのインタラクションを目指す音楽ロボット（music robot, musicianship robot）の研究も行われている．例えば，音楽において一定間隔で繰り返す音（beat, ビート）の検出を行い，それに合わせて足踏みをするロボット[239]，電子楽器のテルミンを演奏するロボット[113]をはじめ，画像処理により，フルート奏者におけるフルートの動きの検出[101]，ギター奏者における手の動きの検出[71]など，ロボット聴覚技術と併用するマルチモーダル情報統合の研究，人間と音楽を協奏するロボット[144,147,154]が報告されている．

　さらに，非音声音を認識するための擬音語認識（onomatopoeia recognition）[217]，音源種類を識別する音源同定[164,203,222]など，幅広くロボット聴覚研究が行われている．

(10)　ソフトウェアプラットフォーム

　ロボット聴覚 3.0 において，マイクロホンアレイ技術を中心にロボット聴覚の性能は大きく向上した．それらの技術は 2008 年に，コンピュータビジョンのデファクトスタンダードライブラリである OpenCV のロボット聴覚版の構築を目指したオープンソースソフトウェア *HARK*[120]として一般公開が開始されてい

る※4．類似したオープンソースソフトウェアも複数見受けられるが，現在にいた
るまでメンテナンスされ，充実したドキュメントを有するオープンソースソフト
ウェアはほかに見受けられない．その後，*HARK* は，2019 年にミドルウェアのし
くみをプル型からプッシュ型に変更，2020 年に IoT（Internet of things）用の通信
プロトコルとして一般的である MQTT（message queueing telemetry transport）
をサポートすることで，ミドルウェアレベルでの分散処理を可能とし，他システ
ムとの統合の選択肢を増やした．2021 年には，逐次音声認識の導入，伝達関数の
適応処理[121] を導入し，さらなる性能向上を図った．2022 年には Python から直
接 *HARK* を呼び出すことができる *PyHARK* をリリース，2024 年には GPU 処理に
よる音源定位，音源分離の高速化や深層学習ベースの音源定位処理の導入など，現
在も毎年バージョンアップが行われ，無料講習会も開催されている．毎年 2 万件
超のダウンロードがあり，その総数は 2025 年 1 月時点で 62 万件以上となってい
る．*HARK* については，詳細を 1.3 節であらためて述べる．

1.2.4　ロボット聴覚4.0

2010 年代になると屋外極限環境でのロボット聴覚技術の適用研究が始まっ
た[45, 221]．内閣府 ImPACT タフ・ロボティクス・チャレンジ（tough robotics
challenge, TRC）（2015 ～ 2019 年）[136] の後押しもあり，ドローンや索状型ロボッ
ト（hose-type robot）※5への実装研究を中心に大きくロボット聴覚技術が進展し
た．特に，ドローンへのロボット聴覚技術の適用についてはドローン聴覚（drone
audition）として，国内外で研究が進められている．例えば，ドローンに搭載し
たマイクロホンアレイを用いて，屋外環境騒音下で音源探索や音源抽出を実時間
で行う技術[122] されており，3 次元地図との融合[62]，複数音源定位[195]，
ドローンを操縦するオペレータを意識したユーザインタフェースの開発，複数台
のドローンを経由して通信することができるマルチホップ通信で見通し外の場所
を探索する技術[77]，ドローンだけでなく，空中を滑空するカイトプレーンへの展
開[93]，複数台のドローンの連携[202] などが報告されている．

また，ドローンで大まかな要救助者の位置を探索した後，より正確に瓦礫に埋も
れた要救助者を探し出す目的で用いられる索状型ロボットにもロボット聴覚技術

※4 https://www.hark.jp/
※5 瓦礫内に挿入して要救助者を捜索することを目的とする索状型のロボット．瓦礫内の隙間
　　をオペレータが操縦することで動き回ることができる．

が適用されている．慣性計測装置（inertial measurement unit; IMU）等のセンサを用いても，センシング誤差の蓄積，いわゆるドリフト誤差の影響で索状型ロボットの姿勢推定を正確に行うことはできない．索状型ロボット内に複数のスピーカとマイクロホンを搭載することによって，音によってドリフト誤差を解消し，姿勢推定の性能を大きく向上できることが報告されている[16]．要救助者発見後は，索状型ロボットに搭載したスピーカとマイクロホンを用いて要救助者とオペレータ間での会話を行い，要救助者の状態把握をすることがシナリオとして想定されていた．しかし，索状型ロボットには移動用に振動モータが搭載されており，これらのモータが発生する振動音により，会話が阻害されてしまうという問題がある．この問題に対して，ロボット聴覚 3.0 で盛んに研究されたマイクロホンアレイ技術をそのまま適用しても，振動音をうまく抑圧することはできない．一般にマイクロホンアレイ技術は，マイクロホン同士の位置関係が変わらないことを前提としているのに対し，索状型ロボットが動作すると搭載マイクロホンの位置関係が変化してしまうからである．そこで，動的に位置関係が変わる複数のマイクロホンを用いて効果的に雑音を抑圧できる **ORPCA**（online robust prinicipal component analysis）が提案されている[15]．

1.2.5　ロボット聴覚 5.0

現在，ロボット聴覚は，これまでの流れを踏襲し，実用的に使える技術を目指すロボット聴覚 5.0 という新たなステージに入ったと考えられている．

特に，深層学習を中心とした人工知能技術の発展は著しく，音声認識では，スマートホンのような近接発話を対象とした応用については，すでに実用レベルの性能に達している．遠隔発話についても，ある程度の性能が得られるようになっており，AI スピーカがメーカ各社から発売されるようになっている．

したがって，ロボット聴覚 5.0 では，これまでばらばらに研究が進められてきた音響処理技術と機械学習技術の融合を進め，実環境を理解する技術を構築し，広く一般に公開していくことが課題と考えられている．このために，社会実装を通じた技術の実証が行われている．例えば，生態学への貢献を目指し，ロボット聴覚技術を野鳥の歌の解析に適用する研究も盛んに行われている．生態学では，人間の観測者が鳥の声を直接聴き取り，データ化を行っていることが多く，長期観測，再現性，完全性といった面で課題があった．また，日本では国が主導するモニタリング調査でさえも，観測者の高齢化により，観測者の人数の確保が課題

になっている．ロボット聴覚技術を用いればこうした問題を緩和でき，観測者育成にも利用できる．例えば，複数の分散マイクロホンアレイからなる音源定位法で，数十mオーダのカバレッジ（coverage，適用範囲）を実現できる技術が報告されている[46]．また，アノテーションやクラスタリングといった機能を *HARK* に追加した野鳥の歌専用の分析ツール *HARKBird* が名古屋大学の鈴木らのグループでオープンソースソフトウェアとして開発されている[182]．実際に，こうしたツールを広い縄張りをもつオオヨシキリの観測，受動観測が必須である夜行性希少種のフクロウの給餌行動，雛（ひな）の巣立ち行動などの観測に使用することで，技術の有効性が実証されている[183, 227]．さらに，ロボット聴覚技術を応用することにより，カエルがグループに分かれて交互に鳴き交わす傾向があること，個体間は1～3m離れていることが世界で初めて発見される[5, 111]など，ロボット聴覚技術はさまざまな場面に活用されるようになってきている．また，ロボット聴覚研究で培われた音声認識技術を活かして，聴覚障がい者支援技術の開発も行われている．聴覚障がい者とのコミュニケーションでは

- 筆談が必要なため時間がかかり，内容が正確に伝わらない
- 筆談担当者は筆談に集中する必要があり，負担が大きい
- 聴覚障がい者側も，筆談内容から発言を正確に追うことは難しく，積極的な参加が難しい

といった課題がある．音声認識技術を用いたリアルタイム文字起こしにより，このような問題が解決でき，より円滑で平等なコミュニケーションが期待できる．このようなシステムとして聴覚障碍者コミュニケーション支援システム[※6]の研究開発が行われており，そのためにノード枝刈りを用いて性能と速度を両立させる技術[215]，発話区間検出との統合[212]，同音異表記語の高性能な認識手法[214]，アダプターを用いた雑音にロバストな認識手法[213]といった技術の研究開発が行われている．ロボット聴覚技術をより実用的なものとするには，以下のような技術の開発に取り組む必要がある．

（1）　自動校正技術

マイクロホンアレイ技術は，前述のとおり多くの場合，マイクロホン間の同期が

とれており，各マイクロホンの位置が既知であることが前提の技術である．単体のマイクロホンアレイを対象とした研究や，各マイクロホンの位置が未知であり，入力が非同期であることを前提とした研究も従来から行われている[35, 72, 110, 145]が，実際の応用を考慮すると，やはり複数のマイクロホンアレイを用いて，3次元的な定位・分離，カバレッジを確保する必要がある．しかし，各マイクロホンアレイの位置を正確に計測，あるいは，マイクロホンアレイ間の同期を保証しようとすると，それにかかる準備やシステムのコストが増大してしまう．現実的には，それにかわって各マイクロホンアレイの位置や時刻同期の自動校正技術を開発することが必要であろう[179]．

(2) 動的変化への対応

深層学習に代表される機械学習技術を音源定位・分離，音源識別，音声認識といった処理に適用するには，大量のデータを使った事前学習が必要となり，推論時の計算資源も増大するため実時間処理・適応処理が困難になる．この問題を解決するためには，実時間処理・適応処理が得意な音響処理技術と，識別処理が得意な機械学習技術を融合する技術が求められる．これには，双方の技術の得意な部分をさらに伸ばして，相性よく統合するしくみが必要であろう．例えば，音源定位・分離処理でも静的な関数として用いられている伝達関数に適応処理を導入すると，これまでの適応信号処理の性能をさらに向上できるといった報告もなされている[121]．

一方，機械学習の適用においては，実データを扱う際に課題となる十分なデータが得られない，アノテーションが十分できない，データがアンバランスであるといった問題に対処する必要がある[180, 226, 238]．しかし，こうした実データの収集・特徴にかかわる問題については，ある程度個別に対応することが不可避である．

(3) ハードウェア・ソフトウェア・ネットワークの融合

実用化においては，ハードウェア・ソフトウェア・ネットワークを融合した組込みシステムが求められることが多い．このためには，低リソースで処理が可能なアルゴリズムの開発，モデルを効果的に組込みシステムに移行できる枠組みが必要である．

近年は，C++ や Python で書かれたプログラムがそのまま組込みシステムで動

作したり，FPGA（field programmable gate array）[※7]にポーティングできたりといったしくみが利用可能になりつつある．

また，ネットワーク技術についても，エッジコンピューティング（edge computing）に代表されるような基地局レベルで計算リソースをもつことによってレスポンスを高速化する考え方が登場している．このため，デバイス，基地局，クラウドそれぞれの計算リソースを適材適所で利用できる柔軟なフレームワークの研究も必要である[53]．

(4)　マルチモーダル・高次処理

2つのマイクロホンでは物理的に解けない実環境理解，実イベント間の因果推論など，既存の工学的手法では扱うことが難しい高次処理を，実際のところ人間や動物はうまく扱うことができている．音環境理解に立ち返り，これらの原理を再考する必要もあろう．

これには，マルチモーダル情報統合や因果推論といった処理が糸口と考えられており，感情・情動・気配・空気・場といった高次のセンシング，いわばロボット超覚（robot supersense）ともいうべき技術にもつながるであろう．

🐾 1.3

HARK と PyHARK

ここまで述べてきたように，ロボット聴覚を実現するためには，さまざまな問題を1つひとつ解決する必要がある．しかし，このように分割統治（divide-and-conquer）方式で問題を解決しても，分割されたそれぞれの問題はロボット聴覚実現に向けた1歩でしかなく，これらを統合して，1つのシステムとして動作させなければ，実環境で動作する技術とならない．しかし，統合しようとすると，それぞれの技術で前提とする条件が異なっていて，なかなかうまくいかない．実際

[※7] 省電力であるという専用チップの特長を活かしつつ，ロジックを後から変更することができる柔軟性を兼ね備えたハードウェアのこと．

には，システム統合は簡単ではない，またシステム統合の統一的な理論も存在しない．

近年，システム統合の手段として，ロボット用のソフトウェアプラットフォームをオープンソースで公開する動きが活発化している．例えば，当初は Willow Garage 社によって公開が始まり，後にコンソーシアム化された ROS は，いまやロボットミドルウェアのデファクトスタンダードとしての地位を確立している[8]．日本でも，産業技術総合研究所（産総研）を中心に，非営利の標準化コンソーシアムである OMG（object management group）の標準化に準拠した OpenRTM の開発に取り組んでいる．こうしたミドルウェアはさまざまなロボットの機能をシステム統合するうえで複数の研究者が共同で作業できる環境を提供しており，これによってロボットにおけるシステム統合が大きな進展をみせている．ただし，ロボット聴覚技術では，音響信号をフレーム単位（一般に 10 ms）で高速かつ連続的に処理する必要があり，ソケット通信を基本として機能モジュール間を統合する上記のミドルウェアとの相性がよいとはいえない．

筆者らは，関数コールベースでモジュール間の統合が可能な *HARK* ミドルウェア[231]にもとづいて[9]，オープンソースのロボット聴覚ソフトウェア *HARK*（**HRI-JP A**udition for **R**obots with **K**yoto University）[10]を開発している[120]．*HARK* は，これまでのロボット聴覚研究における成果の集大成であり，音響信号の入力から音源定位・音源分離・音声認識までの総合機能を Windows, Linux 向けに提供している．また，Web ブラウザを用いて GUI（graphic user interface，グラフィックユーザインタフェース）上でプログラミングが可能という特長もある[11]．GUI を用いると，図 **1.4** に示すように，直感的にわかりやすいプログラムを作成することができ，熟練者でなくても簡単にオンライン処理可能なロボット聴覚のシステムを構築することができる．

一方で，*HARK* の使用に習熟してくると，軽微な修正のために，いちいち Web ブラウザを立ち上げるのが面倒になる．また，近年 Python が一般的に使用され

---

[8] http://www.ros.org/

[9] *HARK* 3.0 より，プッシュ型アーキテクチャの Flowdesigner[34] から，より統合や分散処理が簡単に実現できるプッシュ型アーキテクチャを採用する *HARK* ミドルウェアに変更している．

[10] https://www.hark.jp/

[11] 従来は，独自の GUI アプリケーションを用いていたが，2013 年末にリリースした *HARK* 2.0 以降，HTML5 ベースのプラットフォーム非依存となっている．

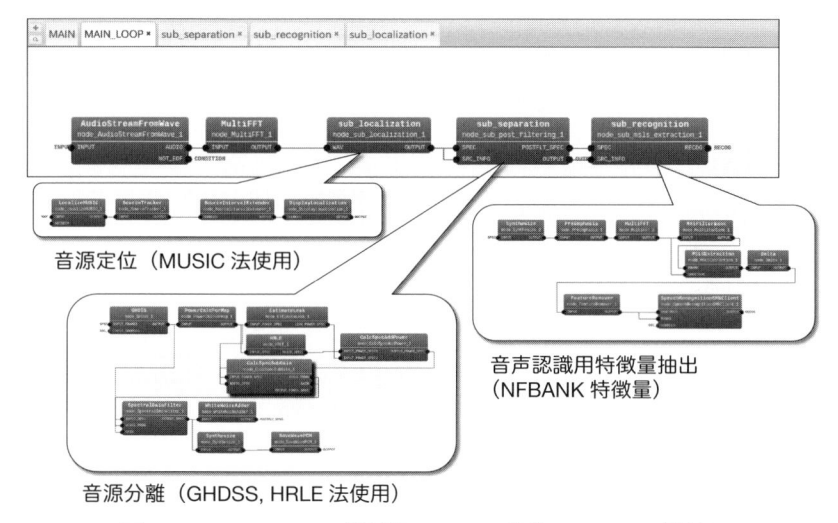

音源定位（MUSIC 法使用）

音声認識用特徴量抽出
（NFBANK 特徴量）

音源分離（GHDSS, HRLE 法使用）

図 **1.4** *HARK* による階層的ロボット聴覚システムの構築例

るようになり，Python から *HARK* を直接使えれば，Jupyter Notebook や Visual Studio Code といったデファクトスタンダード的に使われるプログラミング環境も使えてうれしいといった声が聞かれるようになり，2022 年，*HARK* の Python 版（具体的には *HARK* を pybind11 でラッパした版）である *PyHARK* をリリースした．*PyHARK* は，import hark のように Python で一般的な方法でパッケージを読み込めるため，Python から直接使用でき，利便性が大きく向上している．本書の付録プログラムでも，*PyHARK* を用いた Python コードを Google Colaboratory 上で利用できるようにしている．

　いずれにしても，*HARK* や *PyHARK* を用いれば，ロボット聴覚システムを簡単に構築し，高い自由度をもってカスタマイズすることができる．例えば，Linux で標準的に利用されるオーディオドライバである ALSA（advanced Linux sound architecture）[12]をサポートするマルチチャネル A/D コンバータやマイクロホンアレイであれば，*HARK* や *PyHARK* から利用することができる．また，ROS も Python から利用できるため，ROS ベースのロボットシステムに組み込むことも容易である．*HARK* は年に 1 回程度の頻度で新しい機能の導入やバグフィックスを含めたリリースを行っており，普及活動として無料の *HARK* 講習会を国内外で

---

[12] https://wiki.archlinux.jp/index.php/Advanced_Linux_Sound_Architecture

開催している.

1.3.1　HARK によるロボット聴覚システム

HARK を用いて構築したロボット聴覚の応用例を 3 例紹介する.
① 　11 人同時発話認識による料理注文[※13]
② 　インタラクティブなダンスロボット[※14]
③ 　テレプレセンスへの応用（Texai）[※15]

(1)　11 人同時発話認識

　図 **1.5** は，11 人同時発話を認識できるロボットの例である. ロボットの頭部には円形に 16 本のマイクロホンが搭載されており，これを用いたマイクロホンアレイ処理によって 11 人同時発話の音声を分離し，分離した音声を認識する. この例では，音源は所与であるが，3 ～ 4 名の同時発話認識であれば，音源定位を含めたトータル方向のタスク成功率で 80%以上を達成している. 前述の音源分離（GHDSS）や分離音声認識の有効性を示す例である. また，デモの構築を通じて，同時発話により発話区間が重なっている場合でも，それぞれの発話区間を正しく検出する発話区間検出が，分離音声認識と同程度に重要な技術であることが報告されており，DCASE コミュニティでは **SELD**（simluntaneous event localization and detection）問題として精力的に研究が行われている[125]. この知見は，一般的な 1 対 1 の音声対話システムを扱っていたのでは得られないものであり，実際にロボット聴覚システムを構築して，システムトータルとして動作させることの重要性を示すよい例でもある.

(2)　動作雑音テンプレートによる自己動作雑音抑圧

　図 **1.6** は，音楽雑音および自己動作雑音下で，ユーザと対話を行うデモである. ロボット頭部の 8 チャネルのマイクロホンアレイで音源分離を行い，ユーザの発話を認識するという点では図 1.5 と同様の技術を用いている. ただし，分離して

[※13] http://www.jp.honda-ri.com/upload/multimedia/entry/20140115/
6980_330_20140115142749.wmv
[※14] http://www.jp.honda-ri.com/upload/multimedia/entry/20121016/
6230_330_20121016134943.wmv
[※15] http://www.youtube.com/watch?feature=player_embedded&v=bi4ACLfaWy0

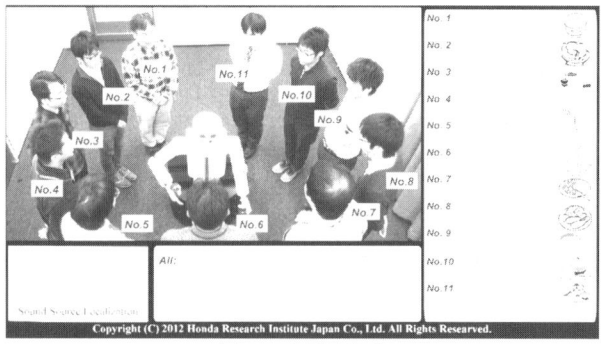

(a) 11 名同時注文

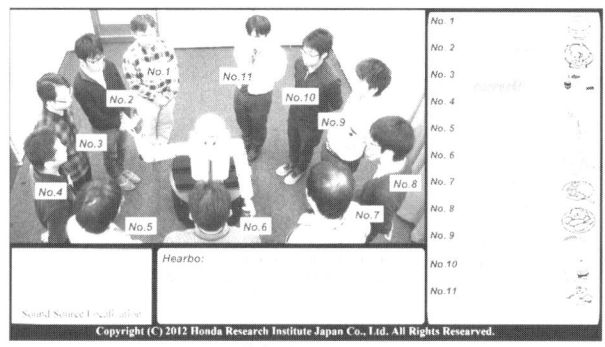

(b) 注文確認

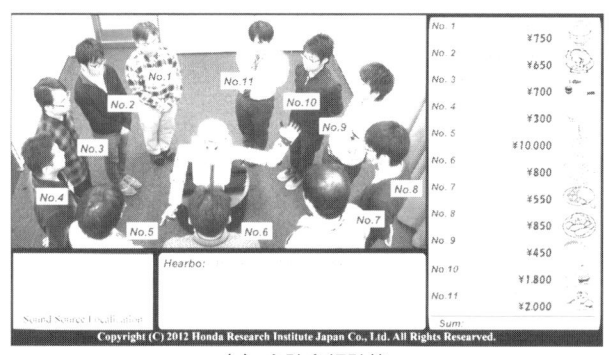

(c) 合計金額計算

図 1.5 同時発話認識

((a) では，ロボットの「ご注文を伺います」という発話の後，ロボットの周囲にいる 11 人が注文したい料理の内容を同時に発声する．ロボットは，頭部に搭載された 16 チャネルのマイクロホンアレイの入力から，各話者の発話を分離抽出し，音声認識を行う．(b) では，注文した人の方向を指しながら，認識結果を発話することで注文を確認する．(c) では，全員の注文を確認した後，注文の合計金額を計算し，伝える)

(a) 動作開始

(b) ユーザ質問

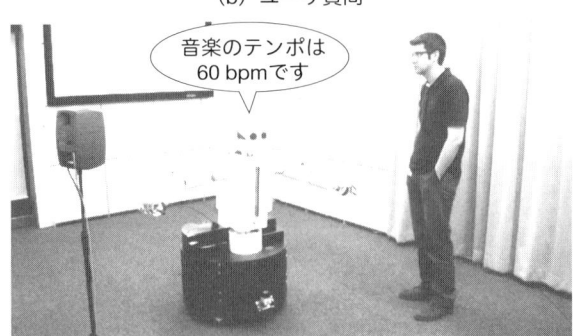

(c) ロボット回答

図 1.6　動作雑音テンプレート法による自己動作雑音抑圧

((a) では，ユーザの指示により，左のスピーカから流れている音楽のビートを検出して，ビートに合わせてダンス（腕の動作）を行っている．(b) では，音楽および自己動作雑音が存在する中で，ユーザの発話に耳を傾けている．ここで，現在流れている音楽の曲名などの情報検索，および，曲やムードを変えるといったタスクを実行することができる．(c) では，ユーザの発話に応じて，応答を行っている．ただし，うまくユーザの発話を認識できない場合には，再生中の曲のボリュームを下げたり，いったんダンスを中断したりして，より聞きやすい環境にした後，聞き返しを行うアクティブ聴覚機能を有している）

得られる一方の音源は音楽であるので，音声認識のかわりに，ビート検出を行い，そのビートにもとづいて腕を振る動作（ダンス）を行う．この際に，ダンス動作によりパワーの大きい自己動作雑音が発生するため，Ince らの手法[67] によって抑圧を行っている．これらの機能はすべて *HARK* で実装，統合されている．このデモは，自己動作雑音を抑圧することで，低次アクティブ聴覚を実装した例といえる．もう一方の音声音源に対しては，音声認識を行うが，雑音状況によっては認識が失敗することがある．その際は聞き返したり，音楽のボリュームを小さくしたり，それでもうまく認識できなければ動作も止めて周囲の雑音環境を制御したりするという高次なアクティブ聴覚機能も実装している[143]．アクティブ聴覚の効果的な利用方法を探るために，このように統合システムを構築して検証を行っている．

(3)　テレプレゼンスロボットへの応用

図 **1.7** は，Willow Garage 社と共同で *HARK* をテレプレゼンスロボット Texai に適用した例である．テレプレゼンスロボット（telepresence robot）は，遠隔地にいるユーザにかわって，物理的なボディをもったエージェントとして会議に参加したり，話し相手に近づいて会話を行ったりするためのロボットである．Texai は，遠隔地にいるユーザにとっては，現在，誰が主に話をしているかがわかりづらい，周囲の騒音が大きく，聞きたい人の声が聴き取りづらいといった問題を，定位情報の可視化，音源分離方向を制御する GUI の構築を通じて，遠隔ユーザがカメラ映像を見ながら，聞きたい音源を指定できる機能によって解決している[112]．ただし，実際に指定した音声を明瞭に聴き取れるようになったという意見が得られたものの，音源分離性能，システムの遅延，GUI の使い勝手という点で改善の余地があることが指摘されている．音源分離はその後の *HARK* のリリースによって，性能向上が図られている．また，GUI のデザインやシステム遅延については，ユーザフレンドリなインタフェースという観点から，研究が続けられている[220, 228]．

このように，*HARK* の応用例では，音源定位，音源追跡，音源分離といったマイクロホンアレイを用いた音響信号処理技術が主要技術として用いられていることが理解できよう．

このほかにも，ロボット聴覚 4.0 で示した屋外・極限環境への適用研究や動物行動学への適用研究で，上記のマイクロホンアレイ信号処理技術が大きな役割を

(a) Texai 利用風景

8 個のマイクロ
ホンを設置

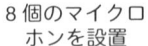

(b) マイクロホン位置

(c) 遠隔ユーザ画面

図 **1.7**　Texai への *HARK* の適用

（(a) では，3 名のユーザと，Texai 越しの 2 名のユーザが会話している．中央の Texai には (b) に示すマイクロホンアレイが搭載されている．これによって，中央の Texai のまわりで 4 名の話者が同時に発話を行っても，中央の Texai を操作している遠隔ユーザは (c) の GUI を用いて各発話者の方向を知ることができるのと同時に，聞きたい音の範囲を円弧で指定することによって，聞きたい相手の発話内容をクリアに聴取することができる）

果たしている．

　また，教育現場への適用に関しては *HARK* の技術をベースとしたスタートアップ企業が設立しており，広く世の中を見渡せば，AI スピーカやスマートスピーカといった製品も登場するなど，マイクロホンアレイ信号処理技術はすでに実際のビジネスにも結び付いている．

第2章

音響信号処理の基礎

　本章では，音源定位，音源追跡，音源分離の解説に入る前に，本書で共通的に用いる記号の定義，および本書で扱うロボット聴覚技術の理解に必要な音響信号処理の基礎について整理する．

　具体的には，音響信号の基本的な特徴，サンプリングと量子化，音響信号の時間・周波数表現，窓関数，畳み込み演算，フーリエ変換，インパルス応答と伝達関数，音響信号のモデル化といった本書で扱う音響信号処理に最低限必要な事項について選んで説明する．デジタル信号処理や音響信号処理の講義等を通じて，すでに大学の学部レベルの知識を有しているという読者は，本章はスキップしていただいてよいかもしれない．

　一方，第3章以降を読み進めていく中で，わからない部分が出てきた場合には，本章を改めて読み直して理解を深めてほしい．

2.1

音響信号処理理論の基礎

2.1.1　音響信号の定義

　本書では，弾性体中を伝わる弾性波である**音波**（sound wave）を表す用語として，**音響信号**（acoustic signal）を用いる．弾性波が伝わるには媒質となる弾性体が必要なので，完全な真空中では音響信号は存在しないことになる．一方，よく耳にする日本語の「音<ruby>音<rt>おと</rt></ruby>」は音波そのものを指すこともあるが，一般には音波を聴覚器官である耳で感じ取ったものを指す．つまり，聞こえなければ，それはただの音波であり，一般的には音とは呼ばない．例えば，超音波は聞こえないので音波であり，可聴音は聞こえるので音である．実際，音の 3 要素も，ピッチ（pitch），ラウドネス（loudness），音色（tone）という心理量として定義されるなど，音は，物理的な信号というよりは，本来，より人間の聴覚と密接にかかわっている用語である．

　また，音響信号には，音声（音響）信号，音楽音響信号といった信号が含まれる．**音声**（voice）は，その漢字が表すとおり，人間が発声器官を通じて発する音を指すが，慣例的に，動物の鳴き声や，楽器音，TV から流れる音についても用いられる．これにならって本書では，音声は人間や動物の声を指すものとし，音声（音響）信号という用語を用いる場合は，この音声が主音源として信号中に含まれる場合に限定する．対して，音楽音響信号は，主に楽器音（instrumental sound）から構成される音響信号を指す．なお，ボーカル（vocal）は音声であるが，音楽中に含まれる場合は，音楽音響信号と見なす．また，人間やシステムのまわりに遍在する音を指す用語である**環境音**（environmental sound）（を生じる音波）も，音響信号の一種である．

　混合音は，複数の音源に由来する音響信号が混在したものであり，本書の内容と密接に関係がある用語である．通常，人間の耳に入ってくる音響信号が単独の音源からの信号のみからなっていることはまれである．つまり，人間は常に混合音を入力として，その混合音から，それぞれの音源に由来する音響信号を別々の

ものとして聞き分けている．そのしくみを心理学的に解明しようという分野を**聴覚情景分析**（auditory scene analysis），その工学的な実現を目指す分野を**音環境理解**（computational auditory scene analysis）という．本書で扱う**音源分離**は，「実環境では，複数の音源からの音響信号が混合した音響信号が入力となる」点を工学的な課題としてとらえ，入力音響信号を各音源に由来する音響信号に分離する技術を指す．また，**音源定位**は，入力音響信号から，各音源の位置や方向を推定する技術を指し，音源分離問題を解く手がかりとしても利用される．いずれの技術も音環境理解の分野で研究が行われると同時に，音響信号処理分野，近年では機械学習分野で盛んに研究が行われている．

表 2.1 本書で用いる主な記号

記号	説明
t	時間
f	周波数
ω	角速度（角周波数）（$\omega = 2\pi f$）
$s,\ S$	音源信号，音源信号のスペクトル
$x,\ X$	観測信号，観測信号のスペクトル
$n,\ N$	雑音信号，雑音信号のスペクトル
$h,\ H,\ \boldsymbol{H}$	インパルス応答，伝達関数，混合行列
$\boldsymbol{W}$	分離行列
a	（正弦波の）振幅
ϕ	（正弦波の）位相
v	音速
f_0	基本周波数
f_{s}	サンプリング周波数
f_{Nyquist}	ナイキスト周波数 $\left(f_{\mathrm{Nyquist}} = \dfrac{f_s}{2}\right)$
$\mathcal{F}[x]$	x のフーリエ変換（$X = \mathcal{F}[x]$）
$\theta,\ \psi$	音源方向（主に方位角）
$\Re[z],\ \Im[z]$	z の実数部と虚数部
R	観測信号の空間相関行列
Γ	音源信号の相互相関行列
K	雑音相関行列
$\mathrm{E}[x]$	x の期待値
(x, y, z)	三次元直交座標系における座標
(r, θ, φ)	三次元極座標系における座標
M	（マイクロホンアレイを構成する）マイクロホンの数

表 **2.1** に，本書で用いる主な記号の一覧を示す．本書では，基本的に，スカラーはイタリック体，ベクトルおよび行列は，それぞれ小文字，大文字のボールドイタリック体で表記する．また，時間領域の信号は小文字で，周波数領域の信号は大文字で表記する．

2.1.2　音響信号の定式化，および基本的な用語

音響信号の定式化，およびそれにかかわる基本的な用語について説明する．まずは，単一周波数のみが含まれる音響信号である**純音**（pure tone）である．周波数 f の純音は，時間 t を用いて，次式で表すことができる． ▶

$$s_p(t) = a\sin(2\pi ft + \varphi) \tag{2.1}$$

ここで，a は振幅，π は円周率，φ は位相項を表す．式 (2.1) は**角速度**（angluar velocity，**角周波数**）$\omega = 2\pi f$ を用いて，次式で表されることも多い．

$$s_p(t) = a\sin(\omega t + \varphi) \tag{2.2}$$

また，併せて，波長 λ，周期 T，および単位長あたりの波の数を示す**波数**（wave number）k は以下で定義される[*1]． ▶

$$\lambda = \frac{v}{f} \tag{2.3}$$

$$T = \frac{1}{f} \tag{2.4}$$

$$k = \frac{2\pi}{\lambda} \tag{2.5}$$

ここで，v は**音速**（sound velocity）を表し，実際に計算する際には，気温 15°C における音速である 340 m/s が便宜的に用いられることが多い[*2]．図 **2.1** は，式 (2.2) において，$a = 1$，$f = 1000\,\text{Hz}$，$\varphi = 0$ の場合を図示したものである．$T = 0.001\,\text{s}$ とすると，λ は T に比例するので，音速 $v = 340\,\text{m/s}$ とすれば 0.34 m となる．また，$k = 18.47$ である．

[*1] 波数は単に単位長あたりの波の個数を表す値として，波長の逆数 $\dfrac{1}{\lambda}$ と定義することもある．本定義では，単位長あたりの位相変化を意味する．

[*2] 一般に空気中では，音速は 1°C 温度が上昇すると約 0.6 m/s 速くなる．実際には湿度や風などの影響も受ける．また，媒質によっても異なる．

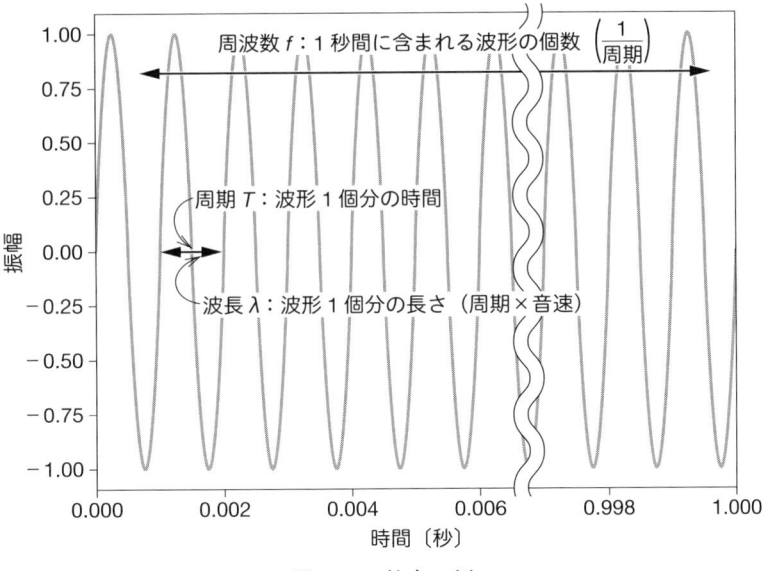

図 **2.1** 純音の例

[コラム]

周波数が時間変化する場合

　高校の教科書にも出てくる式 (2.2) の純音の定義式は，周波数が時不変であるとしていることに注意してほしい．**スイープ信号**（sweep signal）などの周波数が時間変化する信号の場合，式 (2.2) ではうまく表現することができない．また，式 (2.2) は正弦波を表す式なので，sin の括弧内は角度（位相）を表している．この角度は，一般に角速度を時間で積分することで得られる．純音の場合，周波数が一定，つまり，角速度は時不変の定数 ω と表すことができる．よって sin の括弧内（便宜上，θ とする）は ω の時間積分として次式で得られる（φ は不定項）．

$$\theta = \int \omega \, dt = \omega t + \varphi \tag{2.6}$$

　つまり，式 (2.2) は，あくまでも周波数／角速度が時不変であるということが前提の下，定義された式である．ω が時変の変数 $\omega(t)$ である場合を考えると，次式のように書く必要があるわけである．

$$s_p(t) = a \sin\left(\int \omega(t) dt\right) \tag{2.7}$$

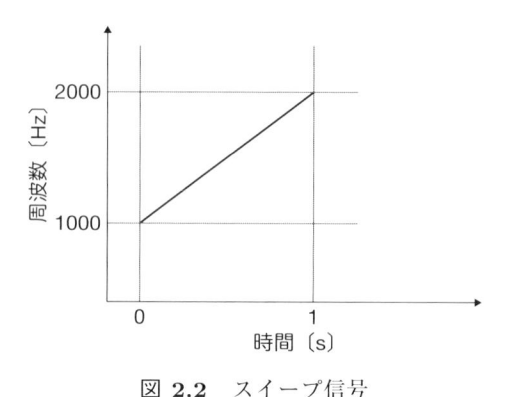

図 **2.2**　スイープ信号

　さて，実際に周波数が時変である場合の信号が，どのような式で表されるかを確認するため，**図** 2.2 のような例を考える．このように，徐々に周波数が変わっていく信号はスイープ信号と呼ばれる．後で説明するインパルス応答の測定で用いられる **TSP**（time stretched pulse）信号も一種のスイープ信号である．この例では，角速度は時間変化するため，$\omega(t)$ は次式で表すことができる．

$$\omega(t) = 2\pi(1000t + 1000) \tag{2.8}$$

式 (2.8) を，式 (2.7) に代入すれば，次式で表されるスイープ信号の式が得られる．

$$
\begin{aligned}
s_{\mathrm{sweep}}(t) &= a\sin\left(\int \omega(t)dt\right) \\
&= a\sin\left(\int 2\pi(1000t + 1000)dt\right) \\
&= a\sin\left(1000\pi t^2 + 2000\pi t + \varphi\right)
\end{aligned}
$$

したがって，式 (2.8) をそのまま，式 (2.2) に代入して

$$s_{\mathrm{sweep}}(t) = a\sin(2000\pi t^2 + 2000\pi t + \varphi)$$

とするのは間違いである．

　式 (2.1) は，純音を表しているので，単一の周波数しか含まれていないが，一般的な音声や楽器音では，基本となる周波数に対してその整数倍となる周波数が同時に含まれる調波構造（harmonic structure）をもつことが多い．図 **2.3** に，調波構造を図示する．音響信号は時間波形としてみれば，時間 t に対する 1 次元信号であるが，図 2.3 のように，時間，周波数，パワーの 3 軸で表すことにより，

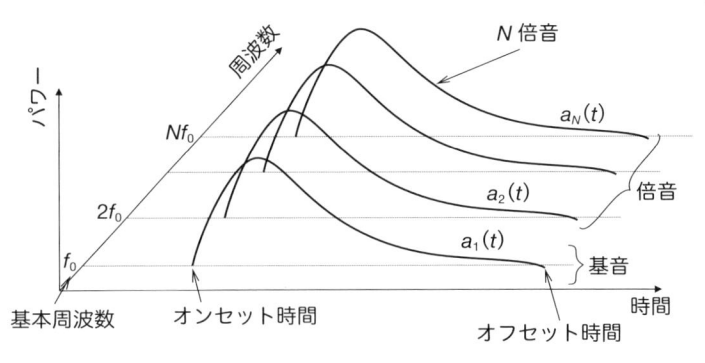

図 **2.3** スペクトログラムと調波構造

直感的に理解しやすい表現で可視化することができる．このような表現をスペクトログラム（spectrogram）という．また，基本となる周波数をもった周波数成分を基音（fundamental tone）といい，その周波数 f_0 を基本周波数（fundamental frequency）という．基本周波数の N 倍の周波数をもった周波数成分を N 倍音（もしくは，単に倍音（harmonic tone）という．調波構造は，次式で表すことができる． ▶

$$s_h(t) = \sum_{k=1}^{N} a_k(t) \sin(2\pi f_0 kt + \varphi_k) \tag{2.9}$$

$a_i(t)$ は，i 番目の倍音の振幅であり，この立上り時刻をオンセット（onset）時刻，立下り時刻をオフセット（offset）時間という．また，φ_i は基音，および，各倍音の位相を示すが，スペクトログラムではパワー軸を用いるため，可視化されない．

さらに，図 **2.4** に純音，調波構造音，音声を，それぞれ波形，スペクトル，スペクトログラムとして図示する．前述したように，波形は，時間の 1 次元関数なので時間変化以外は表れず，見ただけでは個々の信号の性質まではわからない．横軸を周波数，縦軸をパワーとしたスペクトル表示にすると，信号に含まれる周波数がわかるので，音の高さや含まれる周波数成分の数などがわかる．しかし，今度は時間情報が表れないため，これらの周波数が時間的にどう変動するかまではわからない．横軸を時間，縦軸を周波数，色の違いでパワーを表すスペクトログラムとして表示すると，スペクトルの時間変動までわかるようになる．慣れてくると，スペクトログラムだけで音声信号の内容がある程度推定できるようになる．

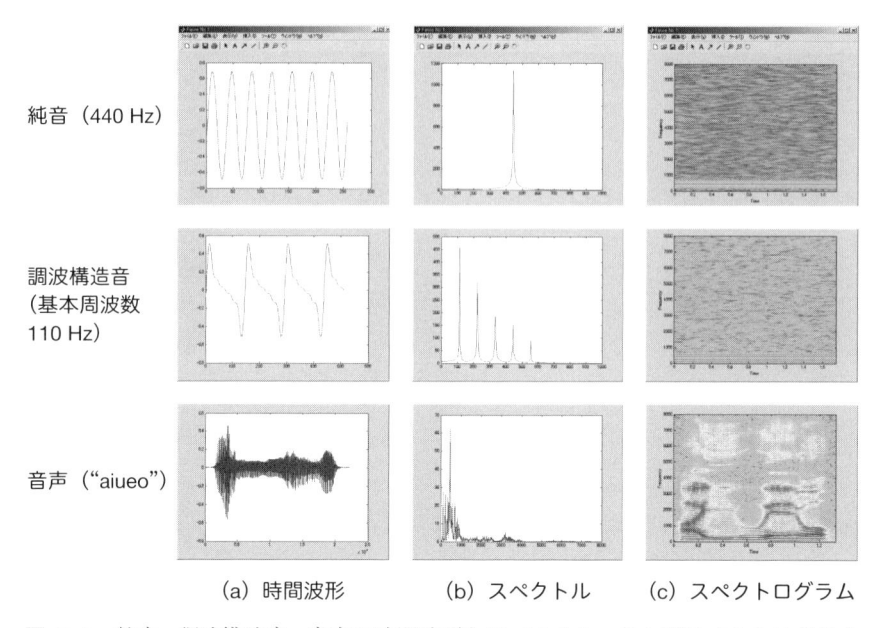

純音（440 Hz）		
調波構造音（基本周波数 110 Hz）		
音声（"aiueo"）		
(a) 時間波形	(b) スペクトル	(c) スペクトログラム

図 **2.4**　純音，調波構造音，音声の時間波形とスペクトル，およびスペクトログラム（"aiueo" と発話した際の音声信号の表示．(c) をみると，調波構造だけでなく，調波構造の濃淡として表されるフォルマント構造（声道内の共鳴周波数に対応した倍音群の構造，声道の形に応じて変化する）もよくわかる）

2.1.3　サンプリングと量子化

前項では，連続的なアナログ信号を前提として純音の定義を行ったが，音響信号処理における音源定位や音源分離手法は，一般にデジタル信号が対象であるので，アナログ信号を離散化したデジタル信号を扱うことになる．ここで，アナログ信号をデジタル信号に変換する際に重要となるサンプリングと量子化について説明する．

アナログ信号（analog signal）とは，時間的にも振幅的にも連続な関数として定義される．これをコンピュータで取り扱うには 2 進数の集まりであるバイナリデータに変換する必要があるから，離散化が必要になる．ここで，時間方向の離散化をサンプリング（sampling，標本化）といい，振幅方向の離散化を量子化（quantization）という．図 **2.5** (a) はアナログ信号を示しており，図 2.5 (b) は，これをサンプリング間隔 T_s でサンプリングする様子を示している．$\dfrac{1}{T_s}$ はサンプリング周波数（sampling frequency）もしくはサンプリングレート（sampling

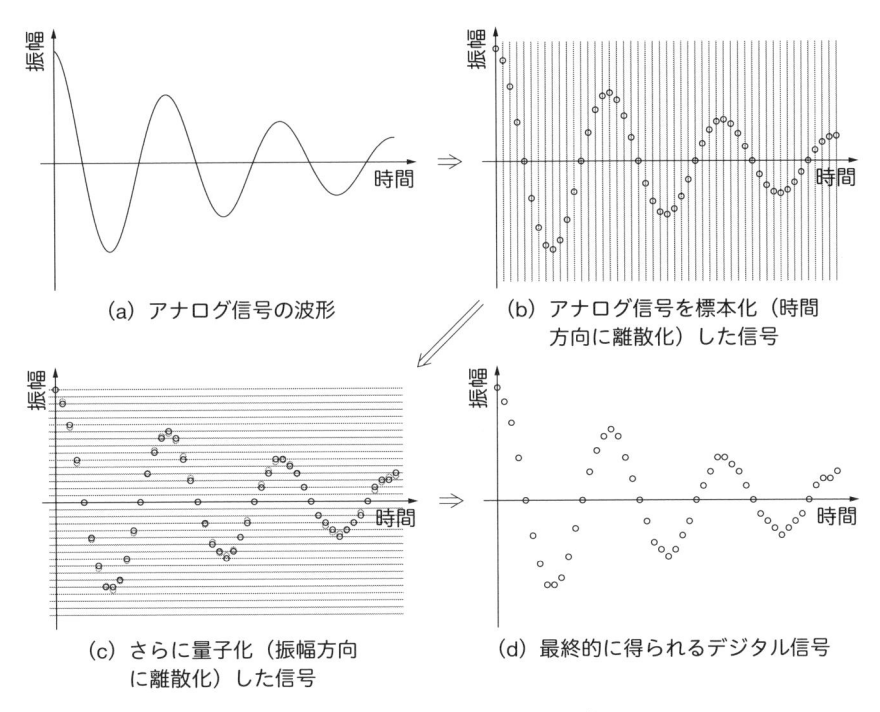

(a) アナログ信号の波形

(b) アナログ信号を標本化（時間方向に離散化）した信号

(c) さらに量子化（振幅方向に離散化）した信号

(d) 最終的に得られるデジタル信号

図 **2.5** サンプリングと量子化

rate）といい，f_s と表す．例えば，音響信号の処理研究でしばしば用いられる 16 kHz サンプリングは，対応するアナログ信号に対して，1 秒間に 16000 回の頻度でサンプリングを行うことを意味している．一方，アナログ信号をデジタル信号とするためには，同様の離散化を振幅方向にも行う必要があり，図 2.5 (c) はその様子を示している．ここで，振幅方向の離散化の間隔を**量子化幅**（quantization interval）と呼ぶが，一般には，量子化幅よりも，最大振幅の 2 倍を量子化幅で除した数をビット数（2 進数列で表現した場合の桁数）で表して表現することが多い．この量子化の結果として得られる情報量は，**量子化ビット数**（quantization bit rate）と呼ばれる．例えば，「16 ビット量子化」もしくは「量子化ビット数が 16」といった場合は

　　　　−最大振幅 ～ +最大振幅

までの振幅値（最大振幅の 2 倍）を 2^{16} 段階に等間隔で離散化し，16 ビット，つまり 2 バイトで 1 つのサンプルを表現することを意味している．このように，量

子化のパラメータとして量子化ビット数がよく用いられる理由としては，1回の
サンプリングで得られるデジタル信号のサイズがわかりやすくなることなどがあ
げられる．

　また，サンプリングにおいては，サンプリング定理（sampling theorem）と呼
ばれる重要な原理が知られている．すなわち，信号の周波数が $0 \sim f_{\mathrm{Nyquist}}$ に帯
域制限されているとき，この信号に含まれるすべての情報を保持したままサンプ
リングを行うためには，サンプリング周波数が $2f_{\mathrm{Nyquist}} \leq f_s$ を満たす必要があ
る．ここで，f_{Nyquist} をナイキスト周波数（Nyquist frequency）という[3]．した
がって，例えば 8 Hz までの信号を扱いたいのであれば，16 kHz 以上のサンプリン
グ周波数でサンプリングする必要がある．もしくは，16 kHz のサンプリング周波
数でサンプリングした場合は，8 kHz までの信号しか扱うことができない．実際
に音響信号を扱う際には，この点を意識しておくことがとても重要である．

　一般に音楽の収録で用いられるサンプリング周波数は 44.1 kHz であり，22.05 kHz
までの音響信号を表現できる．通常，人間の可聴域の上限は 20 kHz 程度なので，
人間が聞く場合にはこれで十分である．しかし，コウモリの生態を調べたい場合
は，コウモリの可聴域の上限は 120 kHz 程度なので，まったく不十分である．逆
に，対象の音源が，高々 1 kHz までの周波数しか含んでいないとすれば，サンプ
リング周波数は 2 kHz もあれば十分といえる．サンプリング周波数が大きいと収
録データのサイズもその分，大きくなるので，事前に考慮しておく必要がある．

　また，サンプリング周波数を変換するテクニックとして，アップサンプリング
（upsampling）やダウンサンプリング（downsampling）がある[4]．アップサンプ
リングによって，もとの信号のサンプリング周波数よりも高いサンプリング周
波数でサンプリングをし直した結果を得ることができるが，たとえアップサンプ
リングをしても，もとの信号のナイキスト周波数以上の周波数の信号が復元され
るわけではない．一方，ダウンサンプリングを行えば，もとの信号のサンプリン
グ周波数よりも低いサンプリング周波数でサンプリングできるので，データ量削
減という意味で有効であるが，ダウンサンプリングによってナイキスト周波数よ
り大きい周波数の情報は失われてしまうので，注意が必要である．

....
[3] この定理の証明は本書の範囲を外れるので，他の文献に譲る．
[4] このために，MATLAB では `resample` という高性能な関数が用意されている．また，
　　Python にも librosa，scipy といったパッケージに `resample` が用意されている．

［コラム］

エイリアシングとアンチエイリアシングフィルタ

実データを扱う際には，サンプリング定理の「信号の周波数が $0 \sim f_{\mathrm{Nyquist}}$ に帯域制限されている場合」という前提条件の部分に注意する必要がある．例えば，実験室等で，スピーカから音響信号を出力，これをマイクロホンで収録して，デジタル信号としてコンピュータ用のファイルに保存することを考える．このとき，アナログ信号からデジタル信号への変換，つまりサンプリングを必然的に行うことになるが，スピーカから出力される信号が上記の前提条件を満たしている保証はどこにもない．たとえ，スピーカに送信している信号がこの条件を満たしていても，スピーカの特性，環境の雑音等の影響で，マイクロホンで収録される信号には，f_{Nyquist} を超える周波数成分が入り込む可能性がきわめて高いからである．これを考慮せずにサンプリングを行うと，**エイリアシング**（aliasing）と呼ばれる現象が起きてしまう．

図 2.6 は，3 kHz から 7 kHz に徐々に周波数が変わっていく音響信号をサンプリングした例を，スペクトログラムとして示したものである．◉

（a）は，サンプリング周波数 20 kHz，（b）は，サンプリング周波数 10 kHz の場合である．（a）は正しくサンプリングされているようにみえるが，（b）は明らかに 5 kHz より高い成分の周波数が正しくサンプリングされていない．これはサンプリング周波数が 10 kHz だったため，サンプリング定理から 5 kHz までの信号しか再現できないことに起因している．これがエイリアシングである．実際の周波数を f とすると，$2f_{\mathrm{Nyquist}} - f$ の位置に現れ，5 kHz を境に折り返しているようにみえることから，**折返し雑音**とも呼ばれる．

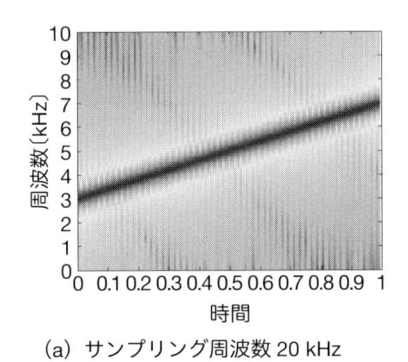

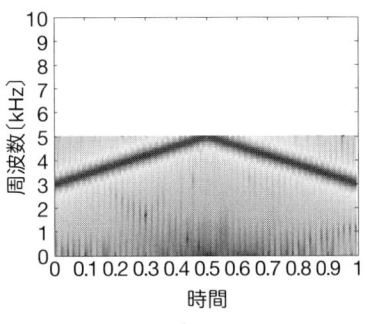

(a) サンプリング周波数 20 kHz　　　　(b) サンプリング周波数 10 kHz

図 **2.6**　エイリアシング時のスペクトログラム
（(b) ではエイリアシングのため，5 kHz までの信号しか再現できていないことがわかる）

　ただし，一般的な収録機器の A/D コンバータにはエイリアシングを防ぐアンチエイリアシングフィルタが標準で搭載されているため，収録時にエイリアシングが起きることはほとんどない．音響用ではない A/D コンバータを使う場合には，アンチエイリアシングフィルタが搭載されていないため，自前で構築しなければならない．少なくともサンプリングする前に f_{Nyquist} 以上の周波数をカットする急峻なローパスフィルタを用いる必要があるが，このようなローパスフィルタの設計や扱いは難しい．したがって，最近では，いったん，MHz オーダの高いサンプリング周波数でサンプリング（オーバサンプリング）した後，サンプルを間引く**デシメーション**（decimation）を行う方式が採られることが多い．こうすれば，アンチエイリアシングは，勾配のゆるいローパスフィルタで済ますことができる．また，デシメーションのローパスフィルタはデジタルフィルタで容易に構成可能である．

2.1.4　周波数解析と周波数領域表現

　上記のとおり，スペクトル，スペクトログラムは時間波形から変換して得ることができる．このために，周波数解析により，音響信号の時間領域から周波数領域への変換，もしくはその逆変換を行う．周波数解析（frequency analysis）には，バンドパスフィルタを用いる方法や，ウェーブレット変換を用いる方法など，さまざまな方法があるが，特に，一般的に広く用いられる方法がフーリエ変換によるものである．

　音源信号を $s(t)$ とする．これをスペクトルとして表現したい場合，図 2.4（34 ページ）のように，横軸を周波数として表現すればよいので，$s(t)$ を式 (2.2)（30 ページ）のような純音で展開すると次式が得られる．

$$s(t) = \sum_k a_k \sin(\omega_k t + \varphi_k) \tag{2.10}$$

ここで，横軸に ω_k，縦軸にそのときの振幅 a_k をとることにより，スペクトルを表現することができる．

　また，フーリエ級数展開は，音源信号を周期 N として，各周波数が

$$\omega_k = k\omega_0 = \frac{2\pi k}{N}$$

のように整数倍の関係にあると仮定して，式 (2.2) の考え方にもとづいた三角関数の無限級数展開として定義される．すなわち

$$s(t) = \sum_{k=0}^{\infty} a_k \sin(k\omega_0 t + \varphi_k)$$
$$= a_0 + a_1 \sin(\omega_0 t + \varphi_1) + a_2 \sin(2\omega_0 t + \varphi_2) + \cdots$$
$$+ a_k \sin(k\omega_0 t + \varphi_k) + \cdots \tag{2.11}$$

である．ここで a_0 は周波数 0 の振幅（ただし，$\varphi_0 = \dfrac{\pi}{2}$ とする）であり，直流成分を表すことから，**DC オフセット**（direct current offset）とも呼ばれる．また，ω_0 は，$i = 1$ のときの周波数であり，**基本周波数**と呼ばれる．さらに，式 (2.11) は，次式のように変形できる．

$$s(t) = \sum_{k=0}^{\infty} a_k \sin(k\omega_0 t + \varphi_k)$$
$$= \sum_{k=0}^{\infty} (a_k \cos(\varphi_k) \sin(k\omega_0 t) + a_k \sin(\varphi_k) \cos(k\omega_0 t))$$
$$= \sum_{k=0}^{\infty} (A_k \sin(k\omega_0 t) + B_k \cos(k\omega_0 t))$$
$$= \sum_{k=0}^{\infty} \left(\frac{A_k + jB_k}{2} e^{-kj\omega_0 t} + \frac{A_k - jB_k}{2} e^{kj\omega_0 t} \right)$$
$$= A_0 + \sum_{k=1}^{\infty} \left(\frac{A_k + jB_k}{2} e^{-kj\omega_0 t} + \frac{A_k - jB_k}{2} e^{kj\omega_0 t} \right)$$
$$= \sum_{k=-\infty}^{\infty} C_k e^{kj\omega_0 t} \tag{2.12}$$

ここで，1 行目から 2 行目への変形には，三角関数の加法定理が用いられている．また，2 行目から 3 行目への変形には，次式のオイラーの公式が用いられている．

$$\begin{cases} e^{j\omega t} = \cos \omega t + j \sin \omega t \\ e^{-j\omega t} = \cos \omega t - j \sin \omega t \end{cases}$$

j は虚数単位である．また，$*$ は複素共役を表す．3 行目から 4 行目への変形では

$$C_0 = A_0, \quad C_k = \frac{A_k - jB_k}{2}, \quad C_{-k} = \frac{A_k + jB_k}{2}$$

としている．

したがって，式 (2.11) は結局，最終行の簡単な式で表すことができる．これは係数が複素数であることから，一般に複素フーリエ級数展開と呼ばれる式であり，

C_k の部分は次式で求めることができる.

$$C_k = \frac{1}{N} \int_{-\frac{N}{2}}^{\frac{N}{2}} s(t)\, e^{-kj\omega_0 t}\, dt \tag{2.13}$$

ここで，$S(\omega_k) = NC_k$ とおけば，式 (2.13) から次式が得られる.

$$S(\omega_k) = \int_{-\frac{N}{2}}^{\frac{N}{2}} s(t)\, e^{-kj\omega_0 t}\, dt \tag{2.14}$$

さらに，周期 N を無限大に近づけることによって，次のように離散変数 ω_k を連続値変数 ω としたフーリエ変換の式を導くことができる.

$$\begin{cases} s(t) &= \dfrac{1}{2\pi} \displaystyle\int_{-\infty}^{\infty} S(\omega)\, e^{j\omega t} d\omega \\[2mm] S(\omega) &= \displaystyle\int_{-\infty}^{\infty} s(t)\, e^{-j\omega t} dt \end{cases} \tag{2.15}$$

また，$s(t)$ を $s[n]$ と離散化することで，次の離散フーリエ変換の式を得ることができる.

$$\begin{cases} s[n] = \dfrac{1}{N} \displaystyle\sum_{k=0}^{N-1} S[k]\, e^{j\frac{2\pi k}{N} n} \\[2mm] S[k] = \displaystyle\sum_{n=0}^{N-1} s[n]\, e^{-j\frac{2\pi n}{N} k} \end{cases} \tag{2.16}$$

なお，一般的な離散フーリエ変換の定義にしたがって，総和の範囲を $0 \sim N-1$ としている．これは，$s[n]$ も周期 N の信号であるため，1 周期分だけ計算すれば十分であるからである．また，1 周期は式 (2.13) のように $-\dfrac{N}{2} \sim \dfrac{N}{2}$ としても，式 (2.16) のように $0 \sim N-1$ としても等価である.

[コラム]

複素数の記号

　数学では虚数単位を i で表すが，電気系の分野では，電流を表す i と区別しやすいよう j で表すのが一般的である．音響信号処理分野も電気系の流れを汲む分野なので，j を用いることが多い.

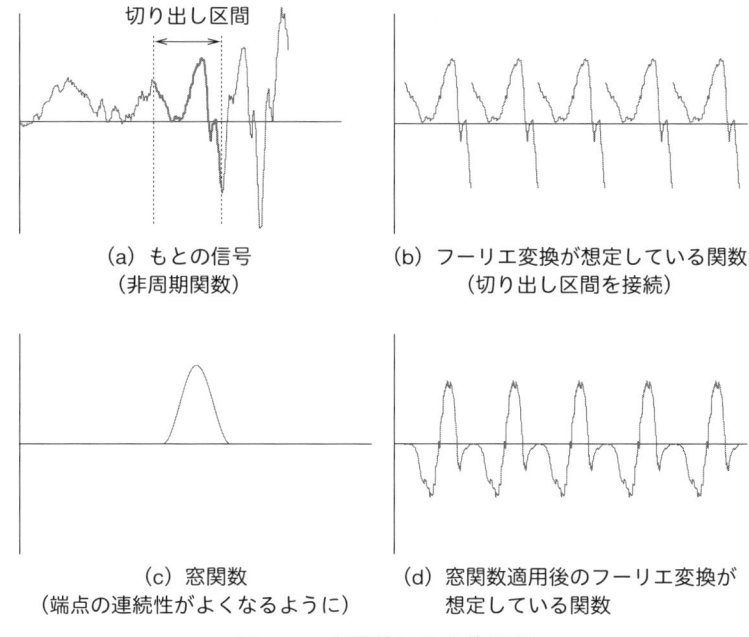

図 **2.7**　窓関数による前処理

2.1.5　窓関数

　ここまで，$s(t)$ や $s[n]$ が周期関数であることを仮定してきたが，一般的に得られる信号は周期関数とは限らない．一方，実際には（周期性のない）無限長の信号を扱うこともできない．したがって，図 **2.7**（a）に示すように，ある区間を切り出して，その区間を周期関数と見なして（離散）フーリエ変換を適用する．ただし，離散フーリエ変換では入力の端点が不連続であるとエイリアシングなどのエラーが発生する．実際，不連続な信号を無理やり用いると図 2.7（b）のように，もとの信号とかけ離れた信号となってしまう．

　そこで，あらかじめ図 2.7（c）に示すような**窓関数**（window function）を，切り出した区間に対して掛け算を行うことで端点の不連続性を緩和する処理を行う．窓関数は両端が 0 ないし，0 に近い値となっているため，図 2.7（a）をそのまま使って図 2.7（b）のような信号であるとしてフーリエ変換を行う場合と比較すれば，図 2.7（d）のように不連続性が緩和された信号となる．もちろん，もとの信号と異なる信号になるが，窓関数を適用しない場合と比べて，良好な周波数解析

結果を得ることができる.

2.1.6 畳み込み演算とフーリエ変換

上記以外にも, フーリエ変換はさまざまな場面で有用であるが, ここでは特に以降の章で重要となる畳み込み積分, もしくは単に畳み込み (convolution) への応用について説明する. 2つの時間領域信号 $g_1(t)$ と $g_2(t)$ の畳み込み積分とは, 次式で定義される.

$$g_1(t) * g_2(t) = \int_{-\infty}^{\infty} g_1(t')\, g_2(t - t')\, dt' \tag{2.17}$$

式 (2.17) は, 音源定位や分離における信号のモデル化でも重要な役割を果たす (2.1.7 項で説明する).

ここで, 式 (2.17) のフーリエ変換を $\mathcal{F}$ で表すと, 次式が成り立つ.

$$\begin{aligned}
g_1(t) * g_2(t) &= \mathcal{F}^{-1}(\mathcal{F}(g_1(t))\, \mathcal{F}(g_2(t))) \\
&= \mathcal{F}^{-1}(G_1(\omega)\, G_2(\omega))
\end{aligned} \tag{2.18}$$

この理由は, 次式から明らかである.

$$\begin{aligned}
\mathcal{F}(g_1(t) * g_2(t)) &= \int_{-\infty}^{\infty} \left[\int_{-\infty}^{\infty} g_1(t')\, g_2(t - t')\, dt' \right] e^{-\mathrm{j}\omega t}\, dt \\
&= \int_{-\infty}^{\infty} g_1(t') \left[\int_{-\infty}^{\infty} g_2(t - t') e^{-\mathrm{j}\omega t}\, dt \right] dt' \\
&= \int_{-\infty}^{\infty} g_1(t') \left[\int_{-\infty}^{\infty} g_2(t - t') e^{-\mathrm{j}\omega(t - t')}\, dt \right] e^{-\mathrm{j}\omega t'}\, dt' \\
&= \int_{-\infty}^{\infty} g_1(t')\, G_2(\omega) e^{-\mathrm{j}\omega t'}\, dt' \\
&= \left[\int_{-\infty}^{\infty} g_1(t') e^{-\mathrm{j}\omega t'}\, dt' \right] G_2(\omega) \\
&= G_1(\omega)\, G_2(\omega)
\end{aligned} \tag{2.19}$$

式 (2.19) は, $g_1(t)$ と $g_2(t)$ の畳み込み積分は, それらをフーリエ変換したもの同士の積を逆フーリエ変換することで得られることを意味しているから, 時間領域での畳み込み演算は, フーリエ変換によって周波数領域の単純な積で表すことができる. この事実が, 多くの信号処理のアルゴリズムが周波数領域の処理として定義されている理由の1つになっている.

一方，コンピュータに実装するアルゴリズムでは，離散信号を扱うことになるため，式 (2.19) を離散化した式がよく用いられる．離散信号 $g_1[n]$, $g_2[n]$ の離散畳み込み演算は次式で定義できる．

$$g_1[n] * g_2[n] = \sum_{n'=0}^{N-1} g_1[n]\, g_2[n' - n] \tag{2.20}$$

ここで，式 (2.20) の離散フーリエ変換を $\mathcal{F}$ で表すと，次式が成り立つ．

$$g_1[n] * g_2[n] = \mathcal{F}^{-1}(\mathcal{F}(g_1[n])\,\mathcal{F}(g_2[n]))$$
$$= \mathcal{F}^{-1}(G_1[\omega_k]\, G_2[\omega_k]) \tag{2.21}$$

ただし，k は周波数インデックスであり，サンプリング周波数が 1 に正規化されている場合，連続系の式 (2.18) と同様の関係をもつ．ω_k はサンプリング周波数が f_s のとき，次式で定義される．

$$\omega_k = 2\pi f_s \frac{k}{N} \tag{2.22}$$

このように，離散信号の場合も「時間領域での畳み込み演算は，周波数領域では，積として表すことができる」ことが重要である．

2.1.7　インパルス応答と伝達関数

音響信号処理では，インパルス応答と伝達関数を頻繁に使用する．また，これらにおいては前述の畳み込み演算がよく利用される．

インパルス応答（impulse response）とは，図 **2.8** のように音源とマイクロホンがある系で，時刻 0 のときのみ値（パワー）をもち，それ以外の時刻には値をもたないインパルス信号を音源から出力した場合の，マイクロホンでの観測信号として定義される．これは，アナログ信号ではディラックのデルタ関数 $\delta(t)$ として，デジタル信号では，次式で表される信号として定義できる．

$$\delta[n] = \begin{cases} 1 & (n = 0) \\ 0 & (n \neq 0) \end{cases} \tag{2.23}$$

インパルス応答が重要であるのは，インパルス応答さえ得られれば，実際に収録を行わなくても任意の音源信号を表すことができるからである．

例えば，スピーカから出力されたインパルス信号

$s(t)$
音源

$h(t)$
伝達系
（インパルス応答）

$x(t)$
観測

図 **2.8**　インパルス応答

（音源からの信号 $s(t)$ がマイクロホンで信号 $x(t)$ として観測される．音源から観測までの
伝達系はインパルス応答 $h(t)$ として記述することができる．）

$$\delta[n] = [1, 0, 0, 0, 0]$$

が，マイクロホンでは

$$h[n] = [0, 0.8, 0.2, 0.1, 0]$$

として観測されたとする．この $h[n]$ をインパルス応答と呼ぶ[※5]．$h[n]$ の物理的な
意味を考えるため，$h[n]$ を各成分に分解してみよう．

$$\begin{aligned}
h[n] = \ & [1, 0, 0, 0, 0] \times 0 + \\
& [0, 1, 0, 0, 0] \times 0.8 + \\
& [0, 0, 1, 0, 0] \times 0.2 + \\
& [0, 0, 0, 1, 0] \times 0.1 + \\
& [0, 0, 0, 0, 1] \times 0
\end{aligned}$$

ここで，右辺第 1 行目は $n = 0$ のとき，つまり，スピーカから大きさ 1 のインパ
ルス信号が出力された時刻での観測信号を示していると考えることができる．こ
の段階では，インパルス信号を送出した時刻にはまだマイクロホンにインパルス
信号が到達していないため $h[0] = 0$ が観測されている．右辺第 2 行目は $n = 1$ の
ときの観測信号を示している．$h[1] = 0.8$ となっているのは，1 サンプル分の時間
をかけ，スピーカからマイクロホンまで，大きさ 1 のインパルス信号が 0.8 に減

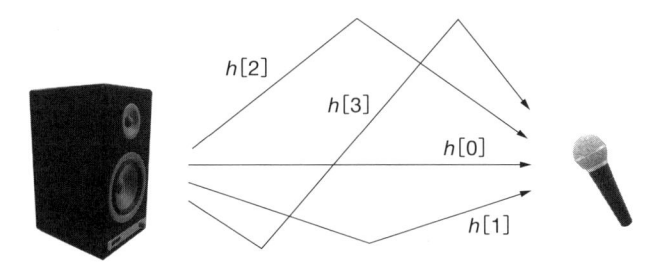

図 **2.9** インパルス応答のイメージ

(音源からマイクロホンに直接届く音を $h[0]$ と表した場合,途中で反射して時間が 1 遅れて届く信号は $h[1]$,時間が 2 遅れて届く信号は $h[2]$ と,次々と,信号が遅れてマイクロホンに届く)

衰して到達したことを表している.また,$h[2] = 0.2$ は,インパルス信号が減衰しながらマイクロホンに到達する過程を示しており,どこかで反射するなどして,$h[1]$ より時間がかかり,また反射したことでさらに減衰したことを表していると考えることができる.$h[3] = 0.1$ は,$h[2]$ と同様だが,マイクロホンに到達するまでの距離がより長いケースと考えることができる(図 **2.9**).

同様にして,スピーカの出力が $s[n] = [3, 2, 1, 0, 0]$ であった場合のマイクロホンでの観測信号を考えてみよう.

まず,$s[n]$ を分解してみる.

$$
\begin{aligned}
s[n] &= [3, 2, 1, 0, 0] \\
&= [1, 0, 0, 0, 0] \times 3 + \\
&\quad [0, 1, 0, 0, 0] \times 2 + \\
&\quad [0, 0, 1, 0, 0] \times 1 \\
&= \delta[n] \times s[0] + \\
&\quad \delta[n-1] \times s[1] + \\
&\quad \delta[n-2] \times s[2]
\end{aligned}
$$

$$(2.24)$$

$$(2.25)$$

このように分解すれば,右辺の各項は,インパルス信号の時刻を 1 サンプルずつ遅らせた信号の定数倍として表せることがわかる.すなわち,$n = 0$ で大きさ 3 の信号が出力され,次の時刻に大きさ 2 の信号が,その次の時刻に大きさ 1 の信号がスピーカから順番に出力されると考えることできる.

表 **2.2**　インパルス応答の計算例

n	0	1	2	3	4	5	6
$h[n] \times s[0]$ = [	0×3	0.8×3	0.2×3	0.1×3	0×3		]
$h[n-1] \times s[1]$ = [		0×2	0.8×2	0.2×2	0.1×2	0×2	]
$h[n-2] \times s[2]$ = [			0×1	0.8×1	0.2×1	0.1×1	0×1]
$x[n]$ = [	0	2.4	2.2	1.5	0.4	0.1	0]

続いて，この信号（$s[n]$）に対するマイクロホンでの観測について考えてみる．

式 (2.24) の右辺第 1 行目は，インパルス信号の $s[0]$ 倍の出力信号を表していると考えることができるので，この項に対する観測は，インパルス応答の $s[0]$ 倍の信号になると考えることができる．つまり，式 (2.25) の右辺第 1 行目 $\delta[n] \times s[0]$ の出力に対する観測は，次式の右辺第 1 行目で示す $h[n] \times s[0]$ である．一般に，$s[n]$ に対する観測 $x[n]$ は次式で表すことができる．

$$
\begin{aligned}
x[n] = \ & h[n] \times s[0] + \\
& h[n-1] \times s[1] + \\
& h[n-2] \times s[2]
\end{aligned} \tag{2.26}
$$

式 (2.26) の右辺の各行は表 **2.2** となる．したがって

$$
x[n] = [0, 2.4, 2.2, 1.5, 0.4, 0.1, 0]
$$

と求めることができる．

上記のインパルス応答から任意の音源信号を計算で求める処理を一般化してみよう．長さ N のインパルス応答が $h[n]$ として与えられる環境で，任意の音源から $s[n]$ の信号が送出された場合，マイクロホンでの観測 $x[n]$ は式 (2.26) によって，次式のように書くことができる．

$$
\begin{aligned}
x[n] = \ & h[n] \times s[0] + h[n-1] \times s[1] \\
& + \cdots + h[n-i] \times s[i] + \cdots \\
& + h[n-N] \times s[N] \\
= \ & \sum_{i=0}^{N-1} h[n-i]s[i]
\end{aligned} \tag{2.27}
$$

この式は式 (2.20)（43 ページ）と同じ形をしているので，次式の畳み込み演算と等しい．

$$x[n] = h[n] * s[n] \tag{2.28}$$

式 (2.28) は，インパルス応答から任意の音源信号を計算で求める処理は，次のようにフーリエ変換を用いて周波数領域の積として表すことができることを意味している．

$$\begin{cases} \mathcal{F}(x[n]) = \mathcal{F}(h[n] * s[n]) \\ \mathcal{F}(x[n]) = \mathcal{F}(h[n])\mathcal{F}(s[n]) \\ X[\omega_k] \quad = H[\omega_k]S[\omega_k] \end{cases} \tag{2.29}$$

ここでは簡単のため離散系の例を取り上げたが，次式のように連続系でも同様の結論が得られる．

$$\begin{cases} x(t) \quad = h(t) * s(t) \\ X(\omega) = H(\omega)S(\omega) \end{cases} \tag{2.30}$$

また，インパルス応答 $h(t), h[n]$ の周波数領域での表現である $H(\omega), H[\omega_k]$ を伝達関数（transfer function）という．

✎ 2.2

信号のモデル

前節で説明した内容をもとにして，本書で扱う信号モデルを定義する．

K 個の音源，M 個のマイクロホンからなるシステム（系）を考える．k 番目の音源からの時間波形を $s_k(t)$，m 番目のマイクロホンでの観測信号を $x_m(t)$ とすると，観測信号 $x_m(t)$ は，k 番目の音源からの m 番目のマイクロホンへのインパルス応答 $h_{k,m}(t)$ を用いて，次式で表すことができる．▶

$$x_m(t) = \sum_{k=1}^{K} h_{k,m}(t) * s_k(t) \tag{2.31}$$

ただし，式 (2.31) では雑音が存在しないと仮定している．実際には各マイクロホンには雑音が混入するため，m 番目のマイクロホンの観測信号に混入する雑音信号 $n_m(t)$ を加えて，次式となる．

$$x_m(t) = \sum_{k=1}^{K} h_{k,m}(t) * s_k(t) + n_m(t) \tag{2.32}$$

式 (2.32) を周波数領域の表現に書き直せば，時間領域の畳み込み演算は周波数領域での積として表せるから

$$X_m(\omega) = \sum_{k=1}^{K} H_{k,m}(\omega) \cdot S_k(\omega) + N_m(\omega) \tag{2.33}$$

となる．ここで，ω は周波数を表す．

さらに，式 (2.31) に対して

$$\begin{cases} \boldsymbol{x}(t) = [x_1(t), \cdots, x_m(t), \cdots, x_M(t)]^\top \\ \boldsymbol{s}(t) = [s_1(t), \cdots, x_k(t), \cdots, s_K(t)]^\top \\ \boldsymbol{h}(t) = \begin{bmatrix} h_{1,1}(t) & \cdots & h_{k,1}(t) & \cdots & x_{K,1}(t) \\ \vdots & \ddots & \vdots & & \vdots \\ h_{1,m}(t) & \cdots & h_{k,m}(t) & \cdots & x_{K,m}(t) \\ \vdots & & \vdots & \ddots & \vdots \\ h_{1,M}(t) & \cdots & h_{k,M}(t) & \cdots & x_{K,M}(t) \end{bmatrix} \end{cases}$$

とすれば，式 (2.32) は，すべてのマイクロホンをまとめて次式で表すことができる．

$$\boldsymbol{x}(t) = \sum_{k=1}^{K} \boldsymbol{h}_k(t) * \boldsymbol{s}(t) + \boldsymbol{n}(t) \tag{2.34}$$

式 (2.34) は，音源に対する畳み込み演算と雑音の加算からなっている．このため，インパルス応答，つまり主に残響成分を表す $h_{k,m}(t)$ を**乗法性雑音**，ほかの音源から混入する雑音成分 $n_m(t)$ を**加法性雑音**という．

第3章

音源定位・分離技術の分類

　本章では，音源定位，音源分離技術を分類し，概観する．音源定位，音源分離の手法は，目的や用途に応じて多種多様であり，毎年，国際学会では，数十から数百のオーダで新しい手法や改良手法が提案されている．これらの手法のうち，代表的な手法を，使用するマイクロホンの本数とアルゴリズムの演算タイプの，2 つの軸から整理し，それをもとに時代によるアルゴリズムの変遷についても触れる．

　なお，本書では，前述したロボット聴覚の主要技術のうち，音源追跡については音源定位の結果を時間方向につなげて「ストリーム」を構築する処理と位置付け，音源定位，音源分離と関係は深いものの，異なるタイプの処理ととらえて本章では扱わない．かわって，音源追跡に関する分類などは，第 5 章でまとめて述べるものとする．

3.1

マイクロホンの数による分類

　音源定位，音源分離の手法のうち，マイクロホン 1 本で行うものをシングルマイクロホンアプローチ，複数のマイクロホンで行うものをマイクロホンアレイアプローチとする．マイクロホンアレイアプローチの中で，その最小構成であるマイクロホン数が 2 本のものについては，純粋な音響信号処理的なアプローチというよりは，耳が 2 つあるという意味で 2 本のマイクロホンを用い，人間や動物の聴覚処理にならったアプローチをとっているものもある．こうしたアプローチは，両耳聴アプローチ（binaural approach）として，マイクロホンアレイアプローチと区別して，扱うものとする．（表紙裏の表参照）．

　さらに，加算および減算が主体となる手法群を減算型モデル（subtractive model），線形行列演算（積和演算）が主体となる手法群を積和型モデル（product-sum model），ニューラルネットワークのように非線形演算が主体となる手法群を関数型モデル（functional model）と呼ぶことにする．これらの違いは，信号処理の発展の歴史とあわせて考えるとわかりやすい（3.5 節参照）．

　そこで，以降では，シングルマイクロホンアプローチ，両耳聴アプローチ，マイクロホンアレイアプローチを解説した後，信号処理の発展の歴史とあわせた考察を行う．なお，表紙裏の表の各モデルにもとづく具体的な音源分離・雑音抑圧アルゴリズムについては，本書に加え，関連の文献[12, 123, 156, 235]も参考にしてほしい．

3.2

シングルマイクロホンアプローチ

　シングルマイクロホンアプローチ（single microphone approach）は，最も古く

から研究が行われているアプローチであり，雑音抑圧や音声強調というコンテキストで数多くの手法が報告されている．音源定位については，機構的なしくみを用いて，マイクロホンを 1 本で音源定位を可能にする方式[187]や，反射板を利用して仰角（上向き）方向の定位を実現する試みも報告されている．しかし，シングルマイクロホンアプローチによる音源定位の取組みは少なく，2 本以上のマイクロホンを使用し，それらの信号の差から空間的な情報，つまり音源方向を推定する手法が一般的である．

また，音源分離については，シングルマイクロホンアプローチでは，主に加法性雑音を考慮した手法（減算型モデル），音源のスパースネスにもとづく手法（積和型モデル），深層学習にもとづく手法（関数型モデル）がよく研究されている．

このうち，加法性雑音を考慮した手法では，観測信号を時間領域における目的信号と雑音信号の単純な和としてモデル化する．そして，加法性雑音を何らかの方法で推定して，観測信号から減算して目的信号を求める．代表的な手法はスペクトル減算法（spectral subtraction; SS）[20]であり，さらにこれをベースにした手法が数多く提案されている．例えば，聴覚情景分析[23]の工学的な実現を目指す音環境理解（computational auditory scene analysis）[233]では，調波構造など人間の聴覚研究から得られるさまざまなヒューリスティックスを用いて音源を推定し，スペクトル減算法にもとづいて分離抽出を行う方法が多く用いられる[132]．音声強調処理でしばしば用いられる **Minima Controlled Recursive Averaging**（**MCRA**）[32]や，**Minimum Mean-Square Error**（**MMSE**）[37]も，雑音推定を高度化したスペクトル減算手法といえる．このほか，多くの残響抑圧手法では後期残響成分を推定し，スペクトル減算を行うことで残響を抑圧している．このように，スペクトル減算は広く用いられているアプローチである．

音源のスパース性にもとづく手法としては，非負値行列因子分解（non-negative matrix factorization; **NMF**）[194]が代表的である．NMF は 2000 年代に研究が進んだ手法で，観測信号を周波数領域表現であるパワースペクトログラム（つまり，周波数 × 時間フレームの行列）として表し，これを各要素が非負である 2 つの行列の積に分解することで音源分離を行う．非負性を行列分解の制約として利用することにより，得られる行列の要素ベクトル同士の相関が少なく，かつ行列がスパースになるよう行列の分解を行うことができる．得られる行列 H, U はそれぞれ与えられたパワースペクトログラムの基底とそのアクティベーションに対応する（表紙裏の表参照）．ここで，H を基底行列（basis matrix），U をアクティ

ベーション行列（activation matrix）と呼ぶ．一般に，音源のスパース性にもとづく手法では空間情報を用いないため，マイクロホンアレイを使用する必要がないというメリットがある．さらに，多チャネル拡張[168]や複素数拡張[78]などが可能である．

　一方，近年は深層学習ベースの手法が主流となっている．これらは，線形モデルから，非線形モデルを用いることができるように拡張した手法ととらえることもできる．深層学習では，非線形層を積層することによって，自由度の高いモデル化が可能になり，雑音抑圧・音声協調・音源分離の性能向上が期待できる．実際，従来の信号処理的手法よりも高い性能が得られることが数々の論文で報告されている．具体的には，観測信号を深層学習の（ブラックボックス）非線形関数の引数として入力して，その出力として目的の信号を得る．特にこれによって雑音を抑圧する手法をデノイジング（denoising）という．なお，利用する深層学習の手法は，ディープニューラルネットワーク（deep neural network; DNN），深層自己符号化器（deep autoencoder; DAE）[135]，畳み込みニューラルネットワーク（convolutional neural network; CNN）[29]や再帰型ニューラルネットワーク（recurrent neural network; RNN）[64]などオーソドックスなネットワークから，注意機構（149 ページ参照）や自己教師あり学習（self-supervised learning）といった近年流行りの手法を用いたものまでさまざまである．また，これまでは周波数領域で分離処理を行うことが主流であったが，近年では，直接時間領域信号を入力し，時間領域で分離処理を行う手法も登場している．

［コラム］

雑音抑圧，音声強調，音源分離の違い

　雑音抑圧，音声強調，音源分離は互いに関連し合っており，実現にあたって同じ手法を用いることも多いため，混同して用いられがちである．**雑音抑圧**（noise suppression）は，目的の音響信号を抽出するため，雑音に主眼を置き，その雑音を抑圧する意味で用いられる用語である．どちらかといえば信号処理的なコンテキストで用いられる．対して，**音声強調**（speech enhancement）は音声信号に主眼を置き，音声を得る意味で用いられる用語である．人間が聞きやすい明瞭な音声を得たい場合や後処理として音声認識を念頭にしている場合など，聴覚処理・音声処理的なコンテキストで用いられる．また，**音源分離**は，複数の音源があることを前提に，これらが混在した音響信号からそれぞれの音源を分離・抽出する意味で用いられる用語である．信号処理的なコンテキストで用

いられる.

　このような定義の下では，音声と雑音の2つの音源が存在し，それらの混在した信号から音声音源のみを抽出する場合，技術的にはこれら3つの用語はほぼ同じ処理を指すことになる．ただし，これらの用語のどれが使われるかによってニュアンスが異なることに注意が必要である.

3.3

両耳聴アプローチ

　2本のマイクロホンを用いる**両耳聴アプローチ**では，頭部に備わった左右の耳で得られる信号を利用して，人間や動物の聴覚処理をベースに音源定位・音源分離を行う．このため，単なる音源定位や音源分離の工学的な手法の構築にとどまらず，実際に構築することで現象の解明を目指す構成論的なアプローチ（constructive approach）で，人間や動物の聴覚処理の解明を図る目的でも研究が進められている.

　それらの多くの研究で明らかにされているように，人間や動物は左右の耳で収音した音響信号の時間差（位相差）や強度差を用いて音源定位，音源分離を行っている[117].　この際に頭部や体の音響特性（**頭部伝達関数**（head related transfer function; **HRTF**））の影響は，時間差（位相差）や強度差にも及ぶため，頭部伝達関数の計測・推定・モデル化が両耳聴アプローチでの大きな研究テーマである．この頭部伝達関数を測定，もしくはモデル化できれば，後は，マイクロホンアレイアプローチのビームフォーミング処理に近い方法で音源定位，音源分離が可能である[117].　また，頭部伝達関数をマイクロホンアレイアプローチのブラインド分離で推定したり，ニューラルネットワークアプローチで学習[130, 158]したりすることも可能である.

　しかし，人間や動物が時間差や強度差といった情報を音源定位や音源分離に利用するしくみについては，まだ完全には解明されていない．カクテルパーティ効果[30]に代表されるように，人間や動物はマイクロホンアレイでは実現が難しい，高い雑音ロバスト性を2つの耳だけで実現していることが知られている．そのほ

か，人間や動物では，耳朶が頭部伝達関数や仰角方向の音源定位に重要な役割を果たしているといわれているが，人間や動物自身がどの程度これを生得的に知っていて，その形状の個人差をどのように学習し，どのように聴覚処理に利用しているのかも明らかではない．さらに，動作をともなう知覚の向上（アクティブ聴覚）や視覚など他の感覚情報（モダリティ）との統合（マルチモーダル統合）なども両耳聴アプローチの大きな研究テーマであり，両耳聴アプローチは，単なる音源定位・音源分離処理という以上にさまざまな要素を含む研究課題である．

3.4

マイクロホンアレイアプローチ

マイクロホンアレイアプローチ（microphone array approach）は，複数のマイクロホンを用いることができるため，シングルマイクロホンでは得られない音源に関する空間情報を得ることができるのが特長である．原理的には，マイクロホンの本数を増やせば増やすほど，2 本のマイクロホンを用いる両耳聴アプローチよりもリッチな空間情報を用いることができる．具体的には，図 **3.1**（a）に示すように，2 本のマイクロホンでは，平面上での音源定位を考えた場合でも，音源が真正面，もしくは真後ろにある場合，いずれも位相差はゼロになるため，前から来るのか

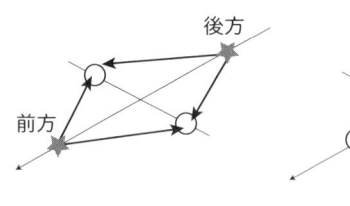

(a) マイク 2 本
（前方と後方の音源の区別がつかない（前後問題））

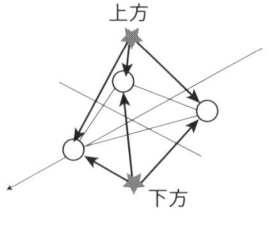

(b) マイク 3 本
（同一平面内の音源方向は一意に定まるが上下方向の区別がつかない）

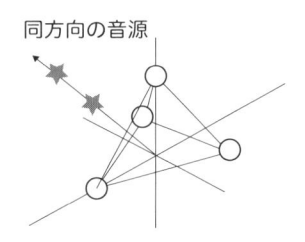

(c) マイク 4 本
（上下方向も一意に定まる（水平角と仰角）が距離方向の判定は難しい）

図 **3.1** マイクロホンの数と得られる情報

後ろから来るのか区別がつかない．これを**前後問題**（front-back confusion），もしくは真正面にない場合は，この問題が発生する方向が円錐状に分布することからコーン状の混同（cone of confusion）と呼ばれる．マイクロホンが3本になると，図3.1（b）のように平面上での前後問題は解決するが，上下方向への混同は残ってしまう．図3.1（c）のように同一平面上にならないように4本のマイクロホンを配置すれば，この問題は解決するが，それでも同一方向にある音源を区別することは原理的に難しい[※1]．

マイクロホンアレイアプローチではマイクロホンの数が複数であるから，音源の位置情報を扱うためには，それぞれのマイクロホンで収録した観測信号を観測信号ベクトルとしてまとめて入力とする．つまり，マイクロホンの数を N とすれば，入力は N 次元ベクトルとなる．このベクトルに対して線形演算を行い，各音源に由来する信号の分離結果を得る．この際の線形演算で用いられる行列を**分離行列**（separation matrix）という．この演算の背景には，周波数領域では，観測信号は目的音源と伝達関数の積として表現できるので，観測信号に伝達関数の逆関数に相当するものを乗じれば観測信号から音源を求められるというアイデアがある．このアイデアを素直に踏襲して，伝達関数もしくはそれに相当する情報を既知の情報として積極的に利用する（平たくいえば，伝達関数行列の逆行列を分離行列として利用する）手法を，**ビームフォーミング**（beamforming）という．

また，**独立成分分析**（independent component analysis; **ICA**）[75] は，伝達関数を利用するかわりに，音源間の統計的独立性を仮定して，分離行列を推定する手法である．ICA で求めた分離行列は，ビームフォーミングと同様，実は空間的な分離フィルタであることが示されている[10] ので，ICA も空間情報を用いるアプローチと考えられよう．また，この拡張も盛んに研究され，**独立ベクトル分析**（independent vector analysis; **IVA**）[59,99] や**独立低ランク行列分析**（independent low-rank matrix analysis; **ILRMA**）[86] などが提案されている．

ICA のように，伝達関数を陽に使用せずに，分離行列を求める手法をブラインド分離（blind separation）という．前述の *HARK* では，ビームフォーミングとブラインド分離のハイブリッド手法[126,148] を含め，11種類の音源分離アルゴリズムを提供している．

[※1] 理論的には，同一方向に音源があっても，距離が異なればマイクロホン間の差は異なるため，区別ができることになるが，一般に音源に対してマイクロホン間の距離の差は小さいため，これらを区別することは難しい課題である．

　なお，深層学習ベースの手法では，分離行列を伝達関数として直接求めるのではなく，データから回帰モデルとして学習する．このために大量のデータを必要とし，さらに正解データとして利用するクリーンな信号も必要となる．特に，実環境収録データを学習に使用する場合は，正解データとしてクリーンな信号が必要であることが大きな制約となるため，混合音が入力となる場合でも分離行列を学習できるようにする研究が進められている[17]．

3.5

各手法の特徴と発展の経緯

　第 1 章で述べたとおり，音源定位や音源分離に関しては 1960 年代から研究が行われており，これまでに数多くの手法が報告されている．近年は，深層学習を用いた手法が盛んに報告されている．

　最初に注目されたモデルは，加法性雑音を考慮した簡単な和（加算）モデル（減算型モデル）である．この手法は適用範囲が広く，残響音の抑圧にも効果的である．しかし，雑音の抑圧にはスペクトルサブトラクション（spectral subtraction）と呼ばれる引き算処理を必要とするため，この非線形な処理で発生するひずみ（一般にミュージカルノイズ（musical noise）という）の影響で，音声認識との相性が悪いという短所がある．

　上記の問題を解決するため，周波数領域での観測信号に対して乗算も含めた積和モデルが盛んに研究されている．この代表的な例が，上記のマイクロホンアレイアプローチである．すなわち，マイクロホンアレイアプローチでは，基本的に複数の音源からの信号が混合した混合音として観測される観測信号と分離行列の積をとることによって，各音源に由来する信号の分離結果を得ることができる．これによってスペクトルサブトラクションを行うかわりに乗算，つまり，線形演算で分離処理を行うことができ，ミュージカルノイズなどのひずみの発生を緩和することができる．また，マイクロホンアレイアプローチでは，複数のマイクロホンを用いるため，1 本のマイクロホンと比べリッチな入力情報が利用でき，音源分離の性能向上も期待できる．

　さらに，マイクロホンアレイアプローチでは，ビームフォーミング，適応ビームフォーミング，ブラインド分離，あるいは，これらを組み合わせて利用することができる．ビームフォーミングは前述のとおり，分離行列を推定する際に，音源とマイクロホンの伝達系を規定する伝達関数を陽に用いる手法であり，その場で測定した精度のよい伝達関数が入手可能な場合，高い性能を示す．しかし，一般に測定環境とテスト環境が同一であることは必ずしも保証できないことが課題となる．適応ビームフォーミング（adaptive beamforming）は，この課題を解決するため，環境の変化に対して分離行列を追従できるようにした手法である．ただし，伝達関数の精度に性能が依存することは普通のビームフォーミングと変わらない．伝達関数の測定は一般に簡単ではなく，そもそも測定が許されない現場も存在する．そこで，伝達関数を用いずに，音源間の統計的独立性を規範に分離できる手法としてブラインド分離が提案され，ICA を中心に，1990 ～ 2000 年代に盛んに研究が行われた．

　一方，ブラインド分離では，分離した各信号がどの音源に対応するかが自明でない．さらに，この対応関係が自明でないという問題が周波数ごとに発生するというパーミュテーション問題（permutation problem）を抱えているほか，音源数とマイクロホン数が同数でなければならないといった原理的な制約がある．したがって，この問題を解決するため，空間情報を利用して分離信号と音源の対応付けが可能なビームフォーミングにブラインド分離を組み合わせたハイブリッド手法が報告されている[88, 127, 148]．これらの一連の研究の結果として，ビームフォーミングやブラインド分離は想定された環境内では高い性能を発揮することが知られている．

　また，スペクトルサブトラクションにともなう非線形ひずみ問題を解決するもう 1 つの手法は，音源のスパース性にもとづく手法として前述した NMF である．ビームフォーミングやブラインド分離がマルチチャネル入力を前提としているのに対し，NMF はシングルチャネルの入力が前提であり，処理が容易である点が大きなメリットである．このため，分離した 2 つの行列が表す意味も NMF とその他の手法では異なるが，いずれの手法も，観測信号を行列の積としてその分離を行う積和型モデルで表すことができるという点では同じである．さらに，ベイズ推定やノンパラメトリックベイズモデルといった AI 技術を取り込む試みもあるが，アルゴリズムはより複雑であるものの，積和型モデルで表すことができることは同様である．

　一方，深層学習を導入すると，表紙裏の表に示すように積和演算を拡張した関数型モデルとなる．これによって，非線形なモデルも表現することが可能になり，従来モデルの制約を大幅に緩和することができる．

　次章以降，第 4 章で人間や動物の聴覚にもとづく両耳聴処理による音源定位・分離を述べる．第 5 章で，音源定位と音源分離をつなぐための技術でもある音源追跡について解説する．第 6 章，第 7 章でマイクロホンアレイアプローチを中心に音響信号処理にもとづく音源定位・分離手法について解説する．

第4章

両耳聴処理

　本章では，前章で分類したアプローチのうち，人間や動物の聴覚処理にヒントを得た両耳聴アプローチの音源定位・音源分離について説明する．

　一般に，人間や動物は2つの耳を使って音を聞き分けることができるため，物理的には2本のマイクロホンがあれば，同様にして実環境を十分扱うことができると考えられる．また，聴覚研究的な視点からは，このアプローチは，人間や動物の聴覚処理を解明する構成論的アプローチであるととらえることができる．このため，単なる聴覚処理にとどまらず，人間や動物が知覚向上のために行っている複数の情報の統合（マルチモーダル情報統合）やアクティブな動作の利用（アクティブ聴覚）をあわせて利用するアプローチについても研究が行われている．本書では，主に，筆者らが行ってきたロボットを対象とした両耳聴アプローチの研究について，その手法，および性能について述べる．

🐭 4.1

両耳聴アプローチの音源定位

　両耳聴アプローチの音源定位に関しては，その関心の高さからこれまでに多種多様な研究が行われている [19] が，特に，ジェフレスモデル（Jeffress model）[74] と呼ばれるモデルが，人間や動物の音源定位の神経回路モデルとして，広く受け入れられている．ジェフレスモデルでは，2 つの耳で観測された信号間に対し，最大相関を与える時間差を計算し，音源から左右の耳へ届く信号の時間差として表される**両耳間時間差**（interaural time difference; **ITD**）を求め，得られた ITD に対応する音源方向を出力する [74]．しかし，実際には，信号の立上り部が雑音に埋もれてしまったり，1 サンプルよりも細かいサブサンプルオーダの時間分解能が必要であったりなど，ITD を時間領域で正確に計算することは難しい．そのため，周波数領域での相互相関を利用する**クロススペクトラム法**（cross-spectrum）[190] などを用いて，ITD のかわりに周波数領域での**両耳間位相差**（interaural phase differencem; **IPD**）として抽出することが多い．

　このように ITD が IPD に置き換えられる理由は以下のとおりである．時間差を Δt とした場合，周波数 f の正弦波は次式で表される．

$$
\begin{aligned}
y &= \sin(2\pi f(t + \Delta t)) \\
&= \sin(2\pi ft + 2\pi f\Delta t) \\
&= \sin(2\pi ft + \Delta\theta)
\end{aligned}
\tag{4.1}
$$

ここで，位相差は $\Delta\theta$ であり，$\Delta\theta = 2\pi f\Delta t$ である．したがって，位相差 $\Delta\theta$ は周波数 f が決まれば，時間差 Δt から一意に求めることができ，ITD と IPD は等価な情報ということができる．

　しかし，IPD だけでは音源の周波数が高くなると音源を定位することは難しくなる [114]．例えば，**自由音場**（free field）[※1]に左右の耳だけが存在する頭部がない

[※1] 現実的にはありえないが，等方均質の媒質の中で，周囲の境界による反射，屈折，回折，干渉の影響がまったくない音場．つまり，周囲に何もない無限の広さをもつ音場のこと．

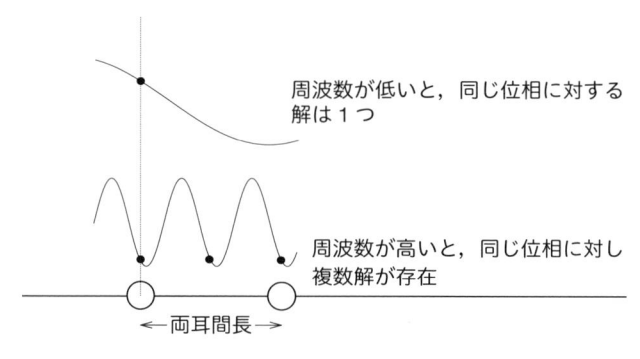

図 **4.1** IPD と両耳間長

系を考えてみよう．このとき，音源から左右の耳への音路差の最大値が両耳間長となる．図 **4.1** のように，低い周波数では，位相差に対する音路差は両耳間長の範囲での解として一意に定まるので，音源方向も一意に求めることができる．一方，高い周波数では，両耳間長の範囲での解が複数存在してしまい位相差に対する音路差が一意に定まらず，したがって音源方向も一意に求めることができない．これは，位相差が $2n\pi$ の周期をもっていることに起因している．

実は，人間の聴覚による音源定位でも，ITD（もしくは IPD）は 1500 Hz 以下の音源に対してより寄与していることが知られている．実際に，1500 Hz では IPD の値域である $0 \sim 2\pi$ と 1 対 1 に音源方向が対応するのは，両耳間距離が約 23 cm までである．この距離は人間の平均的な両耳間距離と符合している．

一方，1500 Hz 以上の周波数の音源定位について，**両耳間レベル差**（interaural level difference; **ILD**）が効果的であることが知られている [114]．ILD は**両耳間強度差**（interaural intensity difference; **IID**）と呼ばれることも多い．この理由は，端的には，高い周波数の音は波長が短いので頭部で反射されやすく，強度差がつきやすいからであると考えれば理解しやすい．

以上のとおり，ITD も ILD も寄与度が周波数帯によって異なるので，目的音の周波数帯に応じて使い分ける必要がある．実際に，ジェフレスモデルも後年になり，ITD と ILD の両方を使用する**デュプレックス理論**（duplex theory）モデルに拡張がなされている [109, 157, 162]．

一例として，図 **4.2** に IPD と ILD を用いた両耳聴音源定位のフローを示す [117]．まず，時刻 t の両耳入力信号 $s_l(t)$，$s_r(t)$ に対し，短時間フーリエ変換（short-time Fourier transform; STFT）や聴覚フィルタ [69] などの周波数分析の手法により，

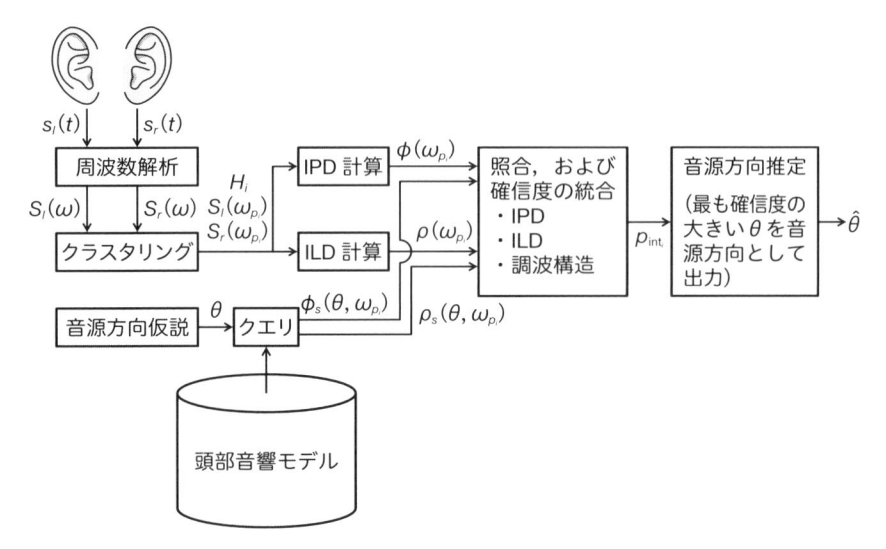

図 **4.2**　IPD と ILD を用いた両耳音源定位のフロー

周波数 ω に対する 1 対のスペクトル $S_l(\omega)$, $S_r(\omega)$ を得る．次に，S_l または S_r のパワースペクトルにおけるピークに対して，倍音関係にもとづきクラスタリングを行う．このようなクラスタリングには，12 音階の振幅強度を表すクロマベクトル（chroma vector），くし形のコムフィルタ（comb filter），倍音構造をもった周波数を抽出する調波クラスタリング（harmonic clustering）など，さまざまな手法が提案されている [79]．

　続いて，クラスタリングの結果得られた i 番目の倍音構造を

$$H_i = \{\omega_{p_i} | p_i = 1, \ldots, P_i\}$$

とする．そのうえで，倍音構造をもつ音源信号は単一の音源に由来すると考え，1 つの倍音構造に属する周波数の集合が単一の音源に対応すると仮定する．つまり，複数の倍音構造が抽出されたら，複数の音源が同時に存在しているととらえる．そして，それぞれの倍音構造に対して音源定位を行うことで，混合音の音源定位を行う．このとき，各周波数の IPD $\varphi(\omega_{p_i})$ および ILD $\rho(\omega_{p_i})$ は，次を用いて算出することができる．

$$\varphi(\omega_{p_i}) = \arg\left(S_l(\omega_{p_i})\right) - \arg\left(S_r(\omega_{p_i})\right) \tag{4.2}$$

$$\rho(\omega_{p_i}) = 20 \log_{10} \frac{|S_l(\omega_{p_i})|}{|S_r(\omega_{p_i})|} \tag{4.3}$$

リスト **4.1** IPD と ILD の計算

```
1    import numpy as np
2    import sys
3
4    ε = sys.float_info.epsilon
5
6    # IPD 計算
7    anglediff = np.angle(Sl) - np.angle(Sr)
8    ipd = np.arctan2(np.sin(a), np.cos(a))
9
10   # ILD 計算
11   ild = 20*(np.log10(np.abs(Sl)+ε) - np.log10(np.abs(Sr)+ε))
```

ここで，$\arg(C)$ は複素数 C の偏角を表す．S_l, S_r を周波数 ω_{p_i} での左右のマイクロホンからの入力とした場合のコードをリスト **4.1** に示す．IPD に関しては，位相差は周期関数であることからこれを $[-\pi, \pi]$ に丸め込むための処理を加えており，ILD に関しては，一般に dB 表記を行うことから，log の計算で真数が 0 になることを防ぐため，微小な値 ε を加えている．

音源定位では，式 (4.2)，式 (4.3) より得られた IPD，ILD と頭部音響モデルより得られる各方向の IPD，ILD の真値を比較し，最も適合した方向を音源方向とすればよい．例えば，頭部音響モデルをニューラルネットワークとして事前学習しておき，入力信号から得られた IPD，ILD に対するニューラルネットワークの出力を評価する方法などが報告されている[158]．また，解析的に，もしくはデータベースから頭部音響モデルが入手できる場合もある．本書では，このような頭部音響モデルとして，頭部伝達関数（4.3.1 項），聴覚エピポーラ幾何（4.3.2 項，4.3.3 項），散乱理論にもとづくモデル（4.3.4 項）を紹介しており，それぞれに対応した Python コードも Google Colaboratory のページに開示しているので参考にしてほしい． ◉

頭部音響モデルが利用可能な場合，それらのモデルから直接得られる周波数 ω_{p_i}，方向 θ における IPD，ILD の真値として，$\varphi_s(\theta, \omega_{p_i})$, $\rho_s(\theta, \omega_{p_i})$ を用いて，次の式 (4.4)〜(4.6) のように音源定位を行うこともできる[117]．

$$\hat{\theta}_i = \operatorname*{argmax}_{\theta_i}(p_{\mathrm{int}}(\theta_i)) \tag{4.4}$$

$$p_{\mathrm{int}}(\theta_i) = 1 - (1 - p_{\mathrm{IPD}_i}(\theta))(1 - p_{\mathrm{ILD}_i}(\theta)) \tag{4.5}$$

$$
\begin{cases}
p_{\mathrm{IPD}_i}(\theta) = \mathrm{pdf}\left(\dfrac{1}{N_{\leq \omega_{\mathrm{th}_i}}} \displaystyle\sum_{\{p_i \mid \omega_{p_i} \leq \omega_{\mathrm{th}}\}} (\varphi_s(\theta, \omega_{p_i}) - \varphi(\omega_{p_i}))^2 \cdot w_{\mathrm{IPD}}(\omega_{p_i}) \right) \\[3mm]
p_{\mathrm{ILD}_i}(\theta) = \mathrm{pdf}\left(\dfrac{1}{N_{> \omega_{\mathrm{th}_i}}} \displaystyle\sum_{\{p_i \mid \omega_{p_i} > \omega_{\mathrm{th}}\}} (\rho_s(\theta, \omega_{p_i}) - \rho(\omega_{p_i}))^2 \cdot w_{\mathrm{ILD}}(\omega_{p_i}) \right)
\end{cases}
$$

$$\tag{4.6}$$

ここで，pdf は確率密度関数，$N_{\leq \omega_{\mathrm{th}_i}}$，$N_{> \omega_{\mathrm{th}_i}}$ は H_i に含まれる閾値周波数 ω_{th} より低い／高い周波数成分の数，$w_{\mathrm{IPD}}(\omega_{p_i})$ と $w_{\mathrm{ILD}}(\omega_{p_i})$ はそれぞれ周波数 ω_{p_i} における IPD と ILD の重みを表す.

　このうち，式 (4.6) はそれぞれ倍音構造 H_i に対する IPD, ILD のもっともらしさを表す尤度を単純な距離ベースで計算している. 1 つの倍音構造に対して，IPD, ILD に支持される尤度が得られるため，式 (4.6) では，これらの尤度を確信度と見なし，不確実性を扱うことできる Dempster–Shafer 理論（コラム参照）[36, 174, 234] により，確信度の統合を行っている.

　最終的に，式 (4.4) により，統合した確信度の最大値に対応する方向 $\hat{\theta}_i$ が，H_i の音源方向として得られる. この一連の処理はベイズモデルなどを用いたさまざまな手法に置換可能である. なお，頭部音響モデルについては，4.3 節で詳しく説明している.

[コラム]

Dempster–Shafer 理論

　Dempster–Shafer の理論（Dempster–Shafer theory）とは，以下に説明する Dempster の結合規則を用いることによって，独立な証拠から推論された基本確率（basic probability）[※2] を統合するものである.

　いま，独立した証拠から得られた基本確率 m_1 および m_2 があるとし，これらがゼロにならない要素を A_{1i}, A_{2j} $(i, j = 0, 1, 2, \ldots)$ とする（**焦点要素**（focal element）と呼ぶ）. このとき，統合された基本確率 $m(A_k)$ は，次式で表される Dempster の結合規則によって求めることができる.

....
[※2] コイントスなど単純なイベントや仮説の可能性を示す確率のこと.

$$m(A_k) = \frac{\displaystyle\sum_{A_{1i} \cap A_{2j} = A_k} m_1(A_{1i})\, m_2(A_{2j})}{1 - \displaystyle\sum_{A_{1i} \cap A_{2j} = \phi} m_1(A_{1i})\, m_2(A_{2j})} \tag{4.7}$$

$$(A_k \neq \phi)$$

このままでは意味がつかみにくいと思うので，音源定位の例をあてはめてみよう．ここで，$k = 1$ のみを考え，A_1 を音源方向が θ である事象とする．m_1, m_2 をそれぞれ IPD, IID に関する基本確率とし，A_{11}，A_{21} を音源方向が θ である焦点要素（つまり A_1），A_{12}，A_{22} を音源方向が θ でない焦点要素（つまり，$\bar{A}_1$，ただし $\bar{X}$ は X の補集合）と考える．

IPD, IID にもとづく音源方向 θ を支持する確信度 $B_{\mathrm{IPD}}(\theta)$, $B_{\mathrm{IID}}(\theta)$ であるとすると，IPD, IID から得られる音源定位の確信度は，その音源方向を支持する「信用」ととらえることができる．このとき，式 (4.7) の各値を次式で表すことができる．

$$\begin{cases} m_1\,(A_{11}) & = B_{\mathrm{IPD}}(\theta) \\ m_2\,(A_{21}) & = B_{\mathrm{IID}}(\theta) \\ m_1\,(A_{11}, A_{12}) = 1 - B_{\mathrm{IPD}}(\theta) \\ m_2\,(A_{21}, A_{22}) = 1 - B_{\mathrm{IID}}(\theta) \end{cases}$$

ここで，$m_1\,(A_{11}, A_{12})$ および $m_2\,(A_{21}, A_{22})$ は A_1 であるかどうかわからない基本確率であり，このような形で不確実性を扱うことができる．

式 (4.7) より，統合された θ を支持する定位の確信度を，次式で表すことができる．

$$\begin{aligned} B_{\mathrm{IPD+IID}}(\theta) &= m(A_1) \\ &= 1 - (1 - B_{\mathrm{IID}}(\theta))\,(1 - B_{\mathrm{IPD}}(\theta)) \end{aligned} \tag{4.8}$$

4.2

両耳聴処理における音源分離

音源分離も，音源定位と同様に IPD，ILD を用いて実現可能である．ただし，音源定位の処理が，各時間の周波数成分ごとの処理を，倍音構造ごとに統合して

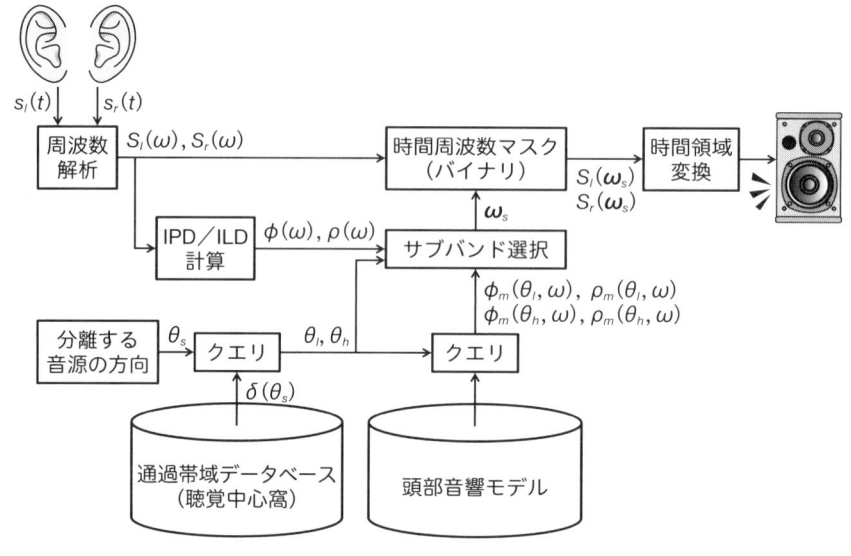

図 **4.3** ADPF の音源分離フロー

確信度とするのに対し，音源分離の処理では，各時間の周波数成分ごとの処理を
統合せず，各時間の周波数成分ごとにその周波数成分を選択するかどうかを決定
する．

　以下では一例として，アクティブ方向通過型フィルタ（active direction-pass
filter; **ADPF**）を取り上げる．ADPF は特定の方向から到来する音だけを抽出す
る方向通過型フィルタ[140]を拡張した手法であり，両耳聴音響信号入力と音源定
位から得られる音源方向を利用して両耳聴で音源分離を実現する手法である[117]．
図 **4.3** に ADPF の構成を示す．

　ADPF の特徴は，方向通過型フィルタのフィルタ幅を音源方向に対して可変制
御できるようにしてあるところである．一般に両耳聴処理では正面方向の音源へ
の感度が高く，正面から側面方向へ行くほど感度が悪くなる[※3]．ADPF はこの現
象を応用して，正面方向の音源については，通過範囲（帯域）を狭く，正面から
離れた側面方向の音源では，通過帯域を広くとるようにして，通過帯域の制御を

※3 このような現象を，哺乳類の眼の構造（中心窩）やキクガシラコウモリ（*Rhinolophus
ferrumequinum*）の内耳の 蝸 牛 殻（聴覚中心窩）になぞらえ，「ロボットの聴覚中心窩」
と呼ぶ（コラム参照）．蝸牛殻は鼓膜に伝わった音波を受けて電気信号に変換し，脳に伝
える器官である．

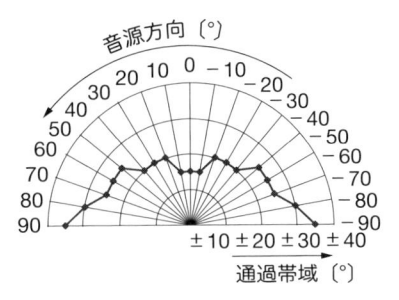

図 4.4 通過帯域関数のグラフ

行う (図 4.4). ADPF のアルゴリズムは以下のようになる.

① IPD $\varphi(\omega)$ と ILD $\rho(\omega)$ を，両耳入力 $S_l(\omega)$，$S_r(\omega)$ から周波数領域で計算する

② 分離音源の方向を θ_s とし，図 4.4 より，ADPF の通過帯域 $\delta(\theta_s)$ を選択する．両耳聴処理では，周辺方向からの音源よりも正面方向からの音源のほうが良好な音源定位・分離性能を示すことから，ADPF の通過帯域を決める通過帯域関数 δ は，感度の高い正面方向で最小値となり，感度の低い周辺方向に行けばいくほど大きな値となる

$$\begin{cases} \theta_l = \theta_s - \delta(\theta_s) \\ \theta_h = \theta_s + \delta(\theta_s) \end{cases} \tag{4.9}$$

③ 入力信号の IPD である $\varphi(\omega)$ と入力信号の IID である $\rho(\omega)$ が，次の条件を満たす周波数サブバンド ω を収集し，そのリストを $\boldsymbol{\omega}_s$ とする[4]

$$\varphi_m(\theta_l, \omega) \le \varphi(\omega) \le \varphi_m(\theta_h, \omega) \qquad (\omega \le \omega_{th}\ \text{のとき})$$
$$\rho_m(\theta_l, \omega) \le \rho(\omega) \le \rho_m(\theta_h, \omega) \qquad (\omega > \omega_{th}\ \text{のとき})$$

ここで，ω_{th} は両耳聴処理の音源定位の節で述べた 1500 Hz に相当し，φ_m，ρ_m はそれぞれ，頭部伝達関数，聴覚エピポーラ幾何，または散乱理論などにもとづく頭部音響モデルから得られる IPD，ILD である

④ 収集したサブバンド $S_l(\boldsymbol{\omega}_s)$ もしくは $S_r(\boldsymbol{\omega}_s)$ から音源信号を再構成する

....

[4] STFT などの周波数解析により，複数の周波数帯域に分割されたそれぞれの帯域のことを周波数サブバンド（frequency subband）と呼ぶ.

　以上のとおり，ADPF は両耳聴処理にもとづいているため，一般にマイクロホンアレイ処理ベースの音源分離では扱うことが難しい劣決定問題，すなわち，マイクロホン数よりも音源数のほうが多い場合でも音源を分離することができることが大きな特長である．また，ADPF のアルゴリズムは，0 と 1 の 2 値のバイナリ時間周波数マスクによって音源分離を行う手法[9] であるため，計算量の少ない単純な乗算で実現できることも特長であり，低消費電力の論理回路を集積したデバイスである **FPGA**（field programmable gate array）への実装も試みられている[95]．

［コラム］

ロボットの聴覚中心窩

　人間を含めた霊長類の視覚には，中心<ruby>窩<rt>ちゅうしんか</rt></ruby>と呼ばれる解像度が高い部分が中心部に存在し，そこから周辺部に行けばいくほど解像度が低くなる．このしくみによって，広い視野の確保と，高い解像度の視覚情報の取得を両立させている．つまり，周辺部によって解像度は低くても広い視野を確保しておき，何らかの対象物をとらえたら首をそちらに向けて中心窩でとらえて高解像度の視覚情報を取得するわけである．このようなしくみをもつことで，全方位で高解像度のセンサをもつ必要がなくなり，効率的な視覚情報取得を可能としている．

　ロボットにこの中心窩のしくみを応用した視覚処理は，よりよく視るために動作を利用する**アクティブビジョン**（active vision）[7] の典型的な例である[87, 160]．

　同様に，人間を含めた霊長類の聴覚においても，水平方向の音源定位の精度が正面方向において最も高く，周辺部に行くにしたがい低くなることは古くから知られている[19]．さらにこれと同じ傾向は，耳に 2 つのマイクを備えたロボットによる音源定位でも同様にみられる．例えば，**図 4.5** は，実時間人物追跡システム[115] における 3 つの定位モジュール（音源定位，顔定位，ステレオ物体定位）による定位結果の平均値，**図 4.6** は，音源定位による定位結果の分布を表している．

　図 4.5 では，音源定位による定位誤差は，正面方向から 20° 付近まで増加した後，20° から 70° 付近までは 6° 程度で一定だが，それ以降は大きく悪化し，90° では，15° 以上になっている．また，図 4.6 では，正面方向のばらつきは少なく，正面から離れるにつれ，ばらつきが目立ち，分散が大きくなっている．このように定位結果の平均，分散はともに正面方向で音源定位の精度が高くなる．この現象を**ロボットにおける聴覚中心窩**（auditory fovea for robots）と呼ぶ．

　一方，神経行動学（neuroethology）では，ドップラー効果によるエコー音の周波数変化を抽出するため，キクガシラコウモリの蝸牛殻で特定の周波数に対する感度が高くなっ

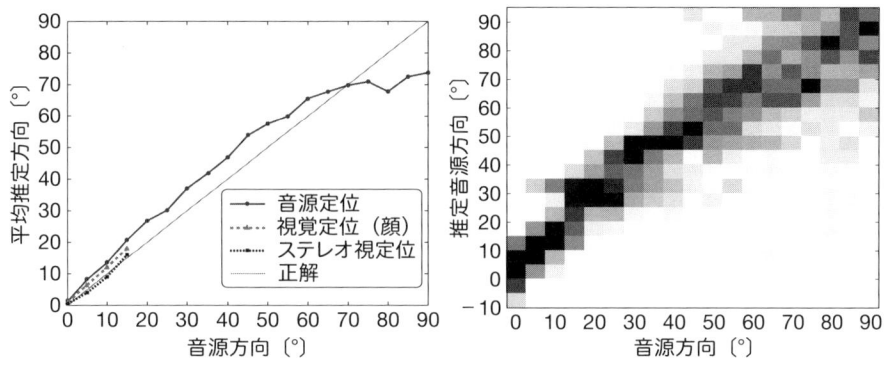

図 **4.5** 3つの定位処理（顔認識・定位，ステレオビジョン，音源定位）における音源方向に対する定位性能

図 **4.6** 音源方向に対する音源定位結果の分布

ている部分を聴覚中心窩と呼んでいる[171]．ロボットにおける聴覚中心窩と神経行動学における聴覚中心窩は，選択的注意という広義の意味では似ている．本書では，「ロボット頭部の正面方向で感度が高い」という意味で聴覚中心窩という用語を使用する．

4.3

頭部音響モデリング

　IPD，ILD をもとに音源方向の推定を行うには，IPD，ILD と音源方向の対応関係を調べる必要がある．一方，音響信号の伝搬には，両耳聴を備えた頭部の形状や構造が大きな影響を与える．したがって，精確な頭部の音響モデルをつくれるかが，音源定位を精度よく行ううえでの鍵となる．

　以下では，両耳聴アプローチにおける頭部の音響モデリングとして，頭部伝達関数，聴覚エピポーラ幾何，およびその拡張，さらに散乱理論ベースのモデリングについて紹介する．

4.3.1　頭部伝達関数

　頭部の音響モデリングには，周波数領域の頭部伝達関数（**HRTF**）モデルと，時間領域の**頭部インパルス応答**（head related impulse response; **HRIR**）モデルが広く用いられている．これらのモデルは，主に頭部と肩の形状や構造に起因する音響効果を表すことができる．

　頭部伝達関数は，無響室でダミーヘッドや実際の人間を使って多くのインパルス応答を測定することで得られる．このとき，インパルス応答のS/N（信号雑音比）を向上させるため，一般に次の 2 つの手法を併用する．1 つは，音源として，インパルス信号のように時間的にパワーが集中している音源ではなく，時間方向に信号を引き延ばしたパルス波（TSP，32 ページ参照）や白色性の擬似ランダム雑音である **M 系列信号**（M-sequence signal）を用いて，パワー不足を時間で稼ぐ手法である．もう 1 つは，こうした信号の応答を同じ場所で繰り返して収録し，同期したうえで加算（同期加算）することで，雑音源を白色化してS/Nを向上させる手法である[5]．しかし，従来のスピーカや音響機器では，スピーカから発せられる信号に高調波ひずみなどの非線形ノイズが含まれることが多く，頭部伝達関数を求めるには非線形ノイズが少ない機器を用意する必要がある．このため，TSP を使用するかわりに，log-swept sine（log-SS）などの特殊なスイープ信号（32 ページ参照）を用いることも提案されている [40]．一方，いずれにしても測定には時間がかかり，特別な設備や装置が必要となるため，次のようなオープンなデータベースを利用するというのも現実的な手段である．

- CIPIC
  http://interface.cipic.ucdavis.edu/
- TU-Berlin
  https://dev.qu.tu-berlin.de/projects/measurements
- MIT Media Lab.
  http://sound.media.mit.edu/resources/KEMAR.html
- RIEC, Tohoku Univ.
  http://www.riec.tohoku.ac.jp/pub/hrtf/index.html

....
[5] インパルス応答測定による音響伝達関数収録の解説ビデオ
　　https://www.youtube.com/watch?v=9v5RUOrkyhw

　以上によって，原理的には音源方向 θ の頭部伝達関数から式 (4.2)，式 (4.3)（62 ページ）によって，左右の耳のインパルス応答を比較することで，IPD と ILD を算出することができるはずだが，実験環境で求めた頭部伝達関数を実環境での音源定位に適用すると，室内の音の反響などによって性能が低下するという問題が生じる．また，頭部伝達関数は，頭の形状や構造の違いから，個々の人間や組込みシステムごとにそれぞれ異なるうえ，頭部による影響と環境による影響は不可分であることから実質的に置かれる環境によっても変化する．これらの問題を解決するためには，実際に対象環境で，対象となる頭部を用いて頭部伝達関数を測定する必要がある．このようにして求めた頭部伝達関数や頭部インパルス応答は室内の音の反響などを考慮しているため，**BRTF**（binaural room transfer function），または**BRIR**（binaural room impulse response）と呼ばれる．しかし，BRTF や BRIR を求めるには，個々の人間や組込みシステム，および環境の変化に応じて測定を繰り返す必要がある．一般に，環境の音響特性を事前に知ることは難しいため，BRTF や BRIR のような大規模な測定を必要とするシステムは現実的ではない．さらに，頭部音響モデルは，方向に対して連続的な関数のほうが動いている音源に対応するうえで適しているが，頭部伝達関数は離散的な関数である．これらの問題を解決するため，頭部伝達関数の概念を拡張する研究も報告されている [6, 102, 199, 209]．

4.3.2　聴覚エピポーラ幾何

　図 **4.7**（a）のように同一の焦点距離をもち，光軸が並行で，かつ，レンズ面が同一平面状にある 2 台のカメラを使った単純なステレオカメラ[※6]を考える．いま，空間上の点 $P(X, Y, Z)$ の左右のカメラに対するそれぞれの投影面上の座標を $P_l(x_l, y_l)$，$P_r(x_r, y_r)$ とすると，P の座標は

$$X = \frac{b(x_l + x_r)}{2(x_l - x_r)}, \quad Y = \frac{b(y_l + y_r)}{2(x_l - x_r)}, \quad Z = \frac{bf}{x_l - x_r}$$

として得られる [41, 142]．ここで，f はカメラレンズの焦点距離，b はベースラインを示している．

　以上をもとに，(P, C_l, C_r) によって構成される面（エピポーラ面 (epipolar plane) と呼ぶ）と投影面の交線であるエピポーラ線 (epipolar line) 上に，左右の画像の対応点が存在するという性質を利用して対応点のマッチング（ステレオマッチング (stereo matching)）を行うことができる．

[※6] 2 台のカメラから得られる視差情報を用いて物体の奥行方向を推定できるカメラのこと．

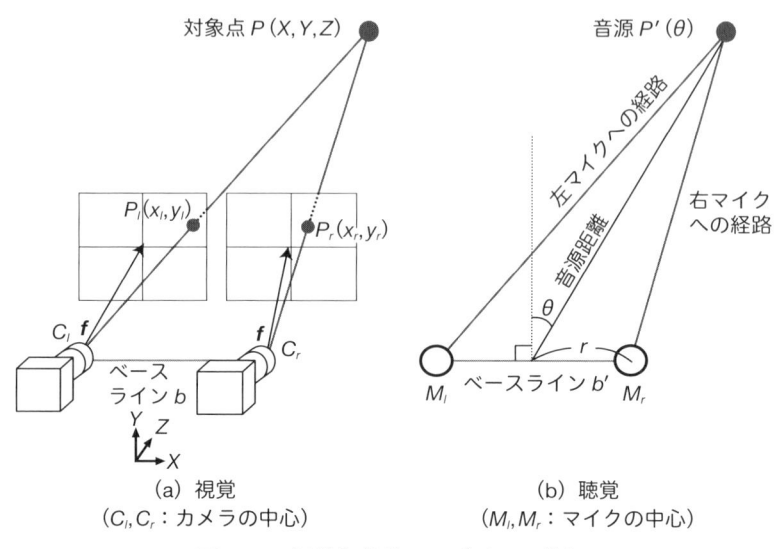

図 **4.7**　視覚と聴覚のエピポーラ幾何

同様にして，図 4.7（b）のように，聴覚でも 2 本のマイクロホンを利用して，マイクロホン間の距離差を利用した音源定位が可能である．具体的には，収音したデータに対し周波数解析を行った後，時間差（距離差）に対応する左右の周波数の位相差情報を利用して定位を行う．ここで，周波数 ω における IPD $\varphi(\omega)$ は式 (4.2)（62 ページ）で得ることができる．得られた IPD $\varphi(\omega)$ より，音源方向 θ は次式により求めることができる．

$$\sin\theta = \frac{v}{\omega b'}\,\varphi(\omega) \tag{4.10}$$

ただし，v は音速である．

4.3.3　頭部形状を考慮した聴覚エピポーラ幾何

聴覚エピポーラ幾何（auditory epipolar geometry; **AEG**）[115] は，計測を必要としない頭部音響モデルを提供するために提案されたもので，視覚で用いられるエピポーラ幾何 [41] を聴覚に応用したものである．

すなわち，半径 a の球形の頭部を仮定すると，ウッドワース–シュロスバーグ近似法（Woodworth–Schlosberg approximation）[1, 200] とも呼ばれる聴覚エピポーラ幾何により，周波数 ω，音源方向 θ のときの IPD は次式のように計算できる．

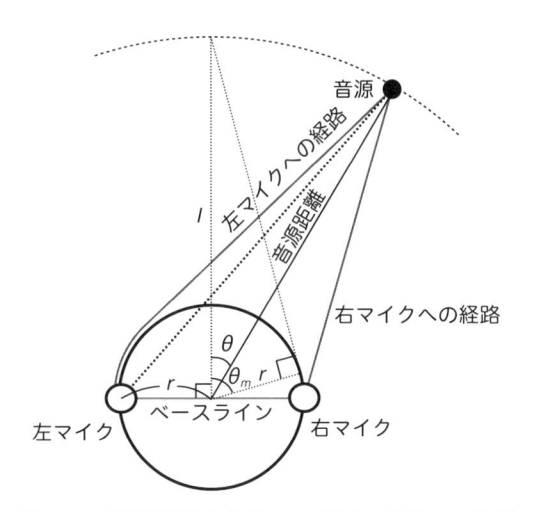

図 **4.8** 頭部形状を考慮した聴覚エピポーラ幾何

$$\varphi_e(\theta, \omega) = \frac{\omega a}{v} \left(\theta + \sin \theta\right) \tag{4.11}$$

　聴覚エピポーラ幾何では，幾何学的情報のみから IPD を推定するため，頭部伝達関数を必要としない．ただし，ILD の推定には頭部の影響を考慮する必要があるため，音源やマイクロホンの位置などの幾何学的な情報だけから推定することは困難である．そこで，聴覚エピポーラ幾何を用いた場合，ILD による推定では，入力信号の ILD がゼロより大きいか／等しいか／小さいかに対応して，左／右／中央の 3 つの方向を割り当てる．IPD は低周波，ILD は高周波に有効であるため，高周波での聴覚エピポーラ幾何による音響モデリングは，低周波でのモデリングほど性能が高くないことになる[114]．また，この方法では後頭部に沿って到達する回折音が考慮されていない．例えば，音源が側方にある場合，後頭部に沿った回折音は音源に対向する側のマイクロホンでとらえられる音に強く影響する．すなわち，聴覚エピポーラ幾何は，周辺部からの音に対しては不正確である．

　そこで，ロボットに適用する聴覚エピポーラ幾何では，図 **4.8** に示すように，頭部を球体であると仮定して頭部の回り込みを考慮する．ここで，図 4.8 において，音源から左右のマイクへの距離差（両耳間距離差）Δd は，IPD を φ とすれば，次式で表すことができる．

$$\Delta d = \frac{v}{\omega} \varphi \tag{4.12}$$

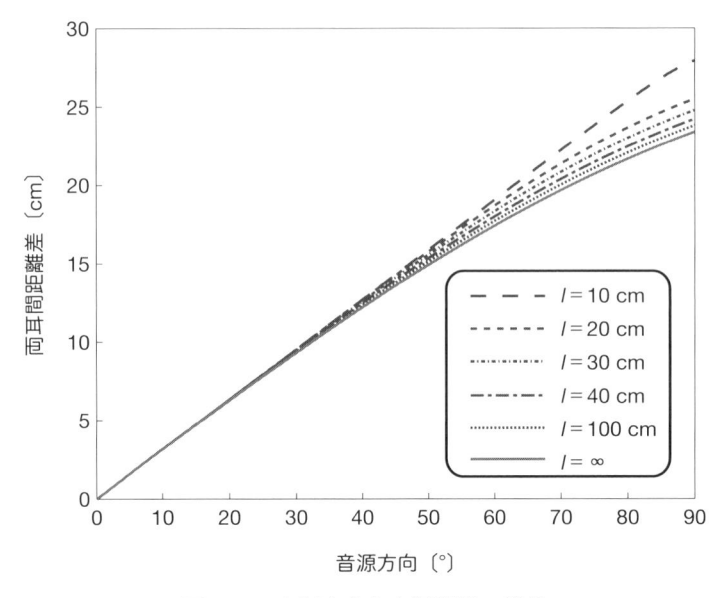

図 **4.9** 音源方向と音源距離の関係

さらに，ロボットの頭部を球体と見なし，頭部形状による回折を考慮すれば，Δd は θ と l の関数 D として表すことができる．

$$D(\theta, l) = \begin{cases} r\left(\dfrac{\pi}{2} - \theta - \theta_m\right) + \delta(\theta + \pi, l) & \left(0 \leq \theta + \dfrac{\pi}{2} < \theta_m \text{のとき}\right) \\ -2r\theta & \left(|\theta| \leq \dfrac{\pi}{2} - \theta_m \text{のとき}\right) \\ -r\left(\dfrac{\pi}{2} + \theta - \theta_m\right) - \delta(\theta, l) & \left(0 \leq \dfrac{\pi}{2} - \theta < \theta_m \text{のとき}\right) \end{cases}$$

$$\tag{4.13}$$

$$\delta(\theta, l) = \sqrt{l^2 - r^2} - \sqrt{l^2 + r^2 - 2rl\sin\theta} \tag{4.14}$$

$$\theta_m = \arccos\frac{r}{l} \tag{4.15}$$

式 (4.13) ～ 式 (4.15) で，θ, l を変化させたときの D の振舞いをシミュレーションした結果を図 **4.9** に示す．l の影響は，θ の値が大きい，つまり周辺部からの音に対して大きくなることがわかる．一方で，l が 50 cm 以上になると，l の違いによる両耳間距離差の違いは小さくなるので，l が 50 cm 以上であれば $l = \infty$ と仮定しても両耳間距離差に与える影響は少ないといえる．そこで，$l = \infty$ とすると，D は θ のみの関数として次式のように定義できる．

$$D(\theta) = \lim_{l \to \infty} D(\theta, l) = r\,(\theta + \sin\theta) \tag{4.16}$$

なお，近接学（proxemics）[※7]の観点からは 50 cm 以下は密接距離（intimate distance）にあたる [54]．すなわち，人間とロボットのインタラクションなど，実際の応用を検討するにあたり，l が 50 cm 以上，つまり，$l = \infty$ とする仮定は妥当といえよう．最終的に，音源方向 θ は式 (4.12)，式 (4.16) を用いて，次式により求めることができる．

$$\theta = D^{-1}\left(\frac{v}{2\pi f}\,\varphi\right) \tag{4.17}$$

音源物体をステレオ視によって定位できれば，図 4.7（72 ページ）において，P（$= P'$）が取得できる．このとき，ロボットのカメラとマイクロホンのベースラインが並行であると仮定すれば，ステレオ視による定位結果 P は，容易に音源方向 θ に変換できる．さらにもう一歩進めて，ストリーム（stream）[※8]を利用した視聴覚の統合も行うことができるので，視聴覚統合にも利用できる．この詳細については 5.6 節で述べる．

さて，聴覚エピポーラ幾何による音源定位は，実環境での観測結果とどの程度一致するのだろうか？ 実環境では，一般に IPD，IID の値は以下の 3 つの要素に大きく影響を受ける．

① 音源と左右の耳までの距離の差
② ロボットの頭部や胴体の反響
③ 部屋の音響環境

これらの影響を調べるため，4.4 節で紹介する上半身の人型ロボット SIG を用いて音響環境の測定を行った．また，境界要素法（boundary element method; BEM）を用いた音響シミュレーションを SYSNOISE[※9]を使用して，解析を行った．

ここで，SIG の正中面から水平角で ±90° の範囲で 10° ごとにインパルス応答を測定している（仰角は，SIG の両耳のマイクロホンを結ぶラインと同じ高さに固定）．また，比較のために，空間上に SIG の両耳間距離と同じ距離を隔てたステレオマイクロホンについても同様のインパルス応答を測定している．

....
[※7] 個々人や社会でのコミュニケーションにおいて，人間距離や空間の意味を研究する学問のこと．
[※8] 心理学用語．人は音や物体をある 1 点の時刻ではなく，時間の流れをともなうストリームとして知覚するという考え方にもとづく．
[※9] Computational Vibro-Acoustics software, Copyright LMS International 1999.

　図 **4.10** (a) より，聴覚エピポーラ幾何はステレオマイクロホンの測定結果と対応がよいことがわかる．

　図 4.10 (b) は SIG のマイクロホンを用いた音響測定結果と式 (4.10) (72 ページ) によって推定された IPD の関係を示している．300 Hz 以上の周波数帯域では，式 (4.10) は測定結果との対応が悪くなっている．これは，頭部伝達関数，つまり，SIG の頭部や胴体の反響の影響によるものである．また，1200 Hz 以上では，推定精度結果との対応関係が悪いが，これは SIG の両耳間距離が 18 cm であることに起因している．具体的には 1200 Hz より高い周波数では，複数周期分の波が存在しうるため，同じ位相差をもつ方向が複数存在し，解が一意に定まらなくなるためである（図 4.1，61 ページ参照）．

　また，図 4.10 (c) は，SIG の音響測定結果と，ロボットの頭部形状を考慮した聴覚エピポーラ幾何の式 (4.17) (75 ページ) で推定した IPD の対応を示している．図 4.10 (b) に比べ，明らかに対応関係が良好になっている．これより，式 (4.17) を用いることで，より精度の高い頭部モデルが構築できたことがわかる．

　さらに，図 4.10 (d) は，無響室でなく，残響のある部屋で測定した SIG の音響測定結果と，式 (4.17) による推定結果の対応を示している．この実験を行った部屋は，約 3 m × 3 m × 2 m で，部屋の壁および天井に吸音材を設置してあり，比較的残響が少ないデッドな空間になっている（残響時間 0.2 〜 0.3 秒程度）．図 4.10 (d) より，聴覚エピポーラ幾何は IPD の傾向をとらえてはいるが，IPD が全体的にばらついていることがわかる．

　図 **4.11** は，この原因を調べるために行った 30° 方向の音源に対する IPD と ILD の測定結果と SYSNOISE を用いて行った音響シミュレーション結果である．計測結果および音響シミュレーションともに，300 Hz と 400 Hz の間にピークがあることがわかる．このピークは SIG の頭部形状に起因していると考えられる．一方，ロボット頭部の 1 m 下に広さ無限大の床があることを仮定して音響シミュレーションを行って得られた IPD，ILD の結果（SYSNOISE（床あり））をみると，ほかの周波数にもピークがみられる．これらは床からの反射の影響と考えられる．よって，図 4.10 (d) の IPD のばらつきは，床，壁，天井などの環境の影響によるものであると考えられる．

　以上のとおり，①音源と左右の耳までの距離の差と②ロボットの頭部や胴体の反響の範囲では，聴覚エピポーラ幾何は十分に適用可能である．また，③部屋の音響環境の影響があっても，IPD の傾向がわかる程度には推定が可能である．次

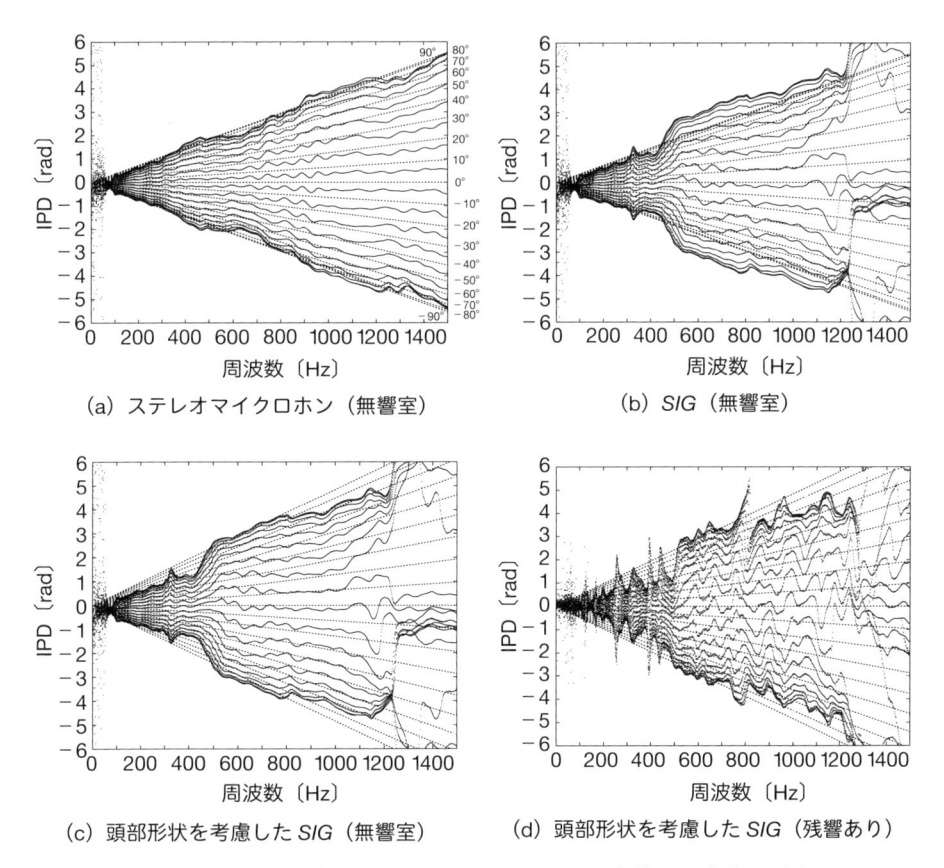

(a) ステレオマイクロホン（無響室）

(b) *SIG*（無響室）

(c) 頭部形状を考慮した *SIG*（無響室）

(d) 頭部形状を考慮した *SIG*（残響あり）

図 **4.10** 聴覚エピポーラ幾何による IPD の推定値と測定値の対応

（(a) ～ (d) の測定データ（実線）は，*SIG* を用いず，ステレオマイクロホンで音響測定を行った結果である．このときは，外装の影響は測定結果に含まれている．聴覚エピポーラ幾何（点線）は，式 (4.10) によって推定した IPD を示す）

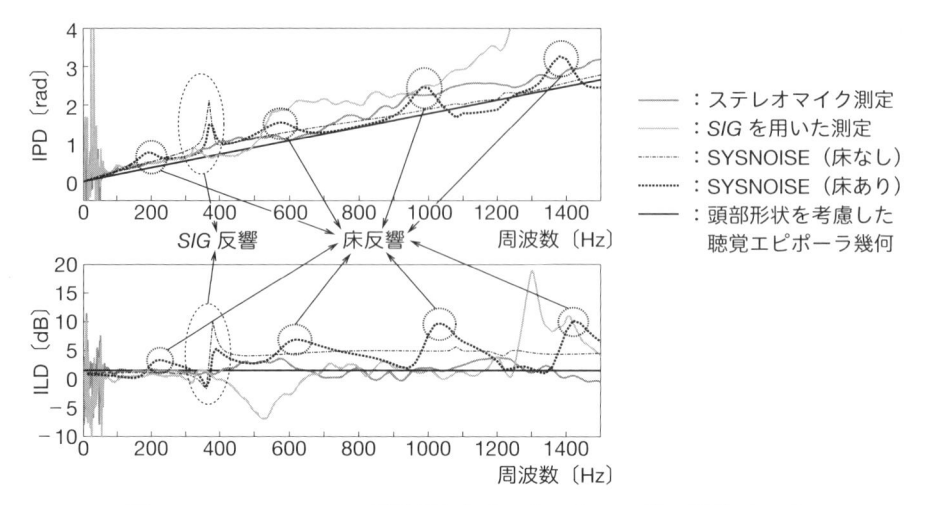

図 **4.11** IPD，ILD の測定値とシミュレーション値の対応（30°）

節では，音響シミュレーションと比較して，簡潔にかつ，聴覚エピポーラ幾何よりも精度の高い頭部音響モデルを紹介する．

4.3.4 散乱理論ベースの頭部モデル

散乱理論（scattering theory）とは，障害物や不均一性が入射波に与える影響を扱う枠組みである．これによって入射波に対する障害物や不均一性の影響を考慮し，入射波と散乱障害物に関する予備情報から散乱波を推定することができる．散乱理論を用いて，左右の耳での速度ポテンシャルの差を計算することで，IPD，ILD を音響測定なしで推定することができる．すなわち，散乱理論[96]を用いると，聴覚のエピポーラ幾何よりも，より正確に頭部伝達関数を近似することができる．

いま，頭部を半径 a の球体であると仮定し，その中心を球面極座標 (r, θ, φ) の原点とする．このとき $\boldsymbol{r}_0 = (r_0, 0, 0)$ に位置する点音源の入射速度ポテンシャル場 V^i は一般に次式で表記できる．

$$V^i = \frac{v}{\omega R} e^{\mathrm{j}\frac{\omega R}{v}} \tag{4.18}$$

ただし，R は音源 $\boldsymbol{r}_0$ と観測点 $\boldsymbol{r}$ の間の距離である[21]．ここで，表面 $|\boldsymbol{r}| = a$ 上では入射された速度ポテンシャルと散乱された速度ポテンシャルの合計のポテンシャル場が次式によって計算できる．

$$S(\theta, \omega) = V^i + V^s$$

$$= -\left(\frac{v}{\omega a}\right)^2 \sum_{n=0}^{\infty} (2n+1) \, P_n(\cos\theta) \, \frac{h_n^{(1)}\left(\frac{\omega r_0}{v}\right)}{h_n^{(1)'}\left(\frac{\omega a}{v}\right)} \qquad (4.19)$$

V^s は頭部で散乱された速度ポテンシャル場である。また，P_n と $h_n^{(1)}$ は，それぞれ次に示す第 1 種ルジャンドル関数と第 1 種球ハンケル関数である [21]。

$$\begin{cases} P_n(x) \; = \dfrac{1}{2^n n!} \dfrac{d^n}{dx^n}(x^2 - 1)^n \\[2mm] h_n^{(1)}(x) = (-1)^{n+1}(2x)^n \left(\dfrac{d}{dx^2}\right)^n \dfrac{e^{\mathrm{j}x}}{x} \end{cases}$$

さらに，音源が $\boldsymbol{r}_\theta = (r_0, \; \theta, \; 0)$ にあり，左右の耳がそれぞれ $\boldsymbol{M}_l = (a, \frac{\pi}{2}, 0)$ および $\boldsymbol{M}_r = (a, -\frac{\pi}{2}, 0)$ にあるとき，左右の耳の位置での総速度ポテンシャル S_l，S_r は次によって計算できる。

$$\begin{cases} S_l(\theta, \omega) = S\left(\dfrac{\pi}{2} - \theta, \; \omega\right) \\[2mm] S_r(\theta, \omega) = S\left(-\dfrac{\pi}{2} - \theta, \; \omega\right) \end{cases} \qquad (4.20)$$

したがって，IPD $\varphi_s(\theta, \omega)$ と ILD $\rho_s(\theta, \omega)$ は式 (4.2)，式 (4.3)（62 ページ）で示されるように，左右の耳の，速度ポテンシャルの位相差とレベル差から計算されることになる。

散乱理論による式 (4.21) のモデルは，音の回折を考慮できるので，聴覚のエピポーラ幾何よりも明らかに優れている。音源定位，音源分離の性能評価では，散乱理論にもとづくモデルと頭部伝達関数にもとづくモデルはほぼ同等性能である [117] という報告はあるものの，散乱理論モデルは，頭部の形状を球形と仮定し，口や鼻，耳朶などの頭部の詳細な構造を無視していることから，実環境性能は低下する可能性がある。人間の知覚では，形状を単純化（形状を球形と仮定）した頭部に取り付けたマイクロホンで収音した音は，自分の頭部の耳の位置に取り付けたマイクロホンで収音した音と比較して定位性能が低下する [189] ことが知られている[※10]。

実際に，聴覚エピポーラ幾何，散乱理論ベースの頭部音響モデルの推定性能を確認してみよう。図 **4.12** は SIG の HRTF の無響室における計測結果である。IPD

[※10] ただし，頭部形状の単純化の影響は，頭部の動きの程度によって変化する。

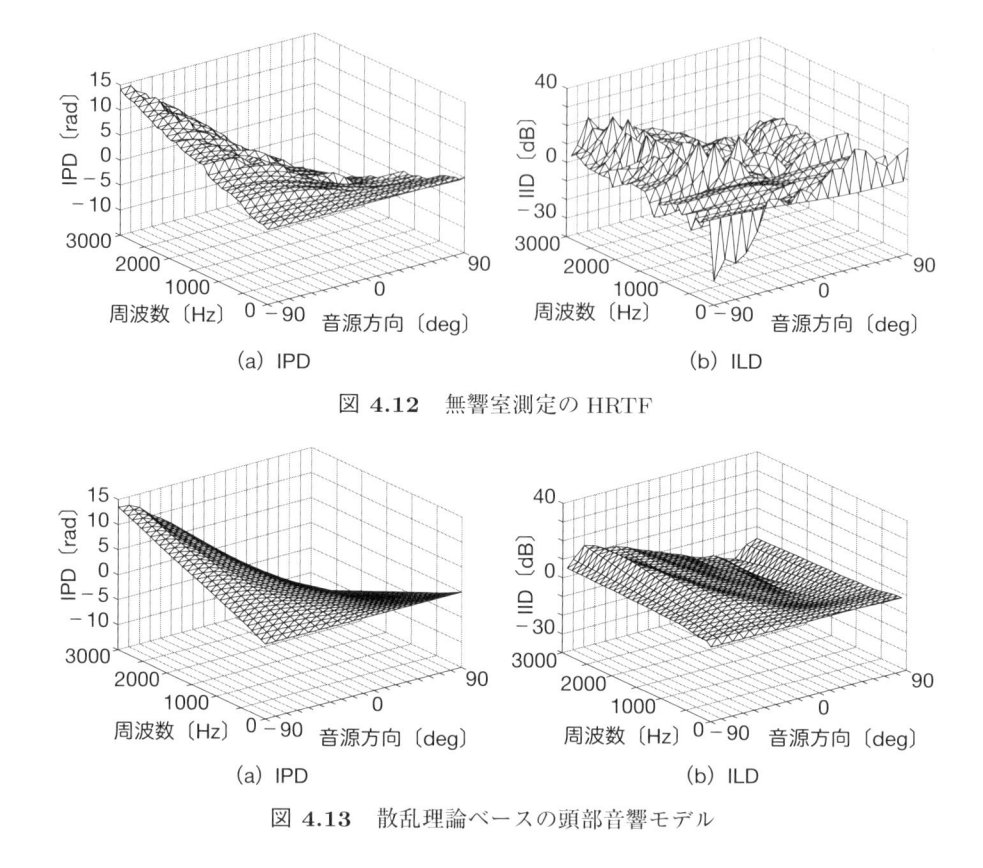

図 **4.12** 無響室測定の HRTF

図 **4.13** 散乱理論ベースの頭部音響モデル

が比較的単調に変化しているのに対し，ILD は，60° 付近で最大となることがわか
る．図 **4.13** は，散乱理論モデルを用いて頭部音響モデルの推定性能を計算した
結果である．IPD，ILD ともに HRTF の特徴を表すことができている．図 **4.14**
は，聴覚エピポーラ幾何を用いて IPD を計算した結果である．散乱理論と同様に，
HRTF の特徴をとらえることができているが，聴覚エピポーラ幾何では ILD の推
定は，大ざっぱに左右を判定するのみにとどまっている．IPD の推定性能をより
詳細にみるために，各モデルと HRTF の差分をとって，周波数方向に平均した結
果が図 **4.15** である．両モデルとも *SIG* の正面方向の精度は高いが，側方では，
散乱理論ベースのモデルの性能が優っていることがわかる．特に，60° 付近では，
聴覚エピポーラ幾何ベースのモデルの誤差が大きくなっている．これは，頭部に
よる回折の影響を十分考慮できていないことが原因であると考えられる．

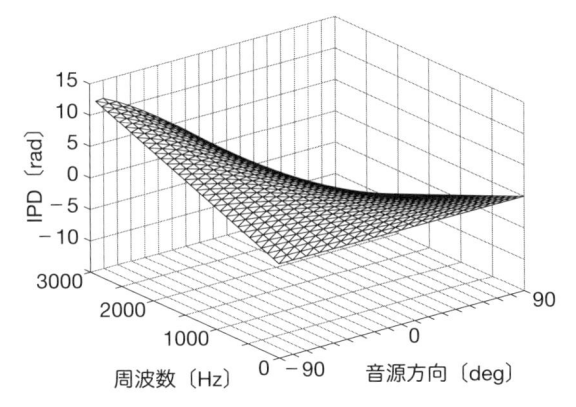

図 **4.14**　聴覚エピポーラ幾何ベースの音響モデル（IPD のみ）

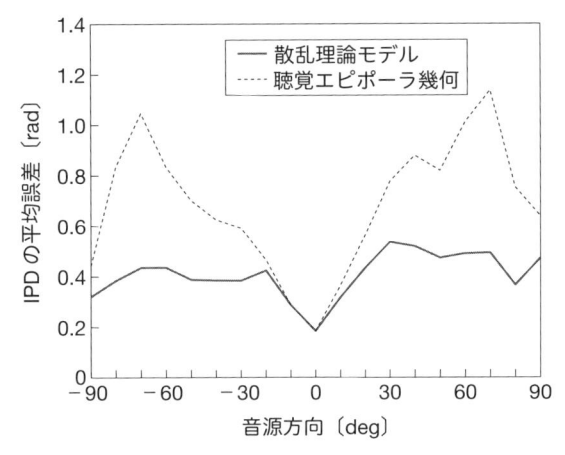

図 **4.15**　HRTF に対する散乱理論ベースモデルと
聴覚エピポーラ幾何ベースモデルの IPD 誤差

4.4

両耳聴の音源定位・音源分離の性能

　実ロボットを用いた両耳聴の音源定位・音源分離の性能評価実験について紹介する．実験には図 **4.16** に示す 4 自由度を有した上半身ロボット *SIG* を用いた．

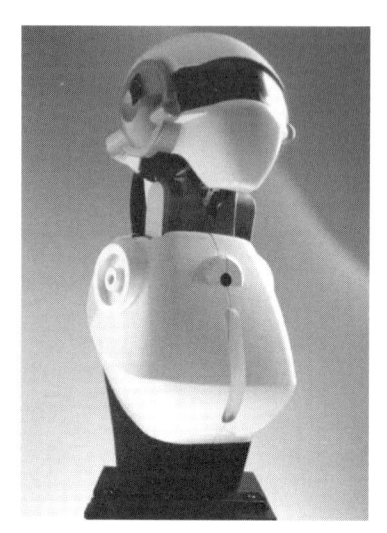
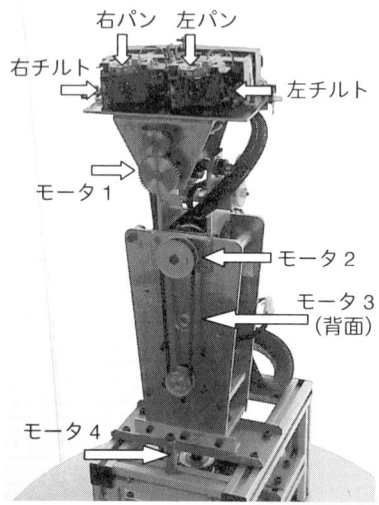

(a) 上半身　　　　　　　　　　(b) 正面図

(c) マイクロホン

図 **4.16**　ヒューマノイドロボット「*SIG*」

SIG は，2 組，計 4 本の無指向性のマイクロホン（Sony ECM-77S）を搭載している（図 4.16 (c)）．2 組のマイクロホンのうち 1 組は，ロボット外装の外側の音を収音するように左右の耳の位置に設置されている（マイクロホン間距離 18.0 cm）．またもう 1 組は，左右の耳の位置ではあるが，ロボットの内部に設置されており，主にロボット内部の雑音収音用である．ここで，内部の 1 組は以下の実験 3 でロボット雑音の抑圧用に用いられ，主な両耳聴処理は，外側の 1 組のマイクロホンを用いて行う．

実験の内容は以下のとおりである．

- 実験 1（音源定位）：周波数，音源方向に対する性能・倍音統合の効果
- 実験 2（音源定位）：音源数に対する定位性能
- 実験 3（音源定位）：ロボット動作時の定位性能
- 実験 4（音源定位・追跡）：アクティブ聴覚・情報統合による性能向上
- 実験 5（音源分離性能）：音源分離性能：1 話者分離，2 話者同時発話の分離

4.4.1　音源定位：
周波数，音源方向に対する性能・倍音統合の効果

SIG の周波数と音源定位の精度の関係を調べるため，100 Hz から 2000 Hz まで，100 Hz おきに，また各周波数について 0° から 90° まで，30° おきに，聴覚エピポーラ幾何モデルを用いて純音に対する定位実験を行った．さらに，倍音成分の統合の効果を調べるため，100 Hz の調波構造を有する音（2000 Hz までの倍音成分をもつ）に対する音源定位実験を，聴覚エピポーラ幾何ベース，および散乱理論ベースのモデルを用いて定位実験を行った．使用した部屋は広さが約 10 m², 残響時間 0.2～0.3 s 程度の部屋である．音源距離は 1 m とした．頭部音響モデルには聴覚エピポーラ幾何を用いた．純音の定位結果を図 **4.17** に示す．また，調波構造音の定位結果を図 **4.18** に示す．

図 4.17 より，低周波数域で音源定位性能が高いことがわかる．このことは，式 (4.6)（64 ページ）で距離を算出する際に，ω_{p_i} が小さいほど $\omega_{\mathrm{IPD}}(\omega_{p_i})$ の重みを大きくするような重み付けが妥当であることを示唆している．一方，高周波数域では，ILD による判断は，左右および正面方向のみを判断するようにしていることから，音源定位性能が低下してしまうことは避けられない．また，音源方向が正面から離れるにつれ全体的な定位精度が悪くなっているが，これは，マイク

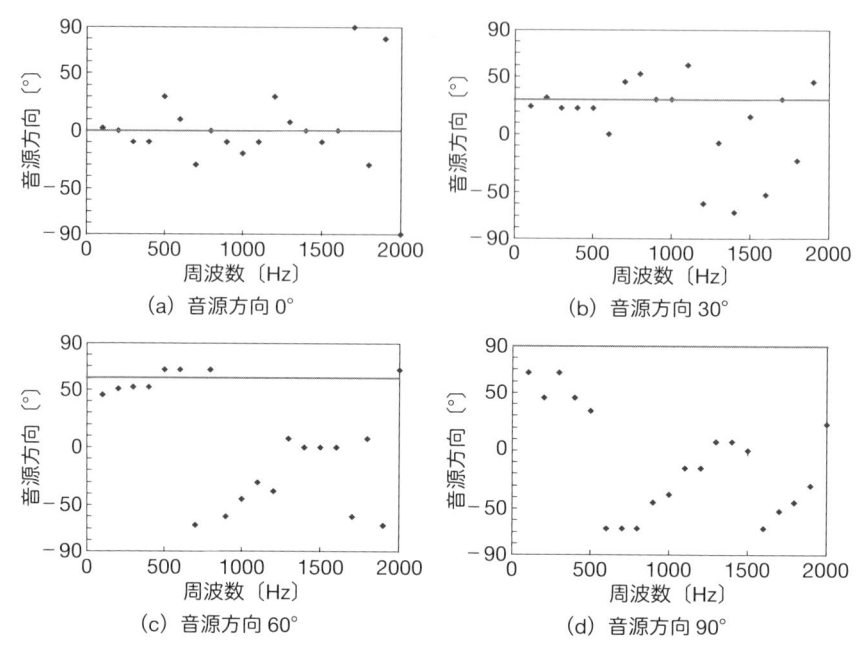

図 **4.17**　音源方向，周波数に対する定位精度

（プロットは推定結果，グラフは正解を示す）

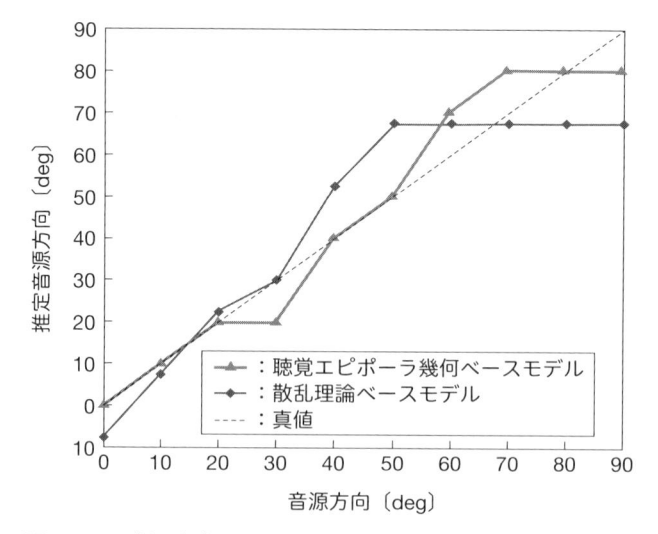

図 **4.18**　音源方向に対する 100 Hz の調波構造音の定位性能

ロホン自体は無指向性であるものの外装の耳部の形状によって，前方に指向性を有していること，両耳間距離差の絶対値が大きくなることで微妙な両耳間距離差の変化が抽出しにくくなっていることが原因と考えられる．総じて，SIG の純音の音源定位性能は必ずしも高いとはいえないが，これについては，人間においても同様の知見が得られている．一般に単一周波数による音源定位性能は高くないことを裏付けるものととらえることができる．

対して図 4.18 では，各倍音での結果を統合することにより，純音に比べて，側方の音源に対する音源定位性能が向上することがわかる．これは，情報統合により，音源定位のロバスト性が向上できることを示しているが，聴覚エピポーラ幾何ベースの頭部音響モデルを用いた場合は，側方音源の定位性能向上は限定的である．聴覚エピポーラ幾何ベースの頭部音響モデルでは，頭部回折を十分考慮できていないことが原因である．一方で，散乱理論ベースの頭部音響モデルを用いた場合は，頭部回折の影響を考慮できていることから，側方の音源に対する定位性能も向上している．

以上をまとめると，SIG を用いた純音の音源定位では，頭部音響モデルの影響で高い周波数での性能が低下すること，また，倍音構造を有する調波構造音では，各倍音での音源定位結果を統合することで，定位性能の向上が見込まれることがわかった．複数の音源が存在する場合は，互いの周波数成分が影響を受けやすくなるため，音源定位の性能が低下することが予想される．このような場合については，最大定位音源数の検討とあわせ，次項で扱う．

4.4.2 音源定位：音源数に対する定位性能

音源数が 2, 3, 4 の場合について，音源間の角度を変えながら調波構造音（図 2.3, 33 ページ参照）に対する音源定位実験を SIG を用いて行った．音源にはスピーカを使用し，基本周波数は，倍音成分同士がなるべく重ならないよう，100 Hz, 111 Hz, 146 Hz, 234 Hz を選択した．音源数 2 では正面に 234 Hz, 左方向に 100 Hz を，音源数 3 では，正面に 100 Hz, 左右に同じだけ角度が離れた位置にそれぞれ 111 Hz, 146 Hz を配置した．また，音源数 4 では，隣り合う 2 つの音源間の角度を一定に保ち，左右が対象になるように，左から順番に 111 Hz, 100 Hz, 146 Hz, 234 Hz となるように音源を配置した．なお，音源間の角度は 10° 刻みで変更した[11]．また，頭部音響モデルには聴覚エピポーラ幾何モデルを用いた．

---

[11] 前方向のみを対象としたため，音源数 4 の場合は，最大音源間角度が 60° となっている．

　上記の音源数 2, 3, 4 に対する結果を図 **4.19** に示す．図より，音源数が 2 の場合は良好な定位結果が得られていることがわかる．ただし，左方向の音源（100 Hz）は，正面から離れるにつれ定位性能が低下している．これは，一般に 2 本のマイクロホンによる音源定位にあてはまる，ロボットにおける聴覚中心窩（68 ページ参照）と呼ばれる現象である．音源数が 3 の場合，音源数が 2 の場合と比較し，音源定位性能が低下している．倍音成分同士の周波数が近いために，互いに影響を及ぼし合い，位相差や強度差に影響が出てしまっていることが性能低下の原因である．音源数 4 の場合は，倍音間の干渉が増大するため，誤差は大きくなり，音源定位性能がさらに低下している．これらの実験結果から，音源定位の分解能は 30° 程度であることが推測できるが，実環境では，残響，周波数成分の重なり，側方での音源定位性能の確保が難しいといったことを考慮すると，定位が可能な最大同時音源数は高々 3 程度と考えるのが無難であろう．

4.4.3　音源定位：ロボット動作時の定位性能

　前々項，前項で説明した実験は，ロボットを動作させない状態での基本性能に関するものであった．一方，実応用にあたっては，ロボットが動作している状態での音源定位も必要である．

　図 **4.20** に，音源に 500 Hz と 600 Hz の純音を用い，胴体の回転用のモータ（稼動範囲は $-45 \sim +45°$）を動かした際（図 **4.21**）に収録したスペクトログラムを示す．

　図 **4.22** はこのときの音源定位結果であり，動作中の音源定位性能は大きく低下していることがわかる．一方，図 **4.23** は，*SIG* の内側にある 1 組のマイクロホンを利用して雑音をキャンセルした後，音源定位を行った結果である．雑音キャンセラのアルゴリズムには，簡単なルール（ヒューリスティクス）を用いており，内部のマイクロホンで収録した信号の振幅が，外部のマイクロホンで収録した信号の振幅を超えた場合には，バースト（破裂音）的な雑音が発生したと判断して，その区間の音源定位処理を行わないものとしただけである．このように，ロボット外装の音響効果を使用して，ロボット内外の雑音を区別する簡単なバーストノイズキャンセラを用いるだけでも音源定位性能の向上を図ることができる．

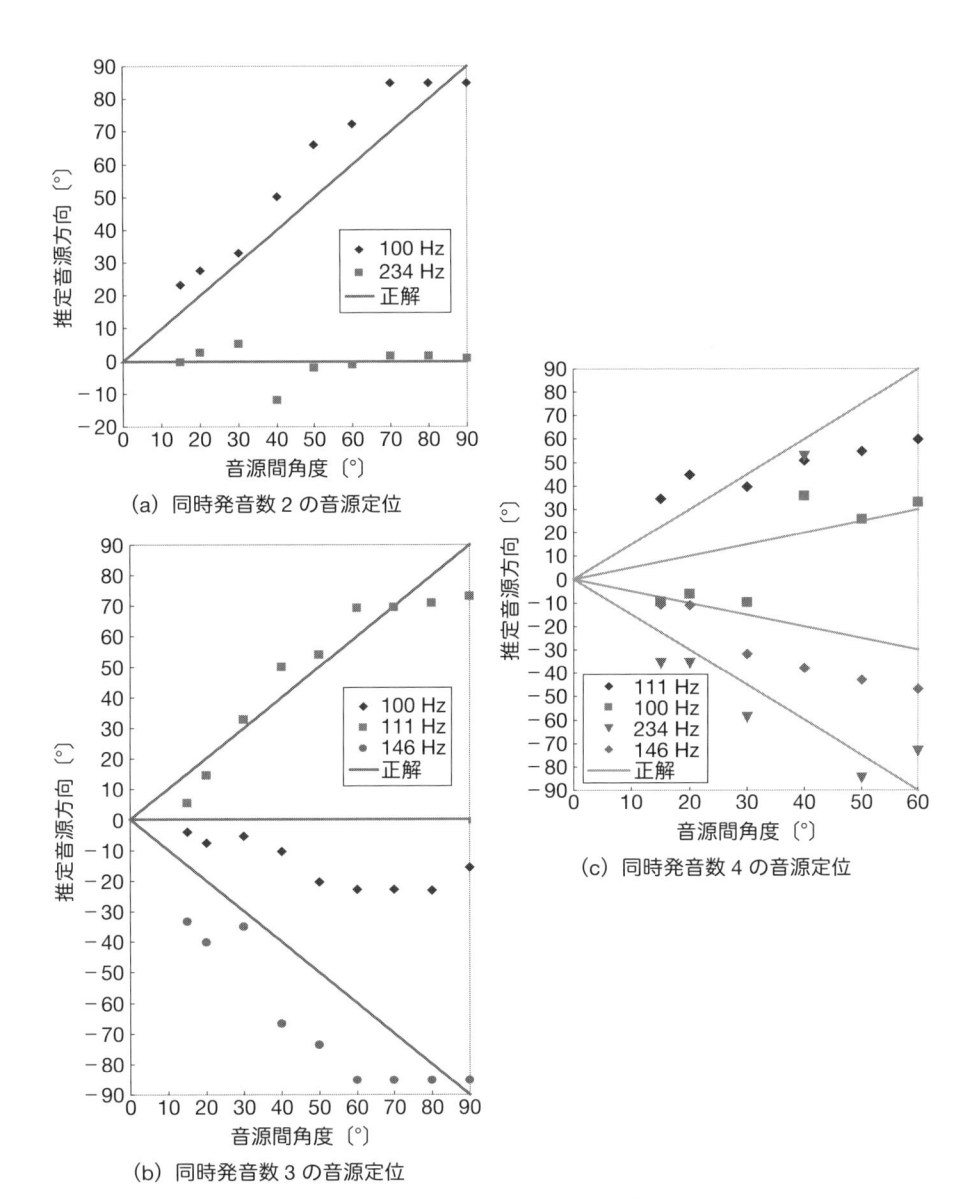

(a) 同時発音数 2 の音源定位

(b) 同時発音数 3 の音源定位

(c) 同時発音数 4 の音源定位

図 **4.19**　*SIG* による音源定位

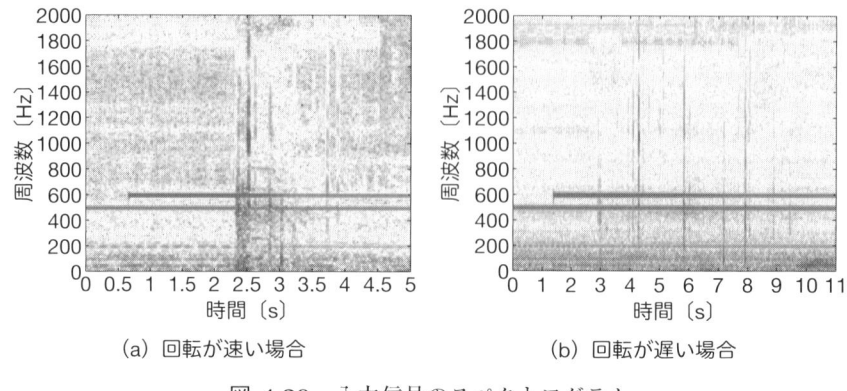

図 **4.20** 入力信号のスペクトログラム

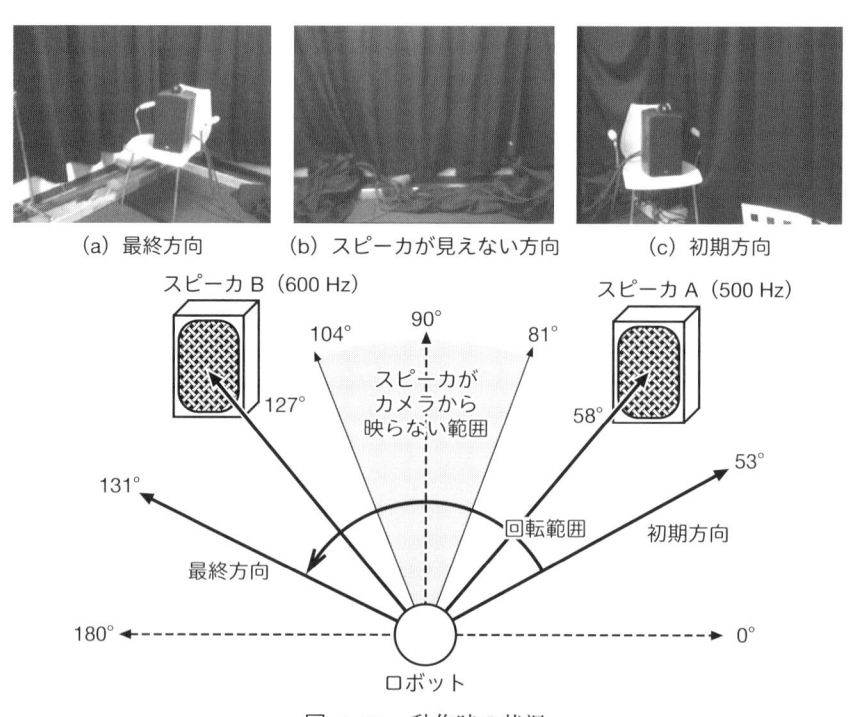

図 **4.21** 動作時の状況

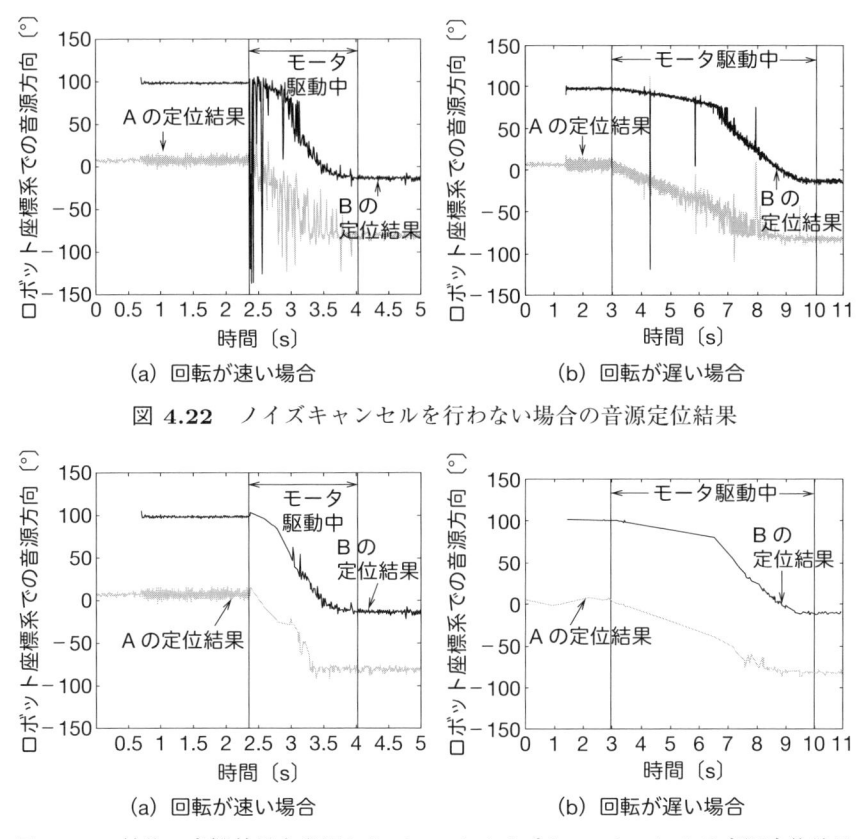

図 **4.22** ノイズキャンセルを行わない場合の音源定位結果

図 **4.23** 外装の音響効果を利用したバーストノイズキャンセラによる音源定位結果

4.4.4 音源追跡・定位： アクティブ聴覚・情報統合による性能向上

　前項の実験では，ロボットを雑音の発生源と見なしている．この観点では，できるだけロボットの動作を抑えたほうがよいことになる．一方，人間や動物は，むしろ動作によって知覚を向上させていることが知られている．

　これをアクティブパーセプション（active perception）[7]，特に動作によって聴覚を向上させることをアクティブ聴覚という[116]．人間や動物と同様に両耳聴処理を行うロボットにおいて，動作によって，よりよく聴くことができるアクティブ聴覚の効果を調べる実験を紹介する．

　この実験では，スピーカ2台（B&W Noutilus 805）を用いて，約 $10\,\mathrm{m}^2$ の小

表 4.1　アクティブ聴覚に
よる音源追跡結果

試行回数	202
成功回数	200
失敗回数	2

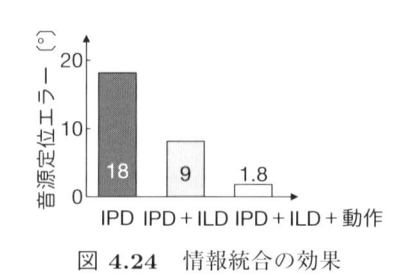

図 4.24　情報統合の効果

部屋で収録を行っている．2 台のスピーカ A, B を *SIG* の ±45° に設置し，出力する音には，周波数成分の重なりがないように，スピーカ A からは基本周波数 234 Hz の調波構造音を，スピーカ B からは基本周波数 100 Hz, 150 Hz, 200 Hz のいずれかの調波構造音を出力する（図 2.3 参照，33 ページ）．これらの調波構造音を出力中に，*SIG* の向きを 5° おきに ±90° の範囲で変えて収録を行う．収録データに対して，*SIG* の初期方向を 0°，±45°，±90° のいずれかに設定し，音源定位結果で示される方向を向くように音源を追跡するタスクを行う．

　また，比較用に，音源を追跡せず，初期位置で音源定位のみを行うタスクも実施した．音源定位では，IPD と ILD を統合する方法，IPD のみを利用する方法を検証した．なお，頭部音響モデルには式 (4.6)（64 ページ）で表される聴覚エピポーラ幾何を利用した（ILD は振幅差から左右のみを推定し，確信度に変換して利用した）．

　全 202 回の音源追跡・定位実験を行った結果を表 4.1 および図 4.24 に示す．音源追跡に成功したのはそのうち 200 回であった．失敗した 2 回では定位結果が発散し，想定した ±90° の範囲を超えてしまっていた．

　IPD のみを用いた場合，音源定位の誤差は 18.0° であるが，ILD を併せて用いた場合，9.0° と，誤差が半減している．ILD には，音源がロボットに対して左右のどちらにあるかという情報しか用いていないが，効果的であることがわかる．さらに，音源追跡を行うと，音源方向を向くという動作まで含めた情報統合が可能になり，誤差は 1.8° に低減する．この誤差低減の要因は，音源定位精度の高いロボットの正面方向を音源に正対するように移動させたことにある．

　以上の結果は次のようにまとめることができる．このうち，特に③はアクティブ聴覚や情報統合の有効性を示すものであり，実環境を扱う際の鍵となる知見といえる．

① ILD と IPD を統合することで，音源追跡性能が向上する．この傾向は，音源方向とロボットの正面方向の差が大きいほど顕著である

② 音源が側方にある場合に音源定位性能が低いという問題は，音源方向を向くというアクティブな動作により，解消することができる

③ IPD，ILD，さらには，音源方向を向くというアクティブ聴覚と情報統合を重ねることにより，音源定位・追跡の性能が向上する

4.4.5 音源分離性能：1話者発話の抽出，2話者同時発話の分離

音源分離性能については，1話者発話の抽出，および2話者同時発話分離実験を紹介する．1話者発話の抽出では，雑音は出力せず，音源方向を 0°，30°，60°，90° から 100 Hz の調波構造音（倍音数 30）をスピーカから出力し，ADPF の方向通過帯域を ±5° おきに ±5° から ±90° に変化させた．頭部音響モデルには，HRTF，聴覚エピポーラ幾何，散乱理論モデルを用いた場合を比較した．評価指標は，以下に示す R_1 を用いた．

2話者同時発話の分離では，音源に2台のスピーカを使用し，一方のスピーカを 0° 方向に，もう一方のスピーカの方向を 30°，60°，90° のいずれかとし，2つのスピーカから同時に等音量で異なる音声を出力したうえ，分離を試みる．評価指標には，以下の $R_1 \sim R_3$ を用いた．また，頭部音響モデルには，HRTF，エピポーラ幾何を用いた．

① 周波数領域における入力信号と分離信号の S/N の差

$$R_1 = 10 \cdot \log_{10} \left(\frac{\sum_{j=1}^{n} \sum_{i=1}^{m} (|\mathrm{sp}(i,j)| - \beta|\mathrm{sp_o}(i,j)|)^2}{\sum_{j=1}^{n} \sum_{i=1}^{m} (|\mathrm{sp}(i,j)| - \beta|\mathrm{sp_s}(i,j)|)^2} \right) \tag{4.21}$$

ここで，$\mathrm{sp}(i,j)$，$\mathrm{sp_o}(i,j)$，$\mathrm{sp_s}(i,j)$ はそれぞれ，スピーカから出力される音源信号，ロボットのマイクロホンで収音した観測信号，分離信号のスペクトルを示す．また，m，n はスペクトルのサブバンド数と時間方向の平滑化のサンプル数，β は原信号と観測信号の減衰比を示す．

② 信号損失比

$$R_2 = 10 \cdot \log_{10} \left(\frac{\sum_{n \in S} (s(n) - \beta s_o(n))^2}{\sum_{n \in S} (s(n) - \beta s_s(n))^2} \right) \tag{4.22}$$

表 **4.2** R_1, R_2, R_3 による 2 話者同時発話分離の評価

頭部音響モデル	R_1 〔dB〕			
	0°	30°	60°	90°
HRTF	2.2	1.4	1.6	0.8
聴覚エピポーラ幾何	2.0	1.3	2.2	0.5

頭部音響モデル	R_2 〔dB〕			
	0°	30°	60°	90°
HRTF	−2.1	−3.4	−3.8	−7.3
聴覚エピポーラ幾何	−2.8	−3.1	−3.3	−7.7

頭部音響モデル	R_3 〔dB〕			
	0°	30°	60°	90°
HRTF	9.1	4.6	3.4	−2.8
聴覚エピポーラ幾何	10.4	4.7	2.6	−3.5

ここで，$s(n), s_\mathrm{o}(n), s_\mathrm{s}(n)$ はそれぞれスピーカから出力される音源信号，ロボットのマイクロホンで収音した観測信号，分離信号を示す．S は信号全体の区間のうち，分離すべき信号が含まれている部分を示し，$s(i) - \beta s_\mathrm{o}(i) \geq 0$ を満たす i の集合として定義される

③ ノイズ抑制比

$$R_3 = 10 \cdot \log_{10} \left(\frac{\sum_{n \in N} (s(n) - \beta s_\mathrm{o}(n))^2}{\sum_{n \in N} (s(n) - \beta s_\mathrm{s}(n))^2} \right) \tag{4.23}$$

ここで，$s(n), s_\mathrm{o}(n), s_\mathrm{s}(n)$ は上記と同様である．N は，$s(i) - \beta s_\mathrm{o}(i) < 0$ を満たす i の集合であり，信号中の分離すべき信号が含まれていないノイズ部分を表す

1 話者発話の抽出の結果を図 **4.25** に，また，2 話者同時発話の分離結果を表 **4.2** に，2 話者同時発話の分離の一例を図 **4.26** に示す．

図 4.26 から，音源方向にかかわらず，散乱理論ベースモデルは HRTF と同等の性質を示していることがわかる．聴覚エピポーラ幾何モデルは性能的にはこれらのモデルには及ばない．また，音源法方向が 0°，30° と正面に近い場合は比較的良好な性能を示すものの，側方の音源に対する性能低下が著しい．

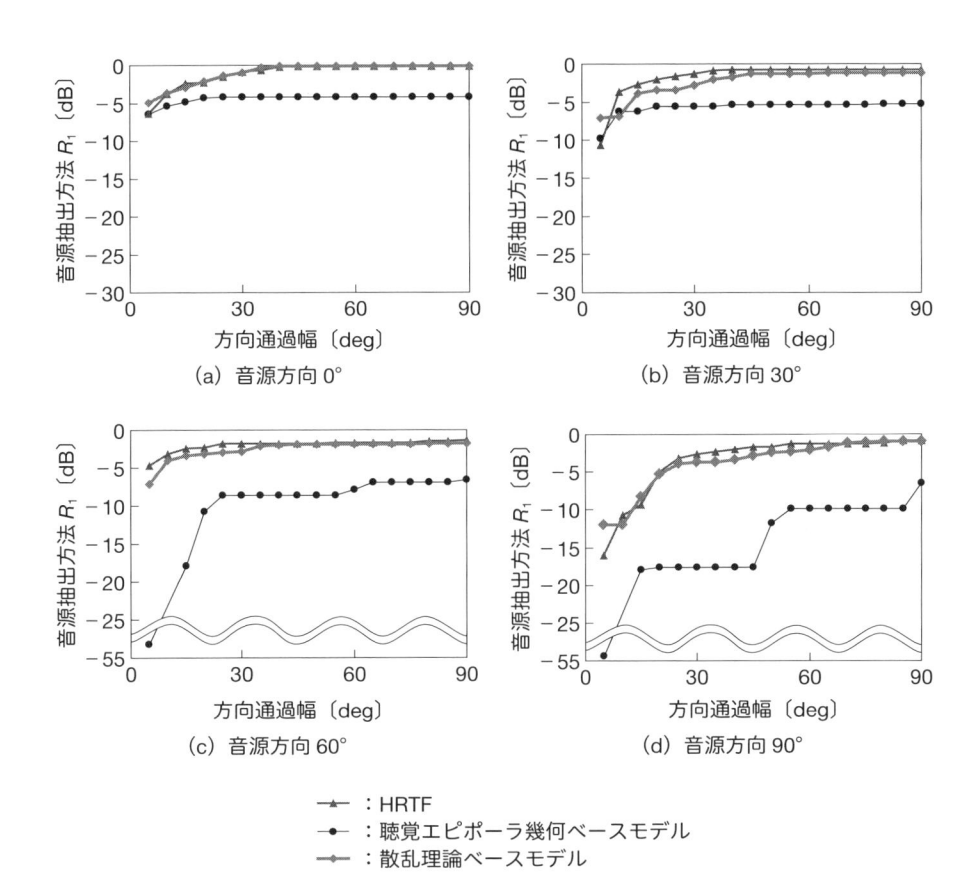

(a) 音源方向 0°　　　　　　(b) 音源方向 30°

(c) 音源方向 60°　　　　　　(d) 音源方向 90°

- ▲ ：HRTF
- ● ：聴覚エピポーラ幾何ベースモデル
- ◆ ：散乱理論ベースモデル

図 **4.25**　100 Hz の調波構造音に対する 1 話者発話の抽出

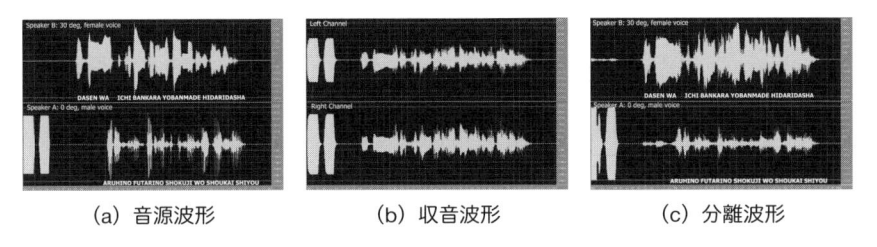

(a) 音源波形　　　　　(b) 収音波形　　　　　(c) 分離波形

図 **4.26**　同時 2 話者発話の分離例

（内容は正面音声が「ある日の 2 人の食事を紹介しよう」，30° 音声が「打線は 1 番から 4 番まで左打者」である）

散乱理論ベースの頭部音響モデルは，HRTF のような事前測定が不要であることを考慮すれば，これらの 3 つのモデルの中で最も適切なモデルといえよう．

図 4.26（a），（b），（c）はそれぞれ，同時 2 話者発話の音源波形，収録波形，分離波形である．分離結果には，音のひずみはみられるものの，（a）の波形に類似した分離波形が（c）として得られていることがわかる．実際に人間の耳で聴取すると，それぞれの音声の内容は十分理解可能であった．また，表 4.2 から，おおむね R_1 は 1 ～ 2 dB，R_2 は 2 ～ 4 dB，R_3 は 3 ～ 10 dB 程度の向上がみられることがわかる．正面方向の性能が高い一方で，側方の性能が低下することもわかる．

以上，本章では，両耳聴の音源定位と音源分離について説明した．また，原理的に，2 つの耳（マイクロホン）によって，混合音を聞き分けることができることを示した．さらに，IPD や ILD，および，それらの周波数方向への統合が音源定位，音源分離の性能向上や処理のロバスト性向上に寄与すること，動作ノイズを適宜キャンセルすることによって，ロボットの動作が音源定位の性能向上に有効であることも示した．

ただし，本章で取り上げた各手法の評価結果は，実験室環境で行われており，主に純音や単純な調波構造を有する音響信号のみを用いていることには注意が必要である．加えて，音の時間方向の連続性についての考慮も行われていない．したがって，本章で取り上げた各手法をそのまま使用するだけでは，ロボットの聴覚機能としては未完成である．次章では，音声などのより一般的な音響信号を対象に，時間方向の連続性を考慮し，画像などのほかの情報とのマルチモーダル情報統合を行うことで，複数音源を追跡する手法について説明する．

第5章

音源追跡

　本章では，ロボット聴覚の主要技術の1つである音源追跡について説明する.

　音源追跡とは，時刻ごとに得られる音源定位結果を時間方向に接続し，音源区間ごとに，時間方向に連続した構造として抽出する技術である.　得られた音源追跡結果は，聴覚処理分野では**ストリーム**，音響信号処理分野では，単に**音源追跡結果**や**軌跡**（trajectory）と呼ばれることが多い.　環境音の定位・区間検出・識別を同時に行う統合的な研究分野／手法を指す**SELD**（sound event localization and detection）の文脈では，音源追跡の結果として一連の音として抽出された1つの音に由来する情報を**音イベント**（sound event）と呼ぶこともある.　また，音声処理分野では，音声認識のために，音声の**発話区間検出**（voice activity detection; **VAD**）に関する研究が行われているが，時間的に連続した構造を抽出するという意味では，発話区間検出も音源追跡の一種ととらえることもできる.

　本書では，聴覚処理分野の考え方に則り，音源追跡結果をストリームと呼ぶものとし，ストリーム構造の定式化を行う.　そのうえで，音源追跡の課題について整理し，音源追跡を実現する手法として，カルマンフィルタ，パーティクルフィルタを説明する.　さらに，さまざまなモダリティを統合し，ロバストな追跡を行うことが可能なストリームベースの視聴覚追跡フレームワークを説明する.

5.1

音源追跡の定式化

前章で説明した音源定位は，ある時刻 t における水平角での音源方向 θ を求める課題であった．本章では，この音源方向を音源に関するさまざまな情報を含むことができるメタ表現である**音イベント**に拡張し，さらに，この音イベントが同時に複数が存在することを許すよう，時刻 t_k に音イベントの集合 $\boldsymbol{E}_k$ が得られるとする．

$$\boldsymbol{E}_k = \{\boldsymbol{e}_k^n | n = 1, \ldots, N_k\} \qquad (\boldsymbol{e}_k^n = [\boldsymbol{y}_k^n, \bar{\boldsymbol{y}}_k^n]) \tag{5.1}$$

ここで，$\boldsymbol{E}_k$ は，音源ごとの音イベントを表す $\boldsymbol{e}_k^n$ の集合であり，N_k は時刻 t_k における音イベント数（音源数）である．例えば，時刻 t_k に同時に 2 つの音源が定位されれば，N_k は 2 である．$\boldsymbol{y}_k^n$ と $\bar{\boldsymbol{y}}_k^n$ は，$\boldsymbol{e}_k^n$ を構成するサブセットであり，$\boldsymbol{y}_k^n$ は空間情報に由来する直接音源追跡の入力情報として用いるサブセットである．一方，$\bar{\boldsymbol{y}}_k^n$ は，音源追跡には直接寄与しない空間情報以外の情報を含んだサブセットである．例えば，両耳聴音源定位（4.1 節参照）では，$\boldsymbol{y}_k^n$ には音源方向が該当し，$\bar{\boldsymbol{y}}_k^n$ には基本周波数や音量などがあてはまる．なお，$\boldsymbol{y}_k^n$ は，(θ, ϕ) で表される 2 次元の方向情報や，(x, y, z) で表される 3 次元位置などをとることができる．

次に，時刻 t_1 から t_k までに得られる音イベント集合の時間シーケンスを次式で定義する．

$$\mathscr{E}_{1:k} = [\boldsymbol{E}_1, \ldots, \boldsymbol{E}_k] \tag{5.2}$$

また，音源追跡アルゴリズム（後述）で用いるため，次式で観測量も定義しておく．

$$\boldsymbol{Y}_{1:k} = [\boldsymbol{Y}_1, \boldsymbol{Y}_2, \ldots, \boldsymbol{Y}_k] \qquad (\boldsymbol{Y}_k = \{\boldsymbol{y}_k^n | n = 1, \ldots, N_k\}) \tag{5.3}$$

音源追跡では，上記の $\mathscr{E}_{1:k}$，より直接的には $\boldsymbol{Y}_{1:k}$ を入力として追跡処理を行う．本章の章扉に記載したように，本書では，音源ごとの音源追跡結果をストリームと呼び，m 番目のストリームを，次式のように記述する．

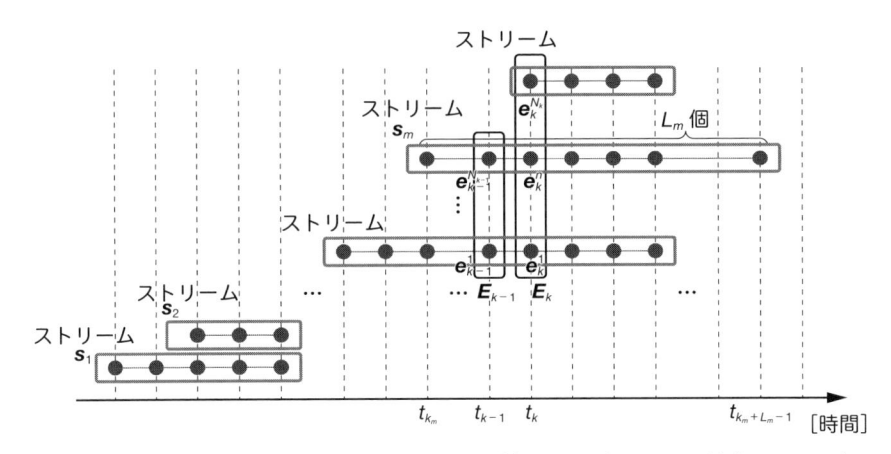

図 **5.1**　ストリームとイベント集合の関係（各記号は式 (5.4) に対応している）

$$\boldsymbol{s}_m = \{\boldsymbol{e}_k^n | k_m \leq k \leq k_m + L_m - 1, \quad n = \mathrm{assoc}(\boldsymbol{E}_k, \boldsymbol{s}_m)\} \tag{5.4}$$

ここで，k_m および L_m は，m 番目のストリームの開始時刻インデックスと長さを表す．つまり，$\boldsymbol{s}_m$ は長さ L_m のシーケンスとして表される．$\mathrm{assoc}(\boldsymbol{E}_k, \boldsymbol{s}_m)$ は，$\boldsymbol{E}_k$ に含まれる音イベントの中でストリーム $\boldsymbol{s}_m$ に属すべき音イベント $\boldsymbol{e}_k^n$ が見つかった場合に，そのインデックス n を返す関数である．

また，$\boldsymbol{s}_m$ の集合を次式で記述する．式ではわかりにくいので図 **5.1** にこれらの関係を図示する．

$$\mathscr{S}_{1:k} = \{\boldsymbol{s}_m | m = 1, \ldots, M_{1:k}\} \tag{5.5}$$

以上の定義を用いれば，音源追跡は，$\mathscr{E}_{1:k}$ から，$\mathscr{S}_{1:k}$ を求める問題であると定義することができる．しかし，多くの場合において逐次的な処理が必要になることを考えると，「音源追跡は，$\mathscr{S}_{1:k-1}$ が得られている状態で，時刻 t_k に音イベント集合 $\boldsymbol{E}_k$ が得られたとき，$\mathscr{S}_{1:k}$ を求める問題である」と定義するほうがより適切である．さらには，上記のストリーム $\boldsymbol{s}_m$ の定義では $\boldsymbol{s}_m$ に属する音イベントを観測された音イベント集合の中から選ぶ形となっているが，観測された音イベントのまま選ぶのではなく，前後の時間で得られた観測やその時刻までに形成されたストリームとの関係から，よりもっともらしい音イベントを予測やスムージングによって得ることが可能である．

このとき，時刻 t_k に観測した音イベント $\boldsymbol{e}_k^n$ に対し，観測 $\boldsymbol{y}_k^n$ から予測やスムー

ジングによって得られる追跡結果を $\boldsymbol{x}_k^n$，空間情報以外のプロパティを $\bar{\boldsymbol{x}}_k^n$ とすれば，予測やスムージングによって得られる音イベントは，次式で定義できる．

$$\hat{e}_k^n = [\boldsymbol{x}_k^n, \bar{\boldsymbol{x}}_k^n]$$

この場合，$\boldsymbol{s}_m$ は e_k^n の集合ではなく，$\hat{e}_k^n$ の集合として表すことができる．

　後の説明のため，音イベントから状態量だけを取り出したベクトル $\boldsymbol{X}_{1:k}, \boldsymbol{X}_k$ を次式で定義しておく．

$$\boldsymbol{X}_{1:k} = [\boldsymbol{X}_1, \boldsymbol{X}_2, \ldots, \boldsymbol{X}_k] \qquad (\boldsymbol{X}_k = \{\boldsymbol{x}_k^m | m = 1, \ldots, M_k\}) \tag{5.6}$$

5.2

音源追跡の課題

　音源追跡は，時刻ごとに得られる定位結果を時間方向に接続するだけと考えると一見，簡単なように思えるが，実際には，以下の課題がある．

- 定位エラーの考慮
  音源定位結果には，必ず一定の定位エラーが含まれる．この定位エラーは音源追跡に悪影響を与える可能性がある．したがって，音源追跡を行う際には定位エラーの影響を考慮する必要がある．ただし，音源追跡においては複数の時刻の情報を統合するので，その過程で各時刻で生じる定位エラーをある程度修正できる可能性がある．

- 音の終了判定の難しさ
  それまで観測されていた音源に対する定位結果が，ある時刻に観測されなかった場合，その音源からの音が終了したのか，一時的に休止したのか，それとも単なる定位エラーで検出されなかっただけなのかを判断することは難しい．単一時刻での定位結果からだけで判断が困難であり，別の何らかのルールや情報が必要になる．

- 音の開始判定の難しさ

  上記と同様，開始判定も難しい．つまり，ある時刻で新たな音源定位結果が検出されたとしても，それが新しい音源からの音の開始を意味するとは限らない．誤検出の可能性もあるからである．さらに，新しい音が開始されたと判断された場合でも，それより以前に，その音源からの音が存在していなかったとは断定できない．それまで検出されなかったが存在していた可能性がある．したがって，時刻をさかのぼって，真の音源開始時刻を見つける処理が必要になる．このような処理を行わないと発話の冒頭部分が切れてしまいかねず，音声認識の前処理として音源追跡を用いる場合には大きな問題となる．

- 音源の対応関係特定の難しさ

  発話区間検出では，通常音源の数が 1 つであることを前提に処理を行うことが多いが，ロボット聴覚の文脈では入力音は混合音であることが一般的で，同時に複数の音源が存在する．しかし，ある時刻に得られた音源定位結果が，それまでに検出されたどの音源と対応するのかを特定することは難しい．これは，後述する独立成分分析による音源分離と同様の問題であり，一般にパーミュテーション問題と呼ばれる．

  　なお，潜水艦からミサイルが発射される場合など，1 つの音源が複数に分裂する状況の考慮が重要になることもある．そのような状況を考慮する手法も考案されているが，本書では扱わない．関連の文献を参照してほしい．

- 音の再開判定の難しさ

  音の終了や開始の判定が困難であることから，音の再開判定も難しい．さらに，ある音源が終了して，別の音源が開始した場合と，同一音源が再開した場合とを区別するために，終了した音源と，開始した音源が同一であるかどうかを判定する必要があり，再開判定はさらに複雑な問題である．

　上記の課題は，前節で定義した過去の履歴情報を用いた特定の時刻だけの音源追跡処理だけでは解決が難しい場合が多い．また，次節，次々節に示すカルマンフィルタやパーティクルフィルタのような追跡アルゴリズムを適用するだけでも対応しきれないことが多い．こうした問題に対応するには，ストリームベースの統合のように，これらの課題を考慮したより大きいフレームワークを構築したり，それぞれの問題に対応するための後処理手法を用意したりする必要がある．

🎧 5.3

カルマンフィルタ

カルマンフィルタ（Kalman filter）は，観測値からプロセスノイズや観測ノイズといった影響を最小にして，時間変化する状態量を推定する確率的な手法である．カルマンフィルタを用いれば，逐次的に次時刻の状態量を予測する推定が可能である．この手法の適用によって，前節で述べた課題の対策が可能である．

以下では，最も基本的な離散系のカルマンフィルタについて説明する．5.1 節にしたがい，追跡対象の時刻 t_k における状態量を X_k，観測量を Y_k とする．さらに，一般には音源追跡対象は複数（の音源）であるが，簡単のため，追跡対象を 1 つ（$X_k = [\boldsymbol{x}_k^1]$）とする．このとき，観測量は音源定位結果であり，音源方向や音源位置を表すベクトルである．

音源追跡では，次の時刻の状態量は現在の時刻の状態量とシステムノイズから決まるとする．すなわち，観測量は状態量に対してシステムノイズをともなって観測されるとする．これによって，次の状態方程式と観測方程式が導かれる．

$$X_{k+1} = \boldsymbol{F}X_k + \boldsymbol{G}w_k \tag{5.7}$$

$$Y_k = \boldsymbol{H}X_k + v_k \tag{5.8}$$

ここで，$\boldsymbol{F}$ は追跡対象の移動モデルを表すシステム行列，$\boldsymbol{G}$ は，システムノイズを状態量の次元に変換する変換行列，$\boldsymbol{H}$ は状態量から観測値を得るための観測行列である．また，w_k と v_k は，それぞれ共分散行列 $\boldsymbol{Q}$ と $\boldsymbol{R}$ をもつ正規分布として次で表されるノイズ項であり，それぞれシステムノイズと観測ノイズを表す．

$$w_k \sim \mathscr{N}(\boldsymbol{0}, \boldsymbol{Q}) \tag{5.9}$$

$$v_k \sim \mathscr{N}(\boldsymbol{0}, \boldsymbol{R}) \tag{5.10}$$

より一般的には，状態方程式の式 (5.7) に制御入力の項を設けることが多いが，音源追跡のシステムは検出された音源を追跡するというパッシブなシステムであり，検出された音源以外に外からの入力はないので，ここでは制御入力については考えないものとする．

以上により，カルマンフィルタを適用して予測ステップと更新ステップを繰り返すことで，システムノイズと観測ノイズの両方の影響が最小になるように音源追跡を行うことができる．

〔予測ステップ〕 ▶

$$\hat{X}_{k+1|k} = F X_{k|k} \tag{5.11}$$

$$\hat{P}_{k+1|k} = F \hat{P}_{k|k} F^\top + G Q G^\top \tag{5.12}$$

〔更新ステップ（フィルタリングステップ）〕 ▶

$$K_k = \hat{P}_{k|k-1} H^\top (R + H \hat{P}_{k|k-1} H^\top)^{-1} \tag{5.13}$$

$$\hat{X}_{k|k} = \hat{X}_{k|k-1} + K_k (Y_k - H \hat{X}_{k|k-1}) \tag{5.14}$$

$$\hat{P}_{k|k} = \hat{P}_{k|k-1} - K_k H \hat{P}_{k|k-1} \tag{5.15}$$

ここで，$*_{k+1|k}$ は時刻 t_k のときに予測した時刻 t_{k+1} のときの値，$*_{k|k}$ は時刻 t_k における推定値を表す．$\hat{X}$ は X の推定値，K_k はカルマンゲイン，$\hat{P}$ は誤差分散行列を表す．

予測ステップでは，現在の状態量および誤差分散行列を用いて，式 (5.11) で次の時刻の状態量，式 (5.12) で誤差分散行列の予測を行っている．対して，更新ステップでは，まず，式 (5.13) でカルマンゲイン K_k の計算を行っている．次に，式 (5.14) の第 2 項で，得られた観測 Y_k と，1 つ前の時刻で推定した現在時刻の推定状態量 $\hat{X}_{k|k-1}$ との誤差を計算して，これにフィードバックゲインとして K_k を乗じている．そして，式 (5.14) の第 1 項（1 つ前の時刻で推定した現在時刻の推定状態量）$\hat{X}_{k|k-1}$ に加算することで，観測量 Y_k を考慮した現在の推定状態量 $\hat{X}_{k|k}$ を求めている．また，式 (5.15) では，誤差分散行列についても同様にカルマンゲインを用いて更新を行っている．この一連の予測と更新を繰り返すことによって，音源追跡を行うことができる．なお，状態量から現在時刻の追跡結果を得るには，H を用いて

$$\hat{Y}_k = H \hat{X}_{k|k}$$

を計算すればよい．

カルマンフィルタを音源追跡に適用する利点は，式 (5.13) で，カルマンゲイン K_k をシステムノイズと観測ノイズの両方の影響が最小になるように推定できる

ことである．具体的な例をみてみよう．イベント E_k に含まれる絶対座標系での
位置情報を p_k とする．このとき，p_k は両耳聴定位で説明したような水平角情報
しか得られない（4.1 節参照）のであれば θ_k のみの 1 次元ベクトルとなるが，極
座標系での 3 次元定位であれば $(r_k, \theta_k, \varphi_k)$，$xyz$ 座標系での 3 次元定位であれば
(x_k, y_k, z_k) となる．ここで，次の時刻の位置情報 p_{k+1} において，p_k，p_{k-l} を用
いて，次式のような線形近似が可能であると仮定する．

$$p_{k+1} = p_k + v_k \Delta T = p_k + \frac{p_k - p_{k-l}}{l} \tag{5.16}$$

ただし，v_k は時刻 t_k における対象物体の速度，$\Delta T = t_{k+1} - t_k$ は時間の刻み幅，
l は予測に使用する履歴数である．以上によって，状態量を次式のように定義する．

$$x_k = (p_k, p_{k-1}, \dots, p_{k-l}) \tag{5.17}$$

また，観測量は，位置の情報であるので，p_k と同じ次元のベクトルで表すこと
ができ，これを y_k とする．これら状態量と観測量を，式 (5.7)，式 (5.8) に代入す
ると，F，G，H は，それぞれ次によって表すことができる．

$$\begin{cases} F = \begin{pmatrix} \dfrac{l+1}{l} I_N & 0 & \cdots & 0 & -\dfrac{1}{l} I_N \\ I_N & & & 0 & \\ & & \ddots & & 0 \\ 0 & & & I_N & \end{pmatrix} \\ G = \begin{pmatrix} I_N & 0 & \cdots & 0 \end{pmatrix}^\top \\ H = \begin{pmatrix} I_N & 0 & \cdots & 0 \end{pmatrix} \end{cases} \tag{5.18}$$

　上記のカルマンフィルタは，状態方程式，観測方程式において線形性を仮定し
ているので，**線形カルマンフィルタ**（linear Kalman filter）とも呼ばれる．一方，
現実的には非線形な状態方程式，観測方程式であるほうが応用の幅が広い．状態
方程式の非線形性を扱えるようにするカルマンフィルタの拡張として，偏微分を
用いた**拡張カルマンフィルタ**（extended Kalman filter; **EKF**）やサンプリング
手法の 1 つであるシグマポイントを導入した**無香料カルマンフィルタ**（unsented
Kalman filter; **UKF**）があげられる．ただし，カルマンフィルタで扱う確率分布
はそもそも正規分布を仮定していることに注意する必要がある．そこで，次節で，
カルマンフィルタにかわって非正規分布を利用できるパーティクルフィルタにつ
いて説明する．

5.4

パーティクルフィルタ

　一般に，システムの状態方程式や観測方程式は，式 (5.7)（100 ページ）で示すような線形方程式で記述することは困難である．一方，パーティクルフィルタ（particle filter）を使えば，非線形なシステムを扱うことができる．具体的には，状態方程式や観測方程式に相当する遷移モデル $p(\boldsymbol{X}_k|\boldsymbol{X}_{k-1})$ と観測モデル $p(\boldsymbol{Y}_k|\boldsymbol{X}_k)$ を確率的な表現として定義し，これに対しパーティクルと呼ばれる粒子群を用いて処理を行う．このように粒子群で確率分布を表現することで，確率分布がガウス（正規）分布ではない任意の分布を近似することができる．つまり，パーティクルフィルタは，非線形・非ガウス型のシステムを扱うことができる確率的な手法である．

　以降では，パーティクルフィルタを音源追跡問題に適用することを考える．なお，前節と同様，簡単のため，追跡対象は 1 つとして説明する．つまり，式 (5.3)（96 ページ）の N_k や式 (5.6)（98 ページ）の M_k はいずれも 1 であり，時刻 t_k における状態量 $\boldsymbol{X}_k$，観測量 $\boldsymbol{Y}_k$ の要素はそれぞれ $\boldsymbol{x}_k^1, \boldsymbol{y}_k^1$ のみであるとする．さらに，本節では，簡単のため，肩の数字を省略し，時刻 t_k の状態量を $\boldsymbol{x}_k$，観測量を $\boldsymbol{y}_k$ とする．

　パーティクルフィルタでは，i 番目のパーティクルは，状態量 $\boldsymbol{x}_{k,i}$ とそのパーティクルが真値（音源追跡結果）にどの程度貢献するかを示す**重要度**（importance） $w_{k,i}$ をもっている．重要度は，本来 $\boldsymbol{x}_{k,i}$ がもつべき分布と，実際に用いられる分布（提案分布）の差異を吸収するために用いられるファクタで，一般に尤度（もっともらしさ）として定義される．そして，初期化を行った後，音源生成・終了処理，重点サンプリング，選択，出力の 4 つのステップをアルゴリズム 5.1 および図 5.2 に示すような形で，繰り返し実行することで，音源追跡を行うことが可能である．

　初期化処理としてはアルゴリズム 5.1 の 1～3 行目のように，総パーティクル数の設定，音源定位結果の設定，ストリーム存在フラグの初期化を行う．総パーティクル数は多ければ多いほど，分布に対する表現能力が上がり，性能が向上するが，処理が重くなるため，バランスをとって設定することが望ましい．以降の

アルゴリズム 5.1　パーティクルフィルタによる音源追跡（音源数 1）

1: $N_P \leftarrow$ 総パーティクル数 　　　　　　　　　// パーティクル数設定
2: $\boldsymbol{y}_0 \leftarrow$ 音源定位結果 　　　　　　　　　// 時刻 t_0 の定位結果
3: $S_{\mathrm{FLAG}} \leftarrow$ False 　　　　　　　　　// ストリーム存在フラグ
4:
5: **for** $k \leftarrow 0$ **to** T **do** 　　　　　　　　　// 時間ループ
6: 　　　　　　　　　// (1) ストリーム生成・終了処理
7: 　　**if** STFLAG $=$ FALSE **then** 　　　　　// 追跡中のストリームがない場合
8: 　　　　**if** Exists($\boldsymbol{y}_k$) **then** 　　　　　// 観測が得られた場合
9: 　　　　　　$S_{\mathrm{FLAG}} \leftarrow$ True 　　　　　// ストリーム生成
10: 　　　　　　last_update $\leftarrow t_k$ 　　　　　// 最終更新時刻設定
11: 　　　　　　**for** $i \leftarrow 1$ **to** N_P **do**
12: 　　　　　　　　$\boldsymbol{x}_{k,i} \leftarrow \mathcal{N}(\boldsymbol{y}_k, \sigma_p^2)$ 　　　　　// 状態量初期化
13: 　　　　　　　　$w_{k,i} \leftarrow \dfrac{1}{N_P}$ 　　　　　// 重み初期化
14: 　　　　　　**end for**
15: 　　　　**end if**
16: 　　　　**continue** 　　　　　// 次の時刻処理へ
17: 　　**else** 　　　　　// 追跡中のストリームがある場合
18: 　　　　**if** Exists($\boldsymbol{y}_k$) **then** 　　　　　// 観測が得られなかった場合
19: 　　　　　　$\boldsymbol{x}_k, \{\boldsymbol{x}_{k,i}\}, \{w_{k,i}\} \leftarrow \boldsymbol{x}_{k-1}, \{\boldsymbol{x}_{k-1,i}\}, \{w_{k-1,i}\}$ 　　// 次へもち越し
20: 　　　　　　**if** $t_k -$ last_update $> T_{\mathrm{th}}$ **then** 　// 一定期間以上観測が得られない場合
21: 　　　　　　　　$S_{\mathrm{FLAG}} \leftarrow$ False 　　　　　// ストリーム終了・中断
22: 　　　　　　**end if**
23: 　　　　　　**continue** 　　　　　// 次の時刻処理へ
24: 　　　　**else** 　　　　　// 観測もある場合：(2) 以降の処理へ
25: 　　　　　　last_update $\leftarrow t_k$ 　　　　　// 最終更新時刻更新
26: 　　　　**end if**
27: 　　**end if** State
28: 　　**for** $i \leftarrow 1$ **to** N_P **do** 　　　　　// (2) 重点サンプリング
29: 　　　　$\boldsymbol{x}'_{k,i} \leftarrow$ Transition($\boldsymbol{x}_{k-1,i}$) 　　　　　// 状態量更新
30: 　　　　$l_{k,i} \leftarrow$ Likelihood($\boldsymbol{x}'_{k,i}, \boldsymbol{y}_k$) 　　　　　// 尤度計算
31: 　　　　$w'_{k,i} \leftarrow w_{k-1,i} \cdot l_{k,i}$ 　　　　　// 重要度更新
32: 　　**end for**
33: 　　$S_{w'} \leftarrow \sum_i w'_{k,i}$ 　　　　　// 更新後重要度の総和
34: 　　**for** $i \leftarrow 1$ **to** N_P **do**
35: 　　　　$w'_{k,i} \leftarrow \dfrac{w'_{k,i}}{S_{w'}}$ 　　　　　// 重要度正規化
36: 　　**end for**
37:
38: 　　$\boldsymbol{x}_{k,i} \leftarrow$ Resampling($\boldsymbol{x}'_{k,i}, w'_{k,i}$) 　　　　　// (3) リサンプリング
39: 　　**for** $n \leftarrow 1$ **to** N_P **do**
40: 　　　　$w_{k,i} \leftarrow \dfrac{1}{N_P}$ 　　　　　// 重要度初期化
41: 　　**end for**
42:
43: 　　$\boldsymbol{x}_k \leftarrow \boldsymbol{0}$ 　　　　　// (4) 出力
44: 　　**for** $i \leftarrow 1$ **to** N_P **do**
45: 　　　　$\boldsymbol{x}_k \leftarrow \boldsymbol{x}_k + w_{k,i} \cdot \boldsymbol{x}_{k,i}$ 　　　　　// 重要度の重み付き和
46: 　　**end for**
47: **end for**

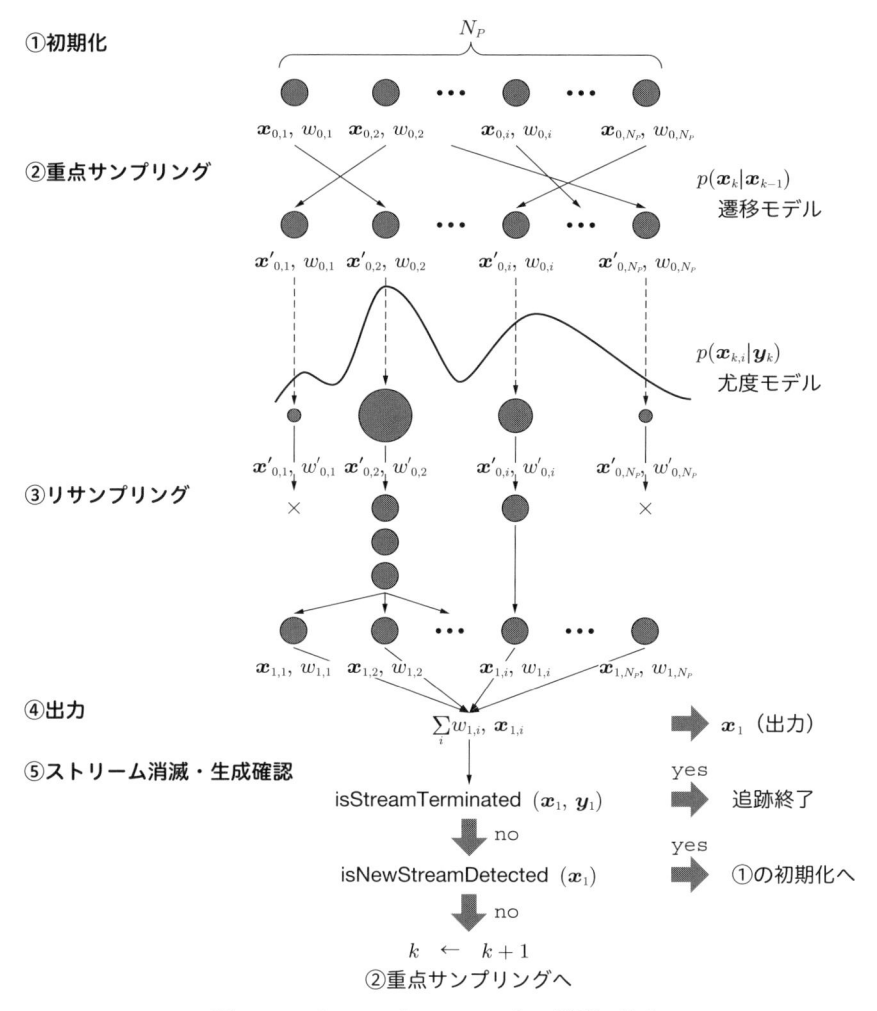

図 5.2 パーティクルフィルタの処理の流れ

4つの処理は，時間フレームごとに行う処理である．

(1) ストリーム生成・終了処理（1 〜 27 行目）

　この処理は，音源追跡に特有の処理である．一般に音源からは，常に音が出ているわけではなく，断続的に出力と休止が繰り返される．しかし，ストリームは，時間的に連続する音イベントの集合として定義されるため，音が出力されていない時間にはストリームは形成されない．つまり，音源数が 1 の場合，ある時刻におけるストリームの数は高々 1 となる．これは，音源追跡によりストリーム形成を行う際には，音の出力の状態によっては追跡を中断してストリームを終了したり，逆に追跡を再開してストリームを生成したりといった処理が必要になることを意味する．

　この処理においては，追跡中のストリームと観測の有無の組合せで場合分けを行う必要がある．追跡しているストリームがなく，観測（音源定位結果）も得られなければ，追跡処理自体を行う必要はない（16 行目）．また，追跡しているストリームがあり，観測（音源定位結果）も得られていれば，(2) 以降の追跡処理を行えばよい（25 行目）．そのほかの 2 つのパターンを扱う際は，若干の考慮を有する．

　まず，追跡しているストリームがない状態で，観測（音源定位結果）が得られた場合である．この場合，その音源定位結果をもとに，新規にストリームを生成し，音源追跡を開始する必要がある（7 〜 16 行目）．この際には，新規にストリームを生成するため，そのストリームに対応するパーティクルの初期化処理が必要である．時刻 t_k でパーティクル初期化を行う場合，総パーティクル数 N_P 分のパーティクルについて，状態量 $\boldsymbol{x}_{k,i}$ と重要度 $w_{k,i}$ を設定する（$1 < i < N_P$）．$\boldsymbol{x}_{k,i}$ の初期化は初期分布としてどのような提案分布を選択するかでさまざまなパターンが考えられる．例えば，アルゴリズム 5.1 では，観測初期値を平均として，一定の分散 $\sigma_p{}^2$ をともなう正規分布にしたがって初期化を行っている（12 行目）．ほかにも，すべてのパーティクルを一様かつランダムに分布させる，すべてのパーティクルの値を観測の初期値に設定して，パーティクルの分布は後段の重要度サンプリングに委ねるなど，多様な手法が考えられる．また，各パーティクルの重要度は，その合計が 1 になるように均等に割り当てる（13 行目）．

　もう 1 つのパターンは，追跡しているストリームがある，かつ，観測が得られなかった場合である．一見すると，この場合は，追跡を終了すればよいと考えられ

る．しかし，音は出力されていても，たまたま音量が小さかった等の理由で音源定位結果が得られないことは，比較的高い頻度で発生する．観測が得られなかったからといって即座に追跡しているストリームを終了させてしまうと，細切れのストリームが形成されてしまうことになる．このような場合，一定期間，観測が得られなかったときにはじめて追跡を終了し，そのストリームを終了させる処理を行うことで，問題を緩和できる（20 行目）．ストリームを終了させるまでの間は観測が得られないため，パーティクルの状態量や重要度といったパラメータは次時刻へもち越しとなる（19 行目）．実際には，時間は経過するため，単にもち越すのではなく，29 行目のように状態更新をつど行う方法も考えられる．

(2) 重点サンプリング（28 〜 36 行目）

重点サンプリングでは，まず，各パーティクルの時刻 t_{k-1} での状態量 $\boldsymbol{x}_{k-1,i}$ に対して，遷移モデル $p(\boldsymbol{X}_k|\boldsymbol{X}_{k-1})$ を用いて，時刻 t_k での状態量 $\boldsymbol{x}'_{k,i}$ を推定する（29 行目）．ここで，遷移モデル $p(\boldsymbol{X}_k|\boldsymbol{X}_{k-1})$ には，カルマンフィルタのときと同様，線形の運動方程式を用いることもできるが，遷移モデルは粒子群で表されるため，線形モデルに限らずさまざまな遷移モデルを用いることができる．

次に，重要度 $w_{k-1,i}$ の更新を行う（30 〜 31 行目）．この更新は，本来の分布と提案分布の差を示す尤度 $l_{k,i}$ に応じて行う．尤度の算出に用いる尤度モデルは，例えば，観測値 $\boldsymbol{y}_k$ とパーティクル状態量 $\boldsymbol{x}'_{k,i}$ 間の距離にもとづき，次式のように定義することができる．

$$l_{k,i} \propto \exp\left(-\frac{\|\boldsymbol{x}'_{k,i} - \boldsymbol{y}_k\|^2}{2\sigma_{\mathrm{o}}{}^2}\right) \tag{5.19}$$

ここで，$\sigma_{\mathrm{o}}{}^2$ は音源定位結果（観測）の分散である．さらに，更新した重要度を，合計が 1 になるよう正規化を行う（33 〜 36 行目）．

(3) リサンプリング（38 〜 41 行目）

重点サンプリングで処理を回し続けると，ほとんどのパーティクルの重要度がゼロになってしまう問題が発生することが多い．これを避けるためにリサンプリング処理を行う（38 行目）．この処理は，重みが大きいパーティクルを選択して複製する一方で，複製した個数分，重みが小さいパーティクルを削除することで行う．

このために，まず，i 番目のパーティクルと同じ状態量をもつパーティクルを重要度 $w'_{k,i}$ に応じて，次式で計算される $N_{k,i}$ 個分，複製する．

$$N_{k,i} = \text{floor}(N_P \cdot w'_{k,i}) \tag{5.20}$$

ここで，floor は，小数点以下を切り捨てて，最も近い整数に丸める関数（床関数）である．この処理では，小数点以下の誤差が無視されるため，R_k 個のパーティクルが更新されないまま残ることになる．

$$R_k = N_P - \sum_{i=1}^{N_P} N_{k,i} \tag{5.21}$$

これらの R_k 個のパーティクルも，次式で得られる残差重要度 $\tilde{w}_{k,i}$ にしたがって分配する[※1]．

$$\tilde{w}_{k,i} = w'_{k,i} - \frac{N_{k,i}}{\displaystyle\sum_{i=1}^{N_P} N_{k,i}} \tag{5.22}$$

最後に，すべてのパーティクルの重要度 $w_{k,i}$ を初期化する（39 ～ 41 行目）．

$$w_{k,i} = \frac{1}{N_P} \tag{5.23}$$

以上の更新によって，総パーティクル数，重要度の総和を保ったまま，重要度の小さいパーティクルを消滅させ，より重要度の大きいパーティクルのみを選択（リサンプリング）することができる．

(5) 出力（43 ～ 46 行目）

観測 $\boldsymbol{y}_k$ が得られたときの状態量 $\boldsymbol{x}_k$ の事後確率 $p(\boldsymbol{x}_k|\boldsymbol{y}_k)$ を更新後のパーティクルの重み付き和を計算することで求める．

$$\boldsymbol{x}_k = \sum_{i=1}^{N_P} \boldsymbol{x}_{k,i} \cdot w_{k,i} \tag{5.24}$$

上記 (2) ～ (4) までの処理を追跡が終了するまで繰り返す．◗

....
[※1] この分配方法として，SIR（sampling importance resampling）アルゴリズム[13] をはじめ，いくつかの手法が提案されている．

5.5

パーティクルフィルタの複数音源追跡への拡張

前節では，簡単のため，音源数を 1 としていた．一般には，同時に複数の音源が存在するため，本節では，パーティクルフィルタによる音源追跡の複数音源への拡張について説明する．複数音源に対応するうえでの最も大きな違いは，音源数が 1 の場合では，N_P 個あるパーティクルをすべて 1 つの音源追跡を行うために利用することができたが，複数音源の追跡では，N_P 個のパーティクルを音源数個のパーティクルグループに分割して，1 つのパーティクルグループが 1 つの音源を担当するように音源追跡を行う必要がある点である．

具体的には，時刻 t_k の音源数を N_k^S とすると，音源と同数のパーティクルグループが生成される．観測値も複数得られるので，各観測とパーティクルグループをひも付け，ひも付けた観測値を用いて，そのパーティクルグループのパーティクルの状態量を音源数 1 の場合と同様の方法で初期化する．また，重要度の初期化は次式のように行う．

$$\sum_{i \in P_k^s} w_{k,i} = 1, \qquad \sum_{s=1}^{N_k^S} |P_k^s| = N_P \tag{5.25}$$

ここで，P_k^s は，s 番目のパーティクルグループを指し，$|P_k^s|$ はそのパーティクルグループに含まれるパーティクル数を表す．式 (5.25) では，総パーティクル数 N_P は，時間によらず一定な値としているが，追跡する音源数 N_k^S が時刻によって大きく変化する場合は，N_P を一定にするよりもパーティクルグループごとのパーティクル数 $|P_k^s|$ を一定としたほうが，音源追跡性能が向上する場合がある．ただし，この場合，音源数が増えるにつれ，計算量が増大するというデメリットがあるので，用途に応じた設計が求められる．

次に，（1）のストリーム生成・終了処理について，アルゴリズム 5.1 において 6 ～ 27 行目に記述されている処理をアルゴリズム **5.2** のように変更する．

複数の音源追跡では，音源数 1 の場合のように，ストリームの継続，生成，終了を考慮する必要があることに加えて，得られた観測と現在追跡中のストリーム

アルゴリズム 5.2 複数音源の場合のストリーム継続，生成，消滅処理

1: $\{\boldsymbol{Z}_k^s\} \leftarrow \{\boldsymbol{X}_k^s\}$ // テンポラリにコピー

2: $A^s \leftarrow$ FALSE for $s = 1, \dots, N_k^S$ // 対応済フラグ OFF

3:

4: // ストリーム継続確認・処理

5: **while** $(\{\boldsymbol{Z}_k^s\} \neq \phi \,|\, \{\boldsymbol{y}_k^s\} \neq \phi)$ **do**

6:      $\hat{s}, \hat{n} \leftarrow \underset{s,n}{\mathrm{argmin}} \, \|\boldsymbol{Z}_k^s - \boldsymbol{y}_k^n\|$ // 観測とパーティクルグループの再近傍ペア探索

7:      **if** $\|\boldsymbol{Z}_k^{\hat{s}} - \boldsymbol{y}_k^{\hat{n}}\| < D_{\mathrm{th}}$ **then**

8:          $P_k^{\hat{s}} \Longleftrightarrow \boldsymbol{y}_k^{\hat{n}}$ // 閾値以下なら対応付けし，$P_k^{\hat{s}}$ は継続追跡

9:          $A^{\hat{s}} \leftarrow$ TRUE   // 対応済みフラグ ON

10:          last_update$^{\hat{s}} \leftarrow t_k$ // 最終更新時間の更新

11:      **else**

12:          **break**

13:      **end if**

14:      $\{\boldsymbol{Z}_k^s\} \leftarrow \{\boldsymbol{Z}_k^s\} - \boldsymbol{Z}_k^{\hat{s}}$ // 対応付け済みのパーティクルグループを除外

15:      $\{\boldsymbol{y}_k^n\} \leftarrow \{\boldsymbol{y}_k^n\} - \boldsymbol{y}_k^{\hat{n}}$ // 対応付け済みの観測を除外

16: **end while**

17:

18: // ストリーム消滅確認・処理

19: **for** $i = 1$ to N_k^S **do**

20:      **if** $A^i =$ FALSE **then**   // 対応付けできなかったパーティクルグループの場合

21:          **if** $t_k -$ last_update$^s \geq T_{\mathrm{th}}$ **then**   // 一定期間以上対応する観測がない場合

22:              TerminateStream$(\boldsymbol{X}_k^s)$

23:          **end if**

24:      **end if**

25: **end for**

26:

27: // ストリーム生成処理

28: **while** $\{\boldsymbol{y}_k^n\} \neq \phi$ **do**   // 対応付けられなかった観測からストリーム生成

29:      $\boldsymbol{y}_{\mathrm{last}} \leftarrow \mathrm{pop}(\{\boldsymbol{y}_k^n\})$

30:      GenerateStream$(\boldsymbol{y}_{\mathrm{last}})$

31:      last_update$^{N_k^S+1} \leftarrow t_k$ // 最終更新時間の更新

32:      $N_k^S \leftarrow N_k^S + 1$ // 音源数の更新

33: **end while**

との対応関係を推定する必要がある．具体的には，各ストリームを担当するパーティクルグループに対応する観測が存在するかを確認する（6行目）．これには，次式のように，観測が得られた時刻 t_k において，ユークリッド距離など，用途に応じた適切なノルム $||\cdot||$ を用い，最も対応関係のよい，観測とパーティクルグループのペアを探索する．

$$\hat{s},\hat{n} = \underset{s,n}{\mathrm{argmin}}||\boldsymbol{X}_k^s - \boldsymbol{y}_k^n|| \tag{5.26}$$

次に，探索の結果，見つかったパーティクルグループと観測の距離が，閾値 D_{th} 以下かどうかを確認する（7行目）．

もし，次式のように，そのパーティクルグループとの距離が閾値以下であれば，そのパーティクルグループに割り振り（8〜10行目），閾値以下でなければ，対応するパーティクルグループがなかったとして，新たなパーティクルグループを生成する（27〜33行目）．

$$\boldsymbol{y}_k^n \Longleftrightarrow \begin{cases} P_k^s & (||\boldsymbol{X}_k^{\hat{s}} - \boldsymbol{y}_k^n|| < D_{\mathrm{th}} \text{ のとき}) \\ P_k^{N_k^S+1} & (\text{それ以外}) \end{cases} \tag{5.27}$$

また，s 番目のパーティクルグループに対応する観測 $\boldsymbol{y}_k^n$ が一定時間（T_{th}）以上得られなかった場合，そのパーティクルグループを消滅させる（18〜25行目）．これによって音源数の動的な変化に対応することができる．

（2）の重点サンプリングは，パーティクルグループごとに行うよう変更する．重要度の更新はパーティクルグループごとに行うことを除いて，音源数1の場合と同様に更新する．

（3）のリサンプリングも，各パーティクルグループに割り当てられたパーティクル数が維持されるように処理を行う点を除けば，大きな変更はともなわない．ただし，（1）のストリーム生成・終了処理で，音源数が変化する場合は，次時刻でのパーティクルグループあたりのパーティクル数が変わる可能性がある点には注意が必要である．

（4）の出力についても，パーティクルグループごとに状態量を推定することを除けば，音源数1の場合と処理は同様である．

以上，複数の音源追跡と音源数1の音源追跡の違いは，パーティクルグループという考え方を導入する点，観測とパーティクルグループの対応付けを考慮する点のみであり，大枠の処理は変わらない．本書では扱わないが，これらの点を考

慮した（1）のストリーム生成・終了に相当する処理を追加すれば，カルマンフィルタを複数音源の同時追跡に拡張することも可能である．

☞ 5.6

ストリームベースのマルチモーダル追跡・統合

実応用では，実際に追跡したい対象は音源そのものというよりは，音を発する人間や物体であることが多い．このような場合は，対象がもつそのほかの特徴も合わせて追跡することで，追跡処理のロバスト性向上が期待できる．そこで，本節では音を含めたさまざまな特徴を追跡することを念頭に，前述のカルマンフィルタやパーティクルフィルタといった追跡手法を包含したストリームベースのマルチモーダル追跡フレームワークについて述べる．このフレームワークは，心理学的知見から発想を得て提案されたモデルであり，その最も大きな特長は，センサから得られる追跡結果をセンサに依存しないストリーム[※2]で表すことで，さまざまなセンサから得られる追跡結果をアソシエーションというメカニズムを用いて透過的に統合できる点である．以降では，このフレームワークを説明した後，このフレームワークにもとづいて構築した実時間視聴覚人物追跡システムを例にあげ，解説する．

5.6.1 ストリームベースのマルチモーダル追跡フレームワーク

このフレームワークの入力は，聴覚センサ，視覚センサなど，ロボットに搭載された複数のセンサそれぞれを通じて，非同期に得られる音や物体の定位イベントである．これらの定位イベントから，時間方向に一連のつながりを抽出して，それらをひと続きに接続することでストリームを形成する．また，形成したストリーム同士を状況に応じて1つに束ねること（アソシエーション）により，複数のマルチモーダルなストリームが束ねられた高次のストリームであるアソシエーションストリーム（association stream）を生成する．アソシエーションストリー

[※2] ここでのストリームは，音に限定されないイベントを時間方向に接続したリストである．

ムを介して，異種ストリーム間の関係を考慮しながら，音や物体の追跡を行うことができるため，追跡のロバスト性向上が期待できる．このフレームワークの肝となるのは，ストリームの形成やストリームアソシエーションであるので，これらのしくみを中心にフレームワークの解説を行う．

　ロボットに2種類のセンサが搭載されているとし，これらのセンサから得られる定位イベントを $\boxed{E_1}$，$\boxed{E_2}$，また，ロボットの位置・姿勢情報も一種の定位イベントと考え，$\boxed{E_\mathrm{M}}$ とする．$\boxed{E_1}$，$\boxed{E_2}$ は，同種のセンサである必要はなく，例えば，$\boxed{E_1}$ は複数のマイクロホンから得られる音源方向，$\boxed{E_2}$ はカメラから得られる人間の位置情報といったようにマルチモーダルな情報であっても差し支えない．これらの定位イベントから，マルチモーダルなストリームが形成され，状況に応じてストリーム間のアソシエーションが発生する．図 **5.3** にこの処理の流れを示す．

（1）　イベント同期

　図 5.3（a）で，$\boxed{E_1}$，$\boxed{E_2}$ として表されている定位イベントは，ロボットに搭載されているセンサの観測から得られるため，ロボット（センサ）位置を基準としたロボット（センサ）座標系で観測された定位結果である．しかし，すべてのセンサがロボットに同じように搭載されているとは限らないので，これらを統一的に扱うため，ロボットの位置・姿勢情報 $\boxed{E_\mathrm{M}}$ を利用して，絶対座標系に変換する．また，定位イベント $\boxed{E_1}$，$\boxed{E_2}$，$\boxed{E_\mathrm{M}}$ は時間的な同期がとれているわけではないので，これらが得られるタイミングはそろっていない．そこで，一定長のバッファ（短期記憶）に $\boxed{E_\mathrm{M}}$ を格納し，$\boxed{E_1}$，$\boxed{E_2}$ が得られるタイミングにおけるロボットの位置・姿勢情報をリサンプリングや内挿によって推定する．結果として得られるロボットの位置・姿勢情報に関するイベントを $\boxed{\mathrm{M}}$ とすれば，これを利用して，$\boxed{E_1}$，$\boxed{E_2}$ を単純な幾何的計算で，絶対座標系での定位イベント $\boxed{E_1}$，$\boxed{E_2}$ に変換することができる．$\boxed{E_1}$，$\boxed{E_2}$ は，同じ座標系で表されていることが保証されているため，これらの間の関係を解析する際にも都合がよい．

（2）　ストリームの形成

　次に，バッファから座標変換した各イベントを取り出し，時間方向に接続してストリームを形成する．例えば，水平角方向の情報をもった定位イベントから形成されるストリームは，横軸を経過時間，縦軸を絶対座標系での水平角として，

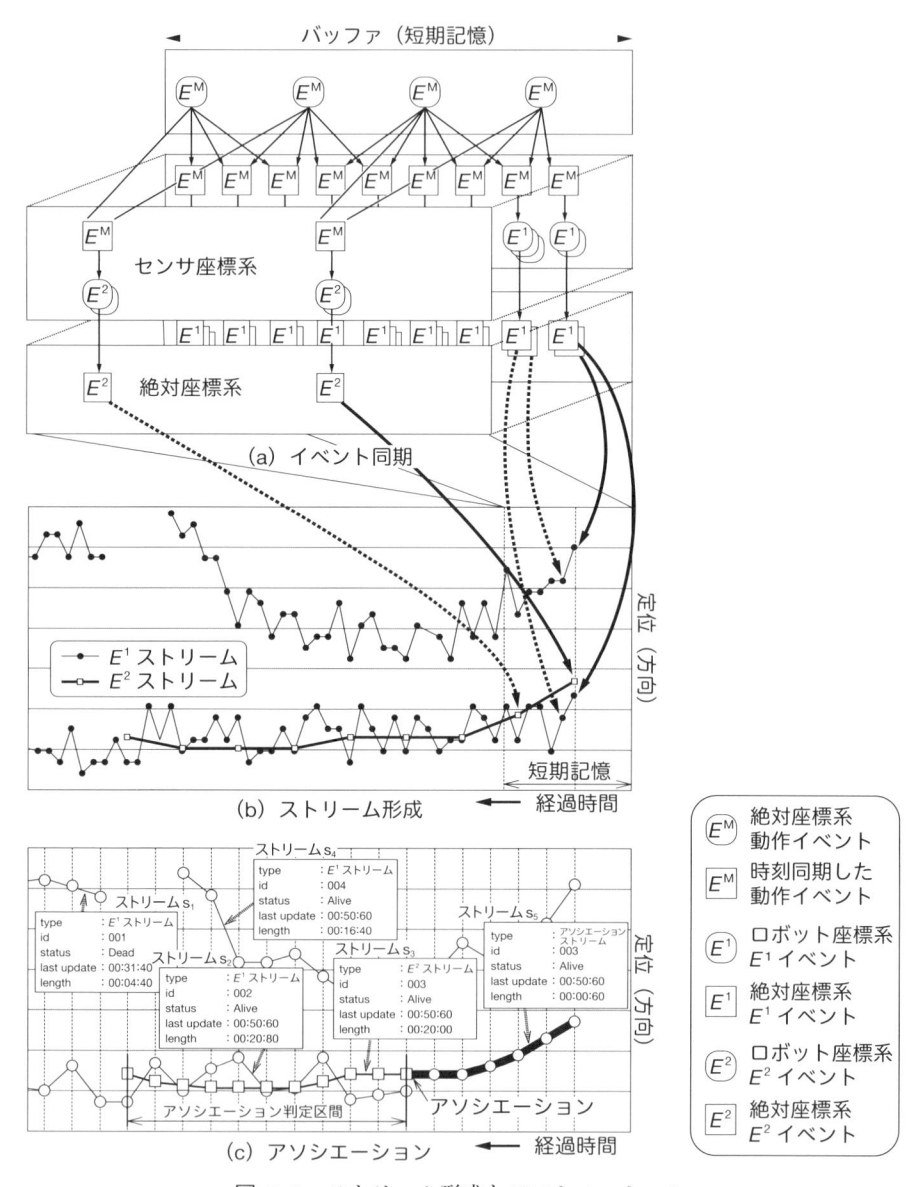

図 5.3　ストリーム形成とアソシエーション

図 5.3 (b) に示すようなグラフとして表すことができる．ここで，黒丸は $\boxed{E_1}$，白丸は $\boxed{E_2}$ を示している．また，ストリームは，これらを時間方向に接続した線分として表される．この例では，細い実線が E_1 ストリーム，太い実線が E_2 ストリームに対応しており，E_1 ストリームが 3 本，E_2 ストリームが 1 本の計 4 本のマルチモーダルなストリームがあることを示している．ストリームの形成自体には，前述のカルマンフィルタやパーティクルフィルタといった追跡アルゴリズムを用いればよい．

(3)　ストリームにもとづくアソシエーション

アソシエーションは，複数のストリームに一定時間以上相関の高いふるまいがみられるとき，これらのストリームを束ねて，ひとまとめにして扱うマルチモーダル情報統合の枠組みである．

マルチモーダル情報統合は，特徴量レベルで統合を行う初期統合，ROVER[43] のように結果レベルで統合する後期統合に大きく分けられる．初期統合はよく用いられるが，時間フレーム単位での統合手法であることが多く，時間方向の考慮が十分できない．このため，音源追跡のような時系列タスクでは問題が発生する場合がある．よって，ストリームベースのマルチモーダル統合は，後期統合の一種ととらえることができる．なお，ストリームを単位にした処理を前提とすることで，以下のような利点があり，5.2 節であげた音源追跡の問題にもある程度対応できることが期待できる．

- 異なるセンサからのマルチモーダルな情報をストリームという時間の流れを有する同じ構造で表現するため，さまざまなセンサを透過的に扱うことができる
- ストリームは時間的に一連のつながりをもった構造であるため，突発的にエラーや外れ値が発生しても，これを時間的な前後関係を考慮して訂正することができる
- 逐次的にストリームを形成する場合は，ストリーム長が長くなれば，多くの観測からよりロバストな情報を得ることが可能になるので，初期の推定結果が間違っていても，これを後から上書き訂正することができる

図 5.3 (c) はストリーム s_2 とストリーム s_3 がアソシエーションし，アソシエーションストリーム s_5 がつくられた例を表している．図 5.3 (b) の $\boxed{E_1}$，$\boxed{E_2}$ は，

異なるタイミング，つまり，非同期で得られるため，リサンプリングを行って，ストリームを構成するイベント間の同期をとる．図 5.3（c）の○，□は，同期後のストリーム s_2, s_3 内のイベントを表している．○，□は，時間的に同期，かつ等間隔に並んでいるため，ストリーム間の相関を比較的簡単に計算することができる．図 5.3（c）では，2 つのストリーム間でアソシエーション判定区間（実際には，1 秒程度の一定期間）以上にわたって方位角が近い状態が続いたため，相関の高いふるまいが観測されたと判断され，これらが束ねられ，アソシエーションストリーム（極太実線）が形成されている．

　アソシエーションストリームはストリームを束ねただけなので，各ストリームの構造（この例では，ストリーム s_2, s_3）はそのまま保持される．また，ある時刻において，アソシエーションストリームを構成する各ストリームの中に，その時刻に対応するイベントが必ずしも存在する必要はない．例えば，ストリーム A とストリーム B を束ねたアソシエーションストリームでは，ストリーム A のイベントが存在している時刻すべてに必ずしもストリーム B のイベントが存在する必要はない．このような状態を許容することによって，束ねているストリームのどちらか一方のイベントが存在しない場合でも，他方のストリームのイベントから情報を補完することができ，追跡のロバスト性を向上させることができる．

　アソシエーションストリームを形成するストリームの一方が消滅した場合は，アソシエーションが解除（de-association，デアソシエーション）される．また，両者のふるまいの相関が低くなった場合もアソシエーションが間違いであると判断して，デアソシエーションのうえ，複数のもとのストリームに戻す．

　図 5.3 では，方位角の近さで相関が高いかどうかを判定しているが，これ以外にもさまざまなレベルの相関がある．例えば，図 **5.4** は，さまざまなレベルの相関を用いて階層的にストリームがアソシエーションできることを示すイメージ図である．具体的には，図の左列が聴覚由来の特徴，右列が視覚由来の特徴となっており，ID レベルでは話者識別情報，顔識別情報，方位角（位置）レベルでは話者（音源）方向，顔位置，音声レベルでは音素列と口形素列，信号レベルでは音声信号（振幅変化），唇の動き，といったさまざまな特徴から形成されるマルチモーダルなストリームを考え，それらの相関を計算することで，視聴覚間のアソシエーションをさまざまな階層で，かつ異なるレベル間でも行うことが可能であることを示している．

　例えば，ID レベルでは，話者と顔の識別情報が同一人物かどうかを鍵に相関を

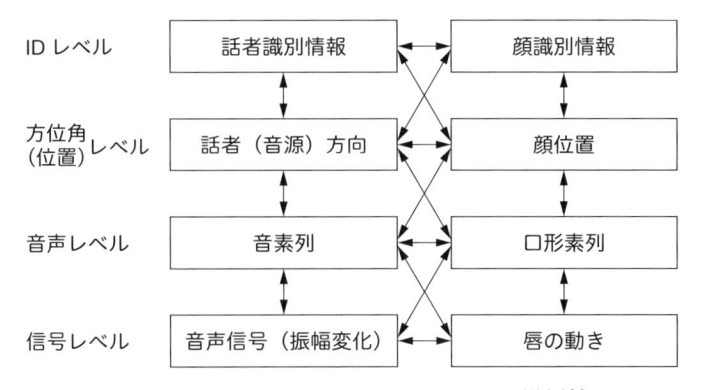

図 **5.4** マルチモーダルなストリームの階層性

計算することで，ID 階層でのストリームアソシエーションを実現できる．ID レベルでアソシエーションを行っておけば，追跡対象の人物がしゃべっていなかったり，顔が隠れてしまったりといった原因で，一方の情報が欠けている場合でも，識別情報を継続的に保持し，追跡することが可能になる．次に，異なるレベル（階層）間のストリームアソシエーションを考えてみる．最もわかりやすいのは，ID レベルと方位角（位置）レベルのストリームアソシエーションである．特に，視覚情報では，顔の識別情報と顔の位置情報は，一般に同じカメラから得られるため，もともと ID と位置がひも付いた，つまり常にアソシエーションした状態であるといえる．聴覚情報でも，マイクロホンアレイを利用して，音源方向と話者識別情報を得る場合には，同様のことがあてはまる．ただし，複数の話者がいる場合は，話者の方向と話者識別情報の組合せが複数存在するので一意にアソシエーションするストリームのペアが決まるわけではない．つまり，常にアソシエーションが起きているわけではなく，デアソシエーションが起きる可能性がある点には注意が必要である．

5.6.2 実時間視聴覚複数人物追跡システム

図 **5.5** に，ストリームベースの追跡フレームワークを適用したマルチモーダル追跡の実装例の 1 つとして，実時間視聴覚複数人物追跡システム（real-time audio-visual human tracking system）を取り上げる．以降では，このシステムのアーキテクチャ，動作例，考察について述べる．

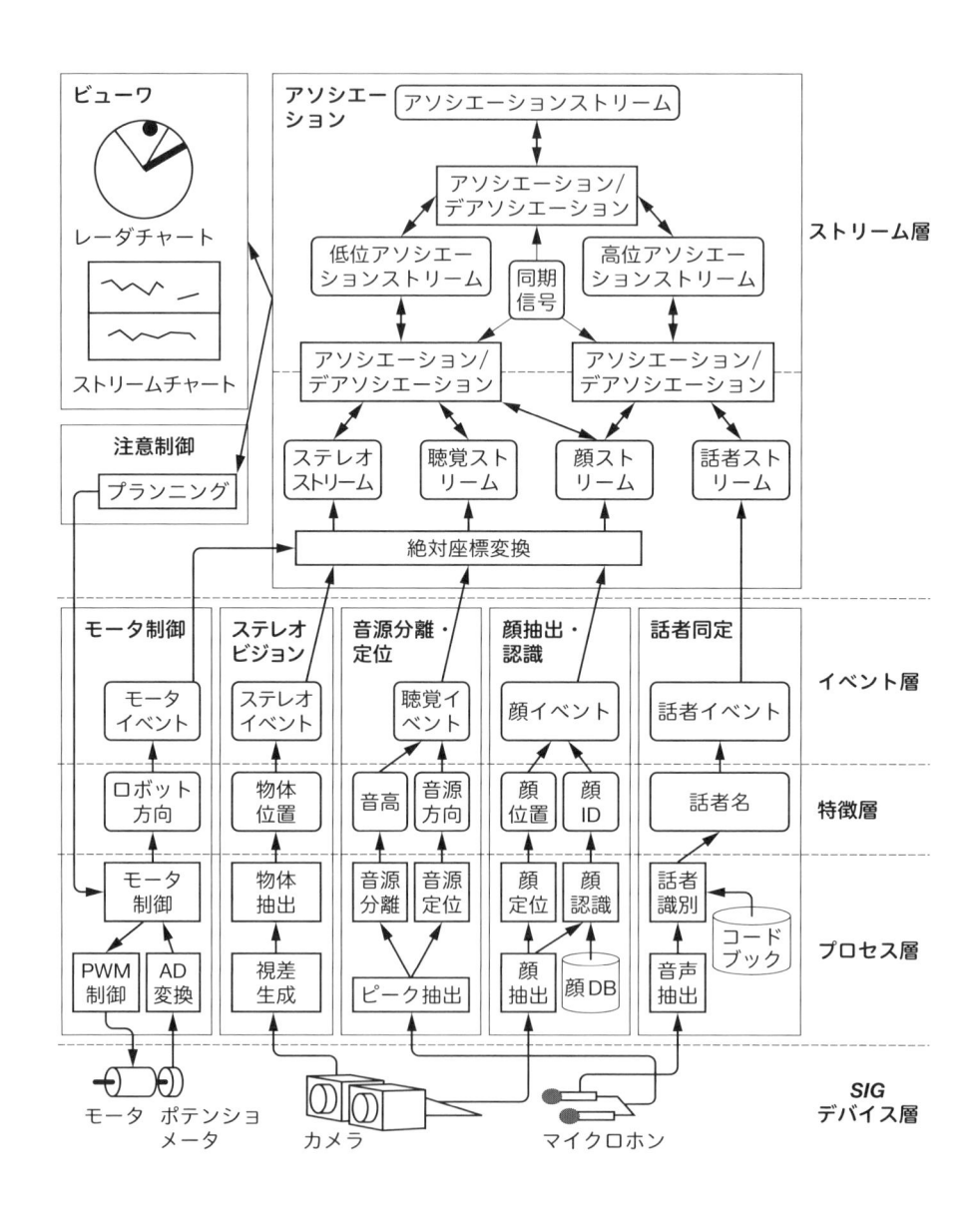

図 5.5　実時間視聴覚複数人物追跡システムの構成図

(1)　実時間視聴覚複数人物追跡システムの構成

　ここで，システム内のモジュール群や情報は，SIG デバイス層，プロセス層，特徴層，イベント層，ストリーム層の 5 つに分けられており，図 5.5 の上に行くほど，高次の情報や処理を扱うことができる階層的な枠組みを備えている．SIG デバイス層は，SIG が備えているカメラ，マイクロホン，モータシステムなどのセンサデバイスから得られた低レベルデータの層である．これらのデータがプロセス層へ入力され，位置情報，名前情報といった特徴として特徴層に出力される．続いて，各特徴は観測時刻を付与されたイベントという形でイベント層に出力される．ただし，イベント発生のタイミングは非同期であり，各モジュールごとに異なる．次のストリーム層は，名前レベルと位置レベルのサブレイヤ（副層）を有する．すなわち，イベントの時間方向のシーケンスとして形成されるストリームは，その種類に応じて，位置レベルと名前レベルのどちらか，もしくは，両方のサブレイヤに属する．

　一方，システムの実装上は，「音源定位」「顔認識・定位」「話者同定」「ステレオ視」「モータ制御」というセンサ情報を抽出するモジュールと，「アソシエーション」「注意制御」「ビューワ」といった 8 つのモジュールからシステムが構成される．また，各モジュールは複数のサブモジュールから構成され，モジュールの内部およびモジュール間でさまざまなレベルの情報通信が非同期に発生する．このためシステムが実時間で動作できるように，これら 8 つのモジュールを LAN（local area network）で接続した複数台（実装例では 5 台を使用）の PC ノードに分散配置している．さらに「音源定位」「顔認識・定位」「話者同定」「ステレオ視」といったセンサ情報の抽出モジュールは計算コストが大きいため，それぞれ別のノードに配置するようにし，そのほかのモジュールを残りのノードに配置する．また，ノード間の情報通信は，例えば TCP/IP によって行うが，ノード間で正確な時間同期をとる必要がある．したがって，各ノードを NTP（network time protocol）などによって時間同期を行ったうえで，各モジュールの起動時に再同期を行い，モジュール間の誤差が $100\,\mu s$ 以内になるようにしている．

　各モジュールの処理の流れを簡単に説明する．音源定位モジュールは，マイクロホンの入力信号に対して特徴抽出を行い，観測時刻とともに位置，音高（ピッチ）情報などを含んだ音イベントを生成し，これをアソシエーションモジュールへ送出する．また，顔認識・定位モジュールは，カメラの入力信号から観測時刻とともに位置，人名情報を含んだ顔イベントを生成する．さらに，ステレオ視モジュール

は，2つのカメラから得られる画像間の対応する点を高速に計算し，視差マップとして生成する手法[76, 224]を用いて，人間は縦長の物体であるという単純な仮定にもとづき，縦長物体を人物として抽出・定位し，ステレオ視イベントを生成する．これによって，横を向くなど顔が見えない場合にも人物の位置情報を得ることができ，システムのロバスト性を向上させることができる．話者同定モジュールは，話者を同定して観測時刻とともに話者イベントを生成する．また，モータ制御モジュールはモータ方向情報をイベントとしてアソシエーションモジュールへ送出するとともに，注意制御モジュールの要求にしたがい PWM（pulse width modulation）信号を生成し，DC モータを駆動する．

　アソシエーションモジュールはセンサ情報抽出モジュールから送られたイベントを時間的なつながりを考慮して接続し，各センサ情報ごとにストリームを形成する．特に，ストリームとイベントの接続にはカルマンフィルタを用いて観測誤差・処理誤差を低減する．さらに，結び付きの強いストリーム同士を結び付け，より高次の表現であるアソシエーションストリームを形成する．逆に，アソシエーションストリームを形成するストリーム間の結び付きが弱くなったときにはアソシエーションを解除する．ここで，ストリームのサブレイヤに合わせて位置レベル，名前レベル，位置–名前レベル間の3種類のアソシエーションがある．

　注意制御モジュールは，ストリームの状態やアソシエーションストリームが存在するかどうかにもとづいて，*SIG* の動作計画を行う．その結果，モータを動作させる必要があれば，モータ制御モジュールへモータ駆動用のモータイベントを送出する．

　ビューワモジュールでは，ストリーム情報をレーダチャートとストリームチャートの2種類のビューワを使って表示する．また，各センサ情報抽出モジュールに，各モジュールで生成されるイベントを表示できるビューワを用意し，内部状態を把握しやすいインタフェースを提供する．

(2)　実時間視聴覚複数人物追跡システムの動作

　構築したシステムを用いて，ストリームベースの音源追跡フレームワークの有効性を示すケーススタディを紹介する．

　本システムの評価を行うため，図 **5.6**（123 ページ）に示すシナリオをベンチマークとして使用している．このシナリオでは，A，B 2話者が約40秒間にわたってさまざまなアクションを行う．具体的な2話者のアクションを以下に示す．な

お，図 5.6 のレーダチャート，ストリームチャートの方向値は絶対座標系での SIG の水平角を示し，レーダチャート，ロボットビューの t_n はストリームチャートの対応する時刻を示す．

t_1：　　A が SIG の視野内に入る

t_2：　　A が SIG に話を始める

t_3：　　B が SIG の視野外で話を始める

t_4：　　A が動き，物陰に隠れる

t_5：　　A が再び物陰から現れる．その後，A は話を止め，再び物陰に隠れる

t_6：　　B に注目して，ストリームが消失する

t_7：　　SIG が話をしている B の方向を向く

t_8：　　SIG が B を視野内にとらえる

t_9：　　A も話しながら SIG の視野内に入ってくる

t_{10}：　　B が話を止める

このシナリオに対して，システムは次のような特徴をもった動作を行うことがわかる．

①　新しいアソシエーションストリームが形成されると，優先的に SIG の注意が新しいアソシエーションストリームに向けられる（図 5.6 の t_1 と t_8）

②　オクルージョン（遮蔽）によりアソシエーションストリームの視覚情報が欠如してしまうが，アソシエーションが維持されているため，聴覚情報により追跡が継続できる（図 5.6 の t_4, t_5 間）

③　アソシエーションストリームが消滅したため，アソシエーションストリームの次に優先度の高い音のストリームに注意が向けられる（図 5.6 の t_6, t_{11}）

④　シナリオの 26 s 以降，2 話者は同時にカメラの視野に写る程度（約 20°）まで近づくが，この場合でも話者が追跡できている

また，このシナリオにおける SIG の体の方向を図 **5.7** に示す．2 話者の場合においても，注意制御モジュールおよびモータ制御モジュールにより，それぞれの話者の発話タイミングに応じて頻繁に 2 話者の間を行き来するのではなく，注意を向けた話者を継続的に追跡することでスムーズな追跡ができていることがわかる．

さらに，視覚情報による人追跡結果を図 **5.8** に示す．これは，図 5.6 の実験の際に，顔認識・定位モジュールが生成した顔イベントの第 1 候補のみを使用して作成したものなので，SIG 動作は図 5.7 と同一である．したがって，前半部分で

はオクルージョンにより t_4 と t_5 の間で顔ストリームが分断されている．また，t_6 から t_7 までの間では，人間が SIG の視野外にいるので視覚からは何も情報が得られていない．このようにオクルージョンや視野外といった視覚だけでは解決できない場合にもアソシエーションは有効である．

対して，図 **5.9** は視覚情報による音源追跡の場合と同様の方法で生成した聴覚情報による追跡結果である．音源定位モジュールは，t_3 から 23 s 付近まで，および，34 s 付近から t_{10} までの間，正しく 2 本の音のストリームを分離できているが，t_8 と t_9 の周辺では，誤ったストリームを形成していることがわかる．また，11 s（t_5）から 17 s までの間では，A 氏の移動および SIG の体の回転が同時に起きているため，2 人の話者の音源定位がそれほど正確ではない（図 5.9）．話者の移動やモータ雑音とその反響音（エコー）により，音源定位性能が低下している．この場合でも，アソシエーションは有効に動作しているといえる．

(3)　実時間視聴覚複数人物追跡システムのまとめ

以上のとおり，ストリームベースの追跡フレームワークをベースに構築した実時間視聴覚複数人物追跡システムにより，視覚情報，聴覚情報，モータ制御を統合することで，複数の顔を実環境で実時間で追跡が可能であり，ストリーム形成，およびアソシエーションが有効であることが示された．特に，1 つのセンサに依存してしまうと，実環境で，かつ逐次処理での動作では，処理のロバスト性に問題が生じるが，さまざまな情報を統合することによって，解決可能であることを示唆する結果が得られている．

例えば，音源定位モジュールでの音源定位は，前節で述べたように，音の倍音構造，IPD，IID といった複数の聴覚情報を利用すれば，性能の向上が期待できる．また，正確な顔の位置情報が得られない場合でも，聴覚情報，モータ情報などのマルチモーダルな情報をストリームベースの追跡フレームワークで統合することにより，ロバスト性の向上が期待できる．

本章で示したフレームワークは最適な情報統合であることを保証しているわけではない．アソシエーションストリームの中から最も精度の高いストリーム情報を選択しているだけである．マルチモーダル情報統合によって，性能面でのシナジー効果を得ることよりむしろ，ロバスト性を担保することを狙っている．実環境を扱ううえでは，特定条件下で高精度であることより，さまざまな条件下でロバストに動作することが重要な場合が多く，このフレームワークもこうした考え

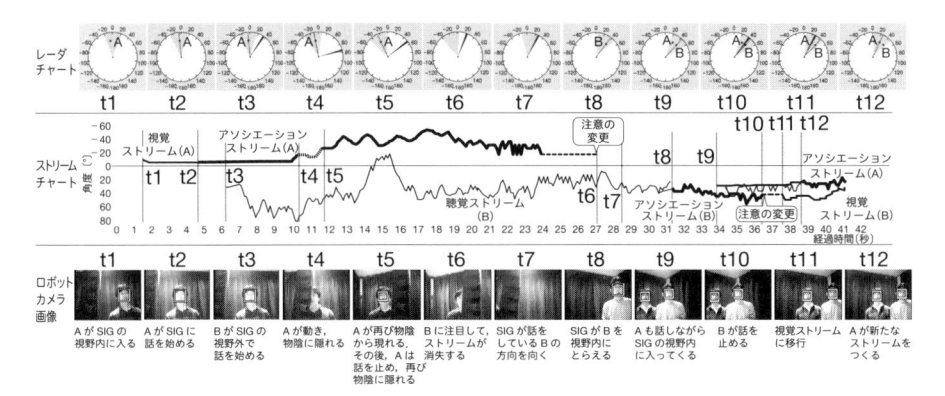

図 5.6 「音源定位」「顔認識・定位」統合による 2 話者追跡結果

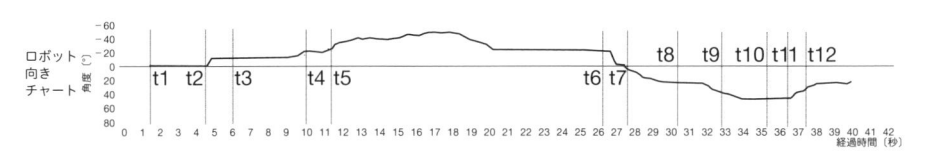

図 5.7 図 5.6 における SIG の向き（ヨー角）

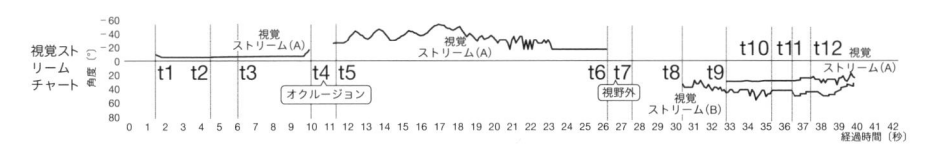

図 5.8 図 5.6 において「顔認識・定位」のみで音源追跡を行った場合の結果

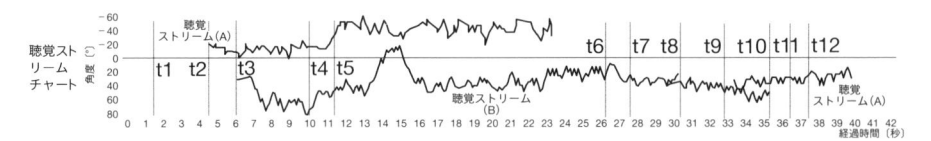

図 5.9 図 5.6 において「音源定位」のみで音源追跡を行った場合の結果

方にもとづいたものである.

さらに，このフレームワークを用いれば，図 5.4（117 ページ）に示すようなさまざまなレベルの異なる情報を階層的に統合できる点もロバスト性を確保する意味で重要である．実際に，このフレームワークを通じて，音源定位，顔識別・定位，ステレオ視，話者同定といった抽象度の異なる情報を統合して，ロバスト性を向上できることが実証されている．こうした複数の情報を追加できるスケールアップが容易である点もこのフレームワークの利点といえる．

近年では，深層学習ベースでマルチモーダル情報統合を行う手法や注意機構ベースの時系列データを効果的に扱うことができる手法も登場している．ストリームベースのフレームワークをこうした新しい手法と組み合わせて再構築することでさらなるロバスト性向上が期待できよう．

第6章

音源定位

　本章では，マイクロホンアレイ処理にもとづく音源定位手法について説明する．1つ目のシングルマイクロホンアプローチによる音源定位（第3章参照）は，音源定位のために空間情報を推定する必要があることから，少数の例を除き[187]，ほとんど行われていない．また，2つ目の両耳聴アプローチによる音源定位（第4章参照）は，人間や動物の能力や知覚のメカニズムを解明するという意味では興味深いが，工学的な性能を追求するという点では，十分な性能が達成されているとはいえない．一方，3つ目のマイクロホンアレイアプローチにおいては，マイクロホンの本数を増やすことで性能向上が図りやすく，すでに実用的な手法も報告されている．

　そこで，マイクロホンアレイアプローチにもとづく音源定位手法のうち，到達時間差検出にもとづく手法として CSP/GCC-PHAT を，また，ビームフォーミング処理ベースの手法の代表として重み付き遅延和ビームフォーミングを，さらに，サブスペース法として MUSIC 法とその拡張手法を音響信号処理ベースの音源定位アルゴリズムの代表例として説明する．また近年の進展が著しい，深層学習ベースの音源定位についても説明する．

🐾 6.1

CSP（GCC-PHAT）

CSP（cross-power spectrum phase analysis）は，**GCC-PHAT**（generalized cross correlation phase transform）とも呼ばれる手法で，2 つのマイクロホンの受音信号間の一般化相互相関を計算することにより，到達時間差（time delay of arrival; **TDOA**）を算出し，音源方向（direction of arrival; **DOA**）を推定する音源定位手法である[89, 190]．すなわち，2 つのマイクロホン間の位相差を利用して音源定位を行う手法であり，両耳聴アプローチで，頭部の影響を考慮しない自由音場を仮定して，位相情報のみを用いた音源定位に対応する．CSP には，後述の一般化相互相関を用いることにより，音源の周波数振幅特性に依存しない音源定位を行うことができること，2 本のマイクロホンだけで利用できることなどの長所があり，よく利用されている[161]．

以下に，図 4.7（b）（72 ページ）のケースを用いて，CSP の定式化を示す※1．

一般化相互相関関数（generalized cross-correlation function）とは，2 つのマイクロホン M_l, M_r での受音信号をそれぞれ $X_l(\omega)$, $X_r(\omega)$（ω は周波数）に対して，時間 τ の関数として次式で定義される関数である．

$$C(\tau) = \sum_{\omega} \frac{X_l(\omega)\, X_r^*(\omega)}{|X_l(\omega)|\, |X_r^*(\omega)|}\, e^{-\mathrm{j}\omega\tau} \tag{6.1}$$

なお，$*$ は複素共役を表す．

つまり，一般化相互相関関数は，周波数領域で，正規化（白色化）を行う関数であり，その結果得られる周波数領域表現をクロススペクトル（cross spectrum）という．また，一般化相互相関関数は，分母で振幅を正規化することで，位相情報のみを扱うことができる．なお，$C(\tau)$ は **CSP 係数**（CSP coefficient）とも呼ばれる．

式 (6.1) によって，TDOA は $C(\tau)$ を最大にする τ として与えられる．

※1 CSP は時間領域信号に対してもそのまま用いることができるが，本書で紹介するほかの手法にならい，周波数領域で定式化する．

$$\text{TDOA} = \operatorname*{argmax}_{\tau} C(\tau) \tag{6.2}$$

また，TDOA がわかれば，音源方向は，次式で求めることができる．

$$\theta = \arcsin \frac{\text{TDOA} \cdot v}{b} \tag{6.3}$$

ここで，v は音速，b は 2 つのマイクロホン間のベースライン長（距離）である．

6.2

遅延和ビームフォーミング

前節で説明した CSP はちょうど 2 本のマイクロホンを用いることが前提であるので，より多くのマイクロホンを扱うには別の手法が必要である．

ビームフォーミングは，図 **6.1** のように音源とマイクロホンの空間的な位置関係を利用して，ビーム状の指向性パターンを形成し，そのビーム方向を走査して音源位置を探索する手法である[2]．なかでもマイクロホンアレイ処理による音源定位の最もオーソドックスな手法が**遅延和ビームフォーミング**（delay-and-sum beamforming）である．

遅延和ビームフォーミングは，時間領域で考えるとわかりやすいので，まず図 **6.2** を用いて時間領域での処理のイメージを説明してから，周波数領域における定式化を示す．

ビームを捜査して出力が大きくなる方向を探す

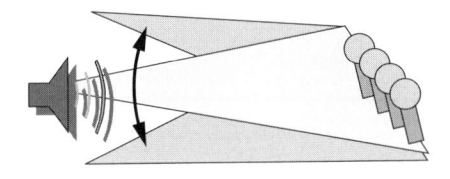

図 **6.1** ビームフォーミングによる音源定位イメージ

---

[2] ビームフォーミングは，音源分離にも応用できる（第 7 章参照）．

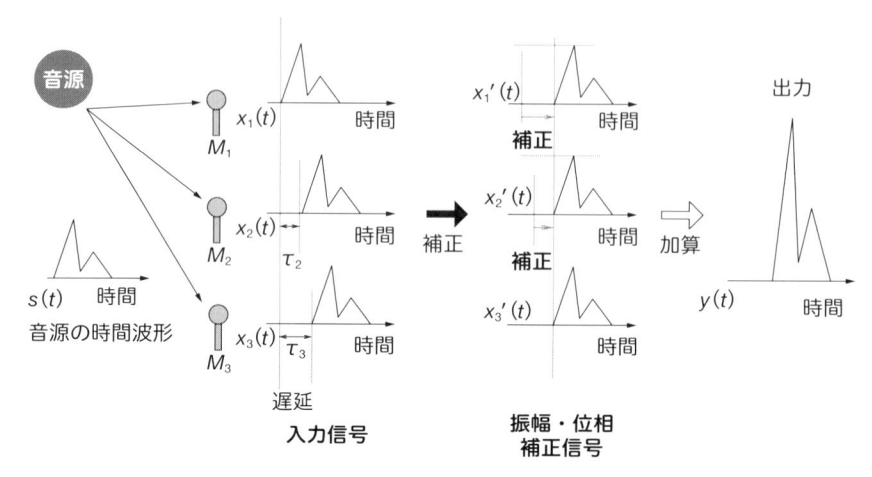

図 **6.2** 遅延和ビームフォーミングの処理イメージ

M_1, M_2, M_3 の 3 つのマイクロホンに対して，いま音源から時間波形 $s(t)$ を出力すると，M_1，M_2，M_3 では，音源到来方向に応じて定まる時間遅れをともなった信号 $x_1(t)$，$x_2(t)$，$x_3(t)$ が観測される．遅延和ビームフォーミングでは，ある音源到来方向を仮定して，その音源到来方向に対応する時間遅れを補正した信号 $x_1'(t)$，$x_2'(t)$，$x_3'(t)$ を加算し，ビームフォーミングの出力 $y(t)$ とする．このとき，仮定した音源到来方向が正しければ，時間遅れを補正した信号は時間同期信号となるため，ビームフォーミングの出力の振幅はマイクロホン数倍に増幅される．したがって，$y(t)$ を最大化する方向を探索することによって，音源定位を行うことができる．

さらに，マイクロホン数を M として一般化する．すなわち，θ 方向に位置する音源 $s(t)$ と，$M_1 \sim M_M$ の M 個（M は 2 以上の整数）のマイクロホンがあるとする．また，m 番目のマイクロホンの観測信号を $x_m(t)$ として，θ 方向に位置する音源 $s(t)$ からの信号が m 番目のマイクロホン M_m に伝搬することで生じる時間遅れを $\tau_m(\theta)$ と表すとする．このとき，マイクロホンの観測信号 $x_m(t)$，θ 方向に位置する音源 $s(t)$，および，θ 方向に位置する音源 $s(t)$ からの信号が m 番目のマイクロホン M_m に伝搬することで生じる時間遅れ $\tau_m(\theta)$ の間には，次式の関係が成り立つ．

$$x_m(t) = s\left(t - \tau_m(\theta)\right) \tag{6.4}$$

　一方，実際の音源方向は θ' であったとすると，時間遅延補正フィルタ $w_m(t, \theta')$ は，デルタ関数 $\delta(\cdot)$ を用いて次式で表される．

$$w_m(t, \theta') = \delta(t + \tau_m(\theta') - \tau_{\max}) \tag{6.5}$$

ここで，$\tau_{\max}$ は，実装上必要となる因果律を満たすためのファクタであり，いわば，最も遅れて信号が到来するマイクロホンにおける遅延である．なぜなら，現実的にはすべてのマイクロホンに信号が到来していない状態では収音信号の同期ができないからである．式 (6.5) によって，m 番目のマイクロホンに対する補正後の信号を次式の $x'_m(t, \theta')$ で表すことができる．

$$x'_m(t, \theta') = w_m(t, \theta') * x_m(t) \tag{6.6}$$

ただし，$*$ は畳み込み演算を表す．

　この $x'_m(t, \theta')$ を加算すると，ビームフォーミングの出力 $y(t, \theta')$ は，次式で表すことができる．

$$
\begin{aligned}
y(t, \theta') &= \sum_{m=1}^{M} x'_m(t, \theta') \\
&= \sum_{m=1}^{M} w_m(t, \theta') * x_m(t)
\end{aligned} \tag{6.7}
$$

音源定位結果は $y(t, \theta')$ のパワーを最大にする θ' として求めることができる．

$$\hat{\theta} = \underset{\theta'}{\operatorname{argmax}} \|y(t, \theta')\| \tag{6.8}$$

　以上が，遅延和ビームフォーミングの定式化である．次に，本書で取り上げるほかの手法にならって，周波数領域における定式化を行う．周波数領域では，式 (6.5) の短時間フーリエ変換（STFT）は次式で記述できる．なお，$\tau_{\max}$ はすべての m に共通の定数であり，ビームフォーミングの出力に影響を与えないため，便宜上，省略する．

$$W_m(\omega, \theta') = e^{\mathrm{j}\omega\tau_m(\theta')} \tag{6.9}$$

また，式 (6.7) は，周波数領域では次式で記述できる．

$$Y(\omega, \theta') = \sum_{m=1}^{M} W_m(\omega, \theta') X_m(\omega) \tag{6.10}$$

音源定位は時間領域の場合と同様に，式 (6.10) の $Y(\omega, \theta')$ の最大値を求めるこ

とで行うことができるが，実際の音源は広帯域であることが多いので，次式のように周波数方向に加算した後に最大値を求めるほうが有効である．

$$\hat{\theta} = \underset{\theta'}{\mathrm{argmax}} \sum_{\omega} ||Y(\omega, \theta')|| \tag{6.11}$$

また，$X_m(\omega)$ は式 (6.4) の周波数領域表現であるから，次式のように記述できる．

$$X_m(\omega) = S(\omega)\, e^{-\mathrm{j}\omega\tau_m(\theta)} \tag{6.12}$$

これを，式 (6.10) に代入し，式 (6.9) を適用すれば，次式となる．

$$Y(\omega, \theta') = \sum_{m=1}^{M} W_m(\omega, \theta')\, S(\omega)\, e^{-\mathrm{j}\omega\tau_m(\theta)} \tag{6.13}$$

$$= \sum_{m=1}^{M} S(\omega)\, e^{-\mathrm{j}\omega\left(\tau_m(\theta) - \tau_m(\theta')\right)} \tag{6.14}$$

上式において θ' が θ と等しくなれば，$Y(\omega, \theta') = M\,S(\omega)$ となるので，確かにビームフォーミングの出力が最大となる．また，もとの信号 $S(\omega)$ が復元可能であるから，遅延和ビームフォーミングは，音源定位だけでなく，音源分離にも利用可能である（7.1.1 項参照）． ▶

6.3 重み付き遅延和ビームフォーミング

　前節で説明した遅延和ビームフォーミングは，簡単に音源定位・音源分離ができる反面，複数音源が存在する場合や加法性雑音が各マイクロホンの収音信号に混入する場合，性能が低下してしまうという問題がある．この対策として，時間遅延だけでなく，振幅の減衰も考慮した手法が重み付き遅延和ビームフォーミング（weighted delay-and-sum beamforming）である．

　すなわち，重み付き遅延和ビームフォーミングは，単純な遅延和ビームフォーミングに対して，マイクロホンのチャネルごと（周波数ごと）に重みをかけてから和をとる手法であり，フィルタアンドサムビームフォーミング（filter-and-sum beamforming）とも呼ばれる．

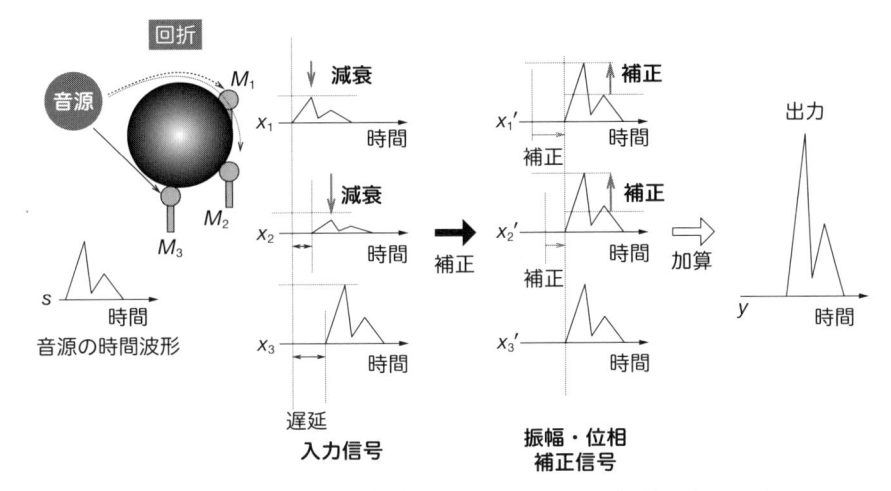

図 **6.3** 重み付き遅延和ビームフォーミングの処理のイメージ

　図 **6.3** に，図 6.2 の遅延和ビームフォーミングとの対応がわかりやすいよう，時間領域における重み付き遅延和ビームフォーミングの処理のイメージを示す．いま M_1, M_2, M_3 の 3 つのマイクロホンが，それぞれ（頭部のような）物体の表面に設置されているとする．音源から時間波形 $s(t)$ を出力した場合，M_1, M_2, M_3 では，時間遅れおよび回折等により振幅減衰をともなう信号 $x_1(t), x_2(t), x_3(t)$ が収音されるものとする．このとき，音源到来方向が既知であれば，これらの時間遅れや振幅減衰は，その音源方向からのインパルス応答（2.1.7 項参照）から求めることができる．

　このように，重み付き遅延和ビームフォーミングは，ある音源到来方向を仮定して，その音源方向に対応する既知の時間遅れと振幅減衰にかかわる情報を利用し，時間だけでなく振幅も補正した信号を加算して，ビームフォーミングの出力 $y(t)$ を得る手法である．出力 y に含まれる音源信号成分は，仮定した音源方向が正しければ時間・振幅を正しく補正した信号が加算されているので，遅延和ビームフォーミングと同様に振幅がマイクロホン数の整数倍に増幅される一方，$y(t)$ に含まれる雑音成分は，目的音源と同方向にない限りは増幅されない[3]．したがって，$y(t)$ を最大化する方向を探索することによって，普通の遅延和ビームフォーミングより正確な音源定位を行うことができる．

----

[3] ランダム性を仮定すれば，加算後における雑音の振幅の期待値はゼロとなる．

　これを音源が複数，かつ，加法性雑音が各マイクロホンで観測される場合に拡張して，定式化する．すなわち，θ_l 方向に位置する L 個の音源 $s_l(t)$ と，$M_1 \sim M_M$ の M 個のマイクロホンがあるとして，m 番目のマイクロホンの観測信号を $x_m(t)$ とする．また，l 番目の音源 $s_l(t)$ と，m 番目のマイクロホン M_m の間での音の伝搬によって生じる時間遅れおよび振幅減衰を $h_m(t, \theta_l)$ と表すものとする．この $h_m(t, \theta_l)$ は，2.1.7 項で説明したインパルス応答として得ることができる．

　このとき，m 番目のマイクロホンの観測信号 $x_m(t)$，l 番目の音源 $s_l(t)$，および，m 番目のマイクロホン M_m の間での音の伝搬によって生じる時間遅れおよび振幅減衰 $h_m(t, \theta_l)$ の間には，次式の関係が成り立つ．

$$x_m(t) = \sum_{l=1}^{L} h_m(t, \theta_l) * s_l(t) + n_m(t) \tag{6.15}$$

ここで，$*$ は畳み込み演算，$n_m(t)$ は m 番目のマイクロホンの加法性雑音を表している．$n_m(t)$ は一般に $s_l(t)$ とは無相関である．

　ベクトル表記を用いて M チャネル分の観測信号をまとめれば，次式となる．

$$\begin{cases} \boldsymbol{x}(t) = [x_1(t), \ldots, x_M(t)]^\top \\ \boldsymbol{n}(t) = [n_1(t), \ldots, n_M(t)]^\top \\ \boldsymbol{h}(t, \theta_l) = \boldsymbol{h}(t, \theta_l) = [h_1(t, \theta_l), \ldots, h_M(t, \theta_l)]^\top \end{cases} \tag{6.16}$$

　したがって，式 (6.16) を用いて，式 (6.15) は M 個のマイクロホンをまとめた次式となる．

$$\boldsymbol{x}(t) = \sum_{l=1}^{L} \boldsymbol{h}(t, \theta_l) * s_l(t) + \boldsymbol{n}(t) \tag{6.17}$$

これは，音源信号がどのようにマイクロホンで観測されるかを表す式であり，**信号モデル**（signal mode），ないしは，**信号伝搬モデル**（signal propagation model）と呼ばれる．

　さらに，式 (6.17) に STFT を施し，周波数領域における定式化にすると次式で表される線形システムが得られる．

$$\boldsymbol{X}(\omega, f) = \sum_{l=1}^{L} \boldsymbol{H}(\omega, \theta_l) \, S_l(\omega, f) + \boldsymbol{N}(\omega, f)$$

$$= \boldsymbol{H}(\omega) \, \boldsymbol{S}(\omega, f) + \boldsymbol{N}(\omega, f) \tag{6.18}$$

ここで，$S_l(\omega, f)$ は l 番目の音源 $s_l(t)$ の周波数領域表現（正確には，その f 番目のフレームに対するスペクトル）である．また，$\boldsymbol{H}(\omega, \theta_l)$ はマイクロホンアレイと S_l の間の伝達関数（いわゆる，ステアリングベクトル（steering vector））であり，インパルス応答 $\boldsymbol{h}(t, \theta_l)$ の周波数領域表現である．$\boldsymbol{X}(\omega, f)$, $\boldsymbol{N}(\omega, f)$ はそれぞれマイクロホンの観測信号 $\boldsymbol{x}(t)$，加法性雑音 $\boldsymbol{n}(t)$ の周波数領域表現である．

厳密にいえば，$\boldsymbol{H}(\omega, \theta_l)$ と $S_l(\omega, f)$ の乗算は，十分にフレーム長が長くないと成立しないが，実用上は，残響の影響や音源信号の定常性を考慮して，数十 ms 程度の短いフレーム長で用いることが多い．一方，ビームフォーミングは伝達関数を既知の情報として利用するから，あらかじめ伝達関数をインパルス応答を計測するなどして測定しておくか，マイクロホンと音源の幾何学的関係にもとづいて計算しておく必要がある．

ここで，入力が式 (6.17) の $\boldsymbol{x}(t)$，式 (6.18) の $\boldsymbol{X}(\omega, f)$ のいずれの場合においても，音源定位は未知の θ_l を求める問題として定義できることが重要である．本書では主に周波数領域での処理を扱っているので，これについて周波数領域で説明する．式 (6.13)，式 (6.14) からわかるとおり，周波数領域でのビームフォーミングは各マイクロホンでの観測信号に対し，$W_m(\omega)$ でフィルタリングし，総和をとった次式で表すことができる．

$$Y(\omega, f) = \sum_{m=1}^{M} W_m(\omega) \, X_m(\omega, f) = \boldsymbol{W}(\omega) \, \boldsymbol{X}(\omega, f) \tag{6.19}$$

また，式 (6.19) が形成するビームの出力の大きさ $|Y(\omega, f)|$ は，ビームが l 番目の音源の方向 θ_l を向いた際に局所最大値 $|S_l(\omega, f)|$ をとると考えられる．したがって，式 (6.18) から，音源 $\boldsymbol{S}$ に最も近いビーム出力を求めるには，雑音の影響を無視して考えれば，伝達関数を $\boldsymbol{S}$ に作用させるのとは逆の過程をとればよいことがわかる．つまり，次式とすればよい．

$$Y(\omega, f, \psi) = \frac{\boldsymbol{H}^{\mathsf{H}}(\omega, \psi)}{||\boldsymbol{H}(\omega, \psi)||} \, \boldsymbol{X}(\omega, f) \tag{6.20}$$

ただし，ψ は，音源走査を行う方向である．ψ 方向に対応する伝達関数は，あらかじめ測定もしくは幾何計算で得ておく必要があることに注意してほしい．分母は 時間遅延補正フィルタ $\boldsymbol{W}$ の利得（ゲイン）を 1 とするための正規化項である．H はエルミート転置[※4]を示す．

....

※4 エルミート転置とは，行列の各成分で複素共役をとり，転置させることをいう．

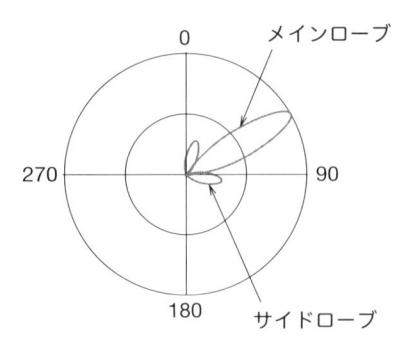

図 **6.4**　メインローブとサイドローブ

　最終的に，$|Y(\omega, f, \psi)|$ の L 個の局所最大値を ψ に関して探索することで音源定位を行う（θ_l を求める）ことができる.

　一方，ビームフォーミングでは，$W_m(\omega)$ の設計が音源定位結果に影響を与える.例えば，図 **6.4** に示す指向特性では，対象音源を検出するためのビームに対応するメインローブと副作用として発生するサイドローブの形状が $W_m(\omega)$ の設計に依存して変わってくる.設計した $W_m(\omega)$ に対応するメインローブの幅が狭い場合，音源定位の感度が向上するが，狭い分だけ目標音源に正確に向ける必要があるため，ビームの制御は難しくなり，ロバスト性が低下する.逆に，メインローブの幅が広い場合，ロバスト性は向上するが，音源定位の感度が低下してしまう.副作用であるサイドローブは小さいほうが音源定位の性能はよいが，マイクロホン数やレイアウトが同じで，より小さなサイドローブとするためには高い計算能力が求められる.さらに，原理上，サイドローブをゼロにすることはできないため，設計の限界が存在する.

　また，アルゴリズムを固定したままビームフォーミングの性能を向上させるには，マイクロホンアレイのサイズ，マイクロホン数，マイクロホン間隔など，マイクロホンアレイの物理的な特性を変化させるほかない[91].一般に，マイクロホンアレイのサイズを大きくすれば鋭いメインローブが得られ，ビームフォーミングの感度は向上し，マイクロホン間隔を狭くすればサイドローブの影響を低減することができる.つまり，ビームフォーミングによる音源定位・音源分離の性能を向上させるためには，なるべくマイクロホンアレイのサイズを大きく，かつ，マイクロホン数を増やせばよい.

6.4

MUSIC法とその拡張

重み付き遅延和ビームフォーミングは，前節で説明したとおり，重ね合せの原理による線形性にもとづいて音源方向を推定する枠組みである．確かに，入力に1つの音源が含まれていて $(L = 1)$，その音源方向が θ_1 だとすると，音源方向の出力は，式 (6.18)（132ページ）と式 (6.20)（133ページ）から，次式のように計算できる．

$$Y(\omega, f, \theta_1) = \frac{\boldsymbol{H}^{\mathsf{H}}(\omega, \theta_1)}{||\boldsymbol{H}(\omega, \theta_1)||} \left(\boldsymbol{H}(\omega, \theta_1) S_1(\omega, f) + \boldsymbol{N}(\omega, f) \right)$$

$$= S_1(\omega, f) + \frac{\boldsymbol{H}^{\mathsf{H}}(\omega, \theta_1)}{||\boldsymbol{H}(\omega, \theta_1)||} \boldsymbol{N}(\omega, f) \tag{6.21}$$

ここで，入力信号が目的音源のみであれば，右辺は第1項のみとなり，正確な出力が得られる．

しかし，一般には，入力信号には雑音が含まれるため，右辺第2項（雑音項）が必ず存在し，音源方向に立つべきピークが鈍くなる（図 **6.5**）.

音源定位のアルゴリズムでは，何らかの方法で適切と思われる閾値を設定し，その閾値を超えるピークを音源として検出することになる．よって，ピークが鈍いと性能が悪くなる．**MUSIC 法**はこの問題を緩和するものである．

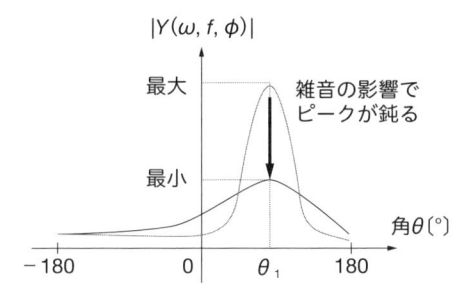

図 **6.5**　雑音項によるピークの鈍り

以下では，一般的な標準固有値分解にもとづく **SEVD-MUSIC**（standard eigen-value decomposition-based MUSIC），および，その拡張として一般化固有値分解にもとづく **GEVD-MUSIC**（generalized eigenvalue decomposition-based MUSIC），特異値分解にもとづく **GSVD-MUSIC**（generalized sigular value decomposition-based MUSIC）を取り上げる．

6.4.1　標準固有値分解にもとづく MUSIC 法（SEVD-MUSIC）

MUSIC 法は，もともと電波の方向推定を行うために提案された手法であり，時間領域信号かつ単一周波数信号を前提としていた[170]．一方，音響信号は基本的に広範な周波数が含まれている広帯域（ブロードバンド）信号であり，かつ，音源定位の対象は一般に複数の音源が含まれる環境である．よって，音源定位に用いられる MUSIC 法は，音響信号用に広帯域，および複数音源用に拡張された周波数領域のアルゴリズムとして定義される．

まず，MUSIC 法では，マイクロホンアレイの入力 $\boldsymbol{X}(\omega, f)$ を空間相関行列（spatial correlation matrix; **SCM**）$\boldsymbol{R}(\omega, f)$ に変換して入力として利用する．

$$\boldsymbol{R}(\omega, f) = \mathrm{E}[\boldsymbol{X}(\omega, f)\, \boldsymbol{X}^{\mathsf{H}}(\omega, f)] \tag{6.22}$$

ここで，E[·] は期待値を表すオペレータ（演算子）であるので，理論上は無限個のフレームが必要となるが，現実的ではないので，通常，次式のような近似を行う[120]．

$$\boldsymbol{R}(\omega, f) = \frac{1}{T_R} \sum_{\tau=f}^{f+T_R-1} \mathrm{E}[\boldsymbol{X}(\omega, \tau)\, \boldsymbol{X}^{\mathsf{H}}(\omega, \tau)] \tag{6.23}$$

ここで，T_R は，近似したフレーム数である．

一方，式 (6.22) も式 (6.23) も，空間相関行列 $\boldsymbol{R}(\omega, f)$ はマイクロホンアレイの収音信号から計算しているので，マイクロホンアレイの収音信号をそのまま利用した場合と情報量は変わらない．それでは，なぜ空間相関行列に変換してから処理を行うかというと，主に以下の2点があげられる．

- 複数フレームの期待値をとることで，音源の統計的な空間特性を利用できる
- 入力を行列とすることで，さまざまな線形代数の手法が利用できる．天下り的ではあるが，MUSIC 法の場合，後で固有値分解を用いるため，入力を正方行列としておいたほうが都合がよい

[コラム]

空間相関行列の計算

期待値は，ある試行を永遠に繰り返したときに得られる実現値の平均である．音源定位は連続的な時系列信号である音響信号を対象にしているから，期待値を求めるには時間方向に積分する必要がある．これは，無限個のフレームの平均をとることを意味するが，現実的に困難であることは自明である．

かわりに，近似的な期待値を用いる．静的な環境やオフラインでの処理が許される場合は十分長いフレーム数の平均をとる．しかし，音源が移動するなど環境が動的に変化する場合やオンラインでの処理が必要である場合は，静的であると見なせるフレーム数を十分長くとることはできない．このため，短くても静的と見なせるフレーム数をあらかじめ決めておき，そのフレーム数を用いて期待値の計算を行う．具体的にはロボットやドローンなどでは，500 ms 程度に相当するフレーム数を用いることが多い．

なお，期待値を計算するフレーム数を 1 とすると，その空間相関行列は式 (6.22) の定義から，1 つ分の入力ベクトル $\boldsymbol{X}$ の乗算によって得られることになるので，そのランクは理論的に必ず 1 となってしまう．MUSIC 法は固有値分解を用いて得られる空間を音源空間と雑音空間に分ける手法であるので，ランクが 1 では分けることができず手法が成り立たない．適切な空間相関行列を得るには信号が静的であると見なせる条件下でなるべく多くのフレーム数が必要である．

なお，空間相関行列は，MUSIC 法以外にもコヒーレント部分空間法などの音源定位 [11, 65, 100, 196] や，音源分離手法（第 7 章参照）においても用いられており，信号処理ベースの音源定位・音源分離で広く利用されている．

次に，MUSIC 法では式 (6.23) の空間相関行列 $\boldsymbol{R}(\omega, f)$ を入力として音源定位を行うが，その際に，以下の 2 つの仮定を置いている．

仮定 1: 入力信号に含まれる音源同士は無相関である

仮定 2: 入力信号に含まれる目的音源からの信号のパワーは，雑音源からの信号のパワーより大きい

音源定位では，まず次式によって入力の空間相関行列に対し，**標準固有値分解**（standard eigenvalue decomposition; **SEVD**）を行う．

$$\boldsymbol{R}(\omega, f) = \boldsymbol{E}(\omega, f) \, \boldsymbol{\Lambda}(\omega, f) \, \boldsymbol{E}^{-1}(\omega, f) \tag{6.24}$$

ここで

$$\boldsymbol{\Lambda}(\omega, f) = \mathrm{diag}(\lambda_1(\omega, f), \ldots, \lambda_m(\omega, f), \ldots, \lambda_M(\omega, f))$$

は，得られる固有値を対角に並べた行列であり，固有値行列（eigenvalue matrix）と呼ばれる．以下では，便宜上，固有値の大きい順に並んでいるものとする．また $\boldsymbol{E}(\omega, f)$ は

$$\boldsymbol{E}(\omega, f) = [\boldsymbol{e}_1(\omega, f), \ldots, \boldsymbol{e}_m(\omega, f), \ldots, \boldsymbol{e}_M(\omega, f)]$$

と表される行列であり，固有ベクトル行列（eigenvector matrix）と呼ばれる．よって，式 (6.24) の標準固有値分解は，次式と等価である．

$$\boldsymbol{R}(\omega, f)\,\boldsymbol{e}_m(\omega, f) = \lambda_m(\omega, f)\,\boldsymbol{e}_m(\omega, f) \tag{6.25}$$

また，空間相関行列はその定義から実対称行列となり，エルミート行列であることは自明なので，式 (6.24) によって固有ベクトルが互いに直行することになる．

ここで，上記の仮定 1 より音源同士は無相関なので，「式 (6.24) によって得られる空間上で」互いに直行する関係になるとし，結果として，固有ベクトルと音源が 1 対 1 に対応すると考える[※5]．よって，空間相関行列の各固有値 λ_m はその固有ベクトルの寄与度，つまり，各音源のパワーを表すファクタであると見なすことができる．さらに，固有ベクトルの数はマイクロホンの数と同数の M 個であるので，扱うことができる（雑音源も含めた）音源の総数も高々 M 個であることが暗黙に規定される．

次に，L（$< M$）個の目的音源が含まれると考え，固有値展開によって得られた空間を，固有値の大きいほうから L 個分の固有値 $\lambda_1, \ldots, \lambda_L$ とそれに対応する固有ベクトル，$\boldsymbol{e}_1, \ldots, \boldsymbol{e}_L$，および，残りの固有値 $\lambda_{L+1}, \ldots, \lambda_M$ とそれに対応する固有ベクトル $\boldsymbol{e}_{L+1}, \ldots, \boldsymbol{e}_M$ の 2 つに固有値および固有ベクトルからなる空間を分割すると，上記の仮定 2 より，前者は目的音源信号に対応する部分空間，後者は雑音源信号に対応する部分空間に分けることができる．このような分割を行うことから，MUSIC 法はサブスペース法（subspace method，部分空間法）とも呼ばれる．

[※5] 原理的に，実際には音源同士は無相関にはなりえない．また，無相関だからといって必ずしも直交するわけではない．したがって，厳密には空間相関行列の固有ベクトルと実際の音源が完全に 1 対 1 対応するわけではないが，大きな固有値に対応する固有ベクトルについては，概ね成り立つことが知られている [26]．

続いて，次式によって狭帯域（ナローバンド）空間スペクトルを計算する．

$$P(\omega, f, \psi) = \frac{|\boldsymbol{H}^*(\omega, \psi)\,\boldsymbol{H}(\omega, \psi)|}{\sum_{m=L+1}^{M} |\boldsymbol{H}^*(\omega, \psi)\,\boldsymbol{e}_m(\omega, f)|} \tag{6.26}$$

ここで，$\boldsymbol{H}(\omega, \psi)$ は，あらかじめ計測もしくは計算によって求める ψ 方向の音源とマイクロホンアレイ間の伝達関数であり，方向 ψ を走査して音源定位を行うことからステアリングベクトルとも呼ばれる．式 (6.26) の分母では雑音源に対応する部分空間の存在を前提としていることから，MUSIC 法は雑音源が少なくとも1つ必要であることがわかる．したがって，MUSIC 法で扱うことができる目的音源の最大数は，マイクロホン数 M から 1 を引いた $M-1$ である．

　ここで，式 (6.26) の分母に着目する．前述のように音源と固有ベクトルは 1 対 1 対応しており，固有ベクトル同士は互いに直行している．このとき，もし，$\boldsymbol{H}(\omega, \psi)$ の ψ が音源定位対象の音源方向を向いていれば，$\boldsymbol{H}(\omega, \psi)$ はその音源に対応する固有ベクトルの方向と一致しているはずである．つまり，$\boldsymbol{H}(\omega, \psi)$ と雑音源に対応する固有ベクトル $\boldsymbol{e}_{L+1}, \ldots, \boldsymbol{e}_M$ の内積はすべてゼロとなる．よって，分母がゼロとなり，ステアリングベクトル $\boldsymbol{H}(\omega, \psi)$ の方向 ψ が目的の音源方向を向いているとき式 (6.26) は無限大に発散する．しかし，実際の音源同士は，完全に無相関ではないなど MUSIC モデルと整合しない部分があり，計算誤差も発生するため，分母が厳密にゼロとなることはない．しかし，遅延和ビームフォーミングのビーム出力と比べると，$P(\omega, f, \psi)$ は定位対象の音源方向に鋭いピークが現れることになる．

　一方，式 (6.26) は，周波数 ω のみに対する狭帯域空間スペクトルである．一般に音響信号は，複数の周波数にまたがる広帯域信号であるので，式 (6.26) を広帯域空間スペクトルに拡張する必要がある．ここで，対象となる信号の周波数が $\omega_{\mathrm{l}} \leq \omega \leq \omega_{\mathrm{h}}$ に分布しているとすると，下限周波数 ω_{l} と上限周波数 ω_{h} に対応する周波数ビンをそれぞれ k_{l} と k_{h} とすれば，この範囲内の狭帯域空間スペクトルを加算して平均することで，次式の広帯域空間スペクトルを表す式が求められる．

$$\bar{P}(f, \psi) = \frac{1}{k_{\mathrm{h}} - k_{\mathrm{l}} + 1} \sum_{k=k_l}^{k_h} P(\omega_k, f, \psi) \tag{6.27}$$

$$\left(k_{\mathrm{l}} = \mathrm{round}\left(\frac{\omega_{\mathrm{l}}}{2\pi f_{\mathrm{s}}} N_{\mathrm{FFT}} \right) + 1, \quad k_{\mathrm{h}} = \mathrm{round}\left(\frac{\omega_{\mathrm{h}}}{2\pi f_{\mathrm{s}}} N_{\mathrm{FFT}} \right) + 1 \right)$$

ただし，ω_k は k 番目の周波数ビンを表す周波数である．N_{FFT} と f_{s} はそれぞれ，STFT の窓長（2.1.5 項参照）と入力音響信号のサンプリング周波数である[※6]．

この式 (6.27) から局所最大値を探索すれば，音源方向の推定値を得ることができる．つまり，$\bar{P}(f, \psi)$ に対して閾値 P_{th} を設けて，これを超える最大 L 個の局所最大値を探索する．そして，その局所最大値に対応する方向 ψ_l（$1 \leq l \leq L$）を音源方向 θ_l の推定値とする．

このように，MUSIC 法は空間相関行列に対して，標準固有値分解（SEVD）を適用して音源定位を行うことで遅延和ビームフォーミングの短所である雑音へのロバスト性を向上させた手法である．本書では，以降で MUSIC 法をさらに拡張した手法について説明するため，標準固有値分解を用いる MUSIC 法を便宜上，SEVD-MUSIC と呼ぶことにする．▶

SEVD-MUSIC の短所の 1 つは，$\bar{P}(f, \psi)$ は音源のパワーと相関がある値が得られるものの非線形な関数であり，同じパワーの音源であっても，そのときの雑音の状況，音源数などさまざまな要因で値が変動してしまうことである．このため，その時々の状況に合わせて手間がかかるものの，閾値 P_{th} の設定をチューニングする必要がある．なお，$\bar{P}(f, \psi)$ を正規化するとチューニングの手間をある程度，軽減できるという報告がある[146]．

また，ステアリングベクトルは前述のとおり，伝達関数と同種の情報であるが，伝達関数には室内音響の残響成分が含まれる．残響は部屋ごとに異なるため，伝達関数をステアリングベクトルにそのまま用いた場合，部屋が変わると定位性能が低下してしまう．部屋が変わってもロバストな性能を確保するには，伝達関数の直接音成分に対応する部分のみを取り出して使用する必要がある．しかし，これによって，もともと 1 つの音源からの信号であるにもかかわらず，壁などで反射して到来する残響音 1 つひとつが別個の音源，つまりマルチパス音源として定位されてしまう．このため，音源数が 1 であっても，複数の音源定位結果が得られてしまう．しかも，十分なパワーを有するマルチパス音源の数がマイクロホン数よりも多くなる[※7]と，式 (6.26) における音源数 L がマイクロホン数 M より大きくなる．さらに，そもそもマルチパス音源は 1 つの音源に由来する信号である

[※6] 式 (6.27) では，単純な加算平均を行っているが，周波数間の重みを考慮した重み付き加算平均を行うこともできる．

[※7] しばしば，直接音よりも壁などで反射した反射音のほうが大きいパワーとなることがあるので，マルチパス音源が十分なパワーを有することは珍しいわけではない．

ため，もとの音源信号と独立ではない．このため，仮定 1 が成り立たなくなる．これらの要因によって，残響音が強い場合，SEVD-MUSIC は適切な音源定位を行うことができなくなる．

つまり，SEVD-MUSIC のもう 1 つの大きな短所は，上記の仮定 2 が満たされない環境での音源定位の精度である．残響音や雑音といった定位対象ではない雑音源信号のパワーが，目的音源音信号のパワーより大きい場合，適切に音源定位できなくなる．

この残響にかかわる問題を解決する簡単で実際的な対策は，室内音響の残響まで含めた伝達関数全体をステアリングベクトル $\boldsymbol{H}$ として使用することで，マルチパス音源の影響を軽減することである．この対策は，SEVD-MUSIC を用いる環境が限定できる場合には有効である[※8]．

6.4.2 一般化固有値分解にもとづく MUSIC 法（GEVD-MUSIC）

SEVD-MUSIC の入力は式 (6.23)（136 ページ）で定義される空間相関行列であった．この式 (6.23) の $\boldsymbol{X}$ は，式 (6.18)（132 ページ）で定義されているので，これを代入し，$\boldsymbol{S}$ と $\boldsymbol{N}$ は無相関であることに注意して整理すれば次式となる．

$$
\begin{aligned}
\boldsymbol{R}(\omega, f) &= \frac{1}{T_R} \sum_{\tau=f}^{f+T_R-1} \mathrm{E}\left[\left(\boldsymbol{H}(\omega)\,\boldsymbol{S}(\omega,\tau)+\boldsymbol{N}(\omega,\tau)\right)\left(\boldsymbol{H}(\omega)\,\boldsymbol{S}(\omega,\tau)+\boldsymbol{N}(\omega,\tau)\right)^{\mathsf{H}}\right] \\
&= \frac{1}{T_R} \sum_{\tau=f}^{f+T_R-1} \left(\boldsymbol{H}(\omega)\,\mathrm{E}[\boldsymbol{S}(\omega,\tau)\,\boldsymbol{S}^{\mathsf{H}}(\omega,\tau)]\,\boldsymbol{H}^{\mathsf{H}}(\omega)+\mathrm{E}[\boldsymbol{N}(\omega,\tau)\,\boldsymbol{N}^{\mathsf{H}}(\omega,\tau)]\right) \\
&= \boldsymbol{H}(\omega)\left(\frac{1}{T_R} \sum_{\tau=f}^{f+T_R-1} \mathrm{E}\left[\boldsymbol{S}(\omega,\tau)\,\boldsymbol{S}^{\mathsf{H}}(\omega,\tau)\right]\right)\boldsymbol{H}^{\mathsf{H}}(\omega) \\
&\quad + \frac{1}{T_R} \sum_{\tau=f}^{f+T_R-1} \mathrm{E}\left[\boldsymbol{N}(\omega,\tau)\,\boldsymbol{N}^{\mathsf{H}}(\omega,\tau)\right] \\
&= \boldsymbol{H}(\omega)\,\bar{\boldsymbol{\Gamma}}(\omega, f)\,\boldsymbol{H}^{\mathsf{H}}(\omega)+\boldsymbol{K}(\omega, f) \\
&= \bar{\boldsymbol{\Gamma}}_H(\omega, f)+\boldsymbol{K}(\omega, f)
\end{aligned}
\tag{6.28}
$$

[※8] 使用する環境の残響が強いことを理由として，SEVD-MUSIC のかわりに CSP を用いている例があるが，CSP も暗黙的に上記の仮定 2 を前提としているため，残響音が直接音よりも大きい場合には SEVD-MUSIC と同様，定位性能が低下する．さらに，CSP はそもそも単一音源用の定位手法であるので，複数の音源が存在する実環境における音源定位の性能は，CSP より SEVD-MUSIC のほうが一般に良好である．

ここで，$\bar{\boldsymbol{\Gamma}}_H(\omega, f)$ は観測信号のうち，目的音源の信号成分のみが得られる空間相関行列である．また，$\bar{\boldsymbol{\Gamma}}(\omega, f)$ は目的音源の相関行列自体である．式 (6.23) では仮定 1 が完全に成り立つ（音源同士が無相関である）ことを前提としているので，この $\bar{\boldsymbol{\Gamma}}(\omega, f)$ は対角行列であり，その対角要素は各音源信号のパワーに相当する．

式 (6.28) において，$\boldsymbol{K}(\omega, f)$ は**雑音相関行列**（noise correlation matrix）と呼ばれ，空間的に白色（各マイクロホンで収音した信号が互いに無相関）であるとき，$\boldsymbol{K}(\omega, f)$ を $\sigma \boldsymbol{I}$ とすることができる．σ は雑音信号のパワーを表しており，$\boldsymbol{I}$ は単位行列である．

一方，SEVD-MUSIC では上記の仮定 2（L 個の目的音源信号のいずれもが，雑音源からの信号のパワーよりも大きい）により，式 (6.26) で用いる $L + 1$ から M 番目までの固有ベクトル $\boldsymbol{e}_m(\omega, f)$ はいずれも雑音部分空間に対応する固有ベクトルであることを保証していた．残響音・雑音に弱いという SEVD-MUSIC の短所は，一般にこの仮定が成り立たない（しばしば雑音のパワーが目的音源のパワーよりも大きくなってしまう）ことに起因している．これは，式 (6.28) において，$\bar{\boldsymbol{K}}(\omega, f)$ の固有値が $\bar{\boldsymbol{\Gamma}}_H(\omega, f)$ の固有値よりも支配的になることを意味する．つまり，式 (6.26) で用いる $L + 1$ から M 番目までの固有ベクトルの中に目的音源の部分空間に対応する固有ベクトルが紛れ込むことになり，音源定位性能が低下するのである．

したがって，式 (6.25) のような標準固有値分解を用いるかわりに，次式で表される**一般化固有値展開**（generalized Eigenvalue decomposition; **GEVD**）[178] を用いて対策を行ったのが **GEVD-MUSIC** [128] である．

$$\boldsymbol{R}(\omega, f)\, \boldsymbol{e}_m(\omega, f) = \lambda_m(\omega, f)\, \boldsymbol{K}(\omega, f)\, \boldsymbol{e}_m(\omega, f) \tag{6.29}$$

GEVD-MUSIC では，式 (6.29) にしたがって，$\boldsymbol{K}(\omega, f)$ が新しく導入される．この $\boldsymbol{K}(\omega, f)$ に雑音信号から推定した雑音相関行列を設定することで，$\boldsymbol{R}(\omega, f)$ に含まれる雑音成分を白色化（144 ページ参照）し，音源定位性能の向上を図っている．

この $\boldsymbol{K}(\omega, f)$ は，雑音が定常であれば，式 (6.18) の $\boldsymbol{N}(\omega, f)$ から入力信号の空間相関行列の場合と同様に，T_N フレームにわたって次式を計算することによって推定することができる．

$$\boldsymbol{K}(\omega, f) = \frac{1}{T_N} \sum_{\tau=f}^{f+T_N-1} \mathrm{E}\left[\boldsymbol{N}(\omega, \tau)\, \boldsymbol{N}^{\mathsf{H}}(\omega, \tau)\right] \tag{6.30}$$

　ここで，$\boldsymbol{K}(\omega, f)$ には目的音源の信号のほかにさまざまな雑音源からの信号が含まれるため正則行列であり，$\boldsymbol{R}(\omega, f)$ と同様，相関行列であるのでエルミート行列である．つまり，$\boldsymbol{K}(\omega, f)$ は逆行列をもつので次式により，雑音成分を抑圧した相関行列を得ることができる．

$$\boldsymbol{R}'(\omega, f) = \boldsymbol{K}^{-1}(\omega, f)\,\boldsymbol{R}(\omega, f)$$

しかし，この場合，エルミート行列同士の積はエルミート行列とは限らないため，SEVD-MUSIC を適用することはできない．一方，さらに工夫をして

$$\boldsymbol{R}'(\omega, f) = \boldsymbol{K}^{-\frac{1}{2}}(\omega, f)\,\boldsymbol{R}(\omega, f)\,\boldsymbol{K}^{-\frac{1}{2}}(\omega, f)$$

とおけば，$\boldsymbol{R}'(\omega, f) = (\boldsymbol{R}'(\omega, f))^{\mathsf{H}}$ となるからエルミート行列の定義を満たし，次式のとおり SEVD-MUSIC を適用することができる．

$$\boldsymbol{K}^{-\frac{1}{2}}(\omega, f)\,\boldsymbol{R}(\omega, f)\,\boldsymbol{K}^{-\frac{1}{2}}(\omega, f) = \boldsymbol{E}(\omega, f)\,\boldsymbol{\Lambda}(\omega, f)\,\boldsymbol{E}^{-1}(\omega, f) \tag{6.31}$$

これに，式 (6.28) を代入すれば，次式となる．

$$\begin{aligned}
&\boldsymbol{K}^{-\frac{1}{2}}(\omega, f)\,\boldsymbol{R}(\omega, f)\,\boldsymbol{K}^{-\frac{1}{2}}(\omega, f) \\
&= \boldsymbol{K}^{-\frac{1}{2}}(\omega, f)\,(\bar{\boldsymbol{\Gamma}}_H(\omega, f) + \boldsymbol{K}(\omega, f))\,\boldsymbol{K}^{-\frac{1}{2}}(\omega, f) \\
&= \boldsymbol{K}^{-\frac{1}{2}}(\omega, f)\,\bar{\boldsymbol{\Gamma}}_H(\omega, f)\,\boldsymbol{K}^{-\frac{1}{2}}(\omega, f) + \boldsymbol{I}
\end{aligned} \tag{6.32}$$

ここで，右辺の第 1 項はエルミート行列であり，右辺の第 2 項（雑音項）は $\boldsymbol{I}$ で完全に白色化されている．

　以上，GEVD-MUSIC を用いることで，SEVD-MUSIC よりも対雑音ロバスト性が向上することが期待できるが，雑音相関行列 $\boldsymbol{K}(\omega, f)$ が式 (6.30) によって完全に推定できることが前提となる．ただし，一般に雑音が定常であれば，十分の長さの T_N をとることで，十分な精度で雑音相関行列が推定できると考えてよい．

　次に，GEVD-MUSIC の固有値について考えてみる．式 (6.32) において，$\mathrm{rank}(\bar{\boldsymbol{\Gamma}}_H(\omega, f))$ は L なので

$$\mathrm{rank}(\boldsymbol{K}^{-\frac{1}{2}}(\omega, f)\,\bar{\boldsymbol{\Gamma}}_H(\omega, f)\,\boldsymbol{K}^{-\frac{1}{2}}(\omega, f))$$

も L である．したがって，式 (6.31) で表される行列の固有値は，次式のように白色化後の信号の部分空間と雑音の部分空間に分けることができる．

$$\lambda_m(\omega, f) = \begin{cases} \mu_m + 1 & (1 \le m \le L) \\ 1 & (L+1 \le m \le M) \end{cases} \tag{6.33}$$

ここで，μ_m は $\boldsymbol{K}^{-\frac{1}{2}}(\omega, f)\,\bar{\boldsymbol{\Gamma}}_H(\omega, f)\,\boldsymbol{K}^{-\frac{1}{2}}(\omega, f)$ の m 番目の固有値である．よって，GEVD-MUSIC の固有値はすべてゼロより大きい正の値をとることがわかる．

SEVD-MUSIC では，空間的に有色な雑音や拡散性の強い残響が存在すると $\bar{\boldsymbol{K}}(\omega, f)$ が非対角行列となるので，SEVD-MUSIC の仮説 2 が成り立たなくなって音源定位の性能が低下する．一方，GEVD-MUSIC では，こうした残響や雑音が存在しても白色化を行ってこれらの影響を緩和し，仮定 2 が成立するようにできることを式 (6.33) は示している．▶

[コラム]

GEVD-MUSIC のイメージと白色化

GEVD-MUSIC を用いて音源定位を行うには，式 (6.29) で雑音項に相当する $\boldsymbol{K}(\omega, f)$ をうまく消去して，SEVD-MUSIC の形にもち込む必要がある．この「$\boldsymbol{K}(\omega, f)$ をうまく消去する」ということは，物理的には雑音を抑圧することを意味する．

ここで，式 (6.29) で $\boldsymbol{K}(\omega, f) = \boldsymbol{I}$ とすれば GEVD-MUSIC は SEVD-MUSIC と等価である（$\boldsymbol{K}(\omega, f)$ をうまく消去できる）から，$\boldsymbol{K}(\omega, f)$ が $\boldsymbol{I}$ となるように式を変形することが雑音を抑圧することに相当するとわかる．

これは，マイクロホンで収録した雑音信号同士が無相関であることにほかならない．この状態を「空間的に白色である」ということから，このような雑音抑圧を**白色化** (whitening) と呼ぶわけである．

□

6.4.3　一般化特異値分解にもとづく MUSIC 法（GSVD-MUSIC）

前項で説明した GEVD-MUSIC の短所は，式 (6.31) の $\boldsymbol{K}^{-\frac{1}{2}}(\omega, f)$ を計算する必要があることである．これには，式 (6.29) のほかに，$\boldsymbol{K}(\omega, f)$ 単体の標準固有値分解が別途必要であるため，SEVD-MUSIC に比べて GEVD-MUSIC に要する計算量は 2 倍近く大きくなる．

この対策のため，GEVD-MUSIC と同様に雑音の白色化を行いつつも，一般化特異値分解（generalized singular value decomposition; **GSVD**）[47] を用いる

ことで，より少ない計算量で適切な音源定位を可能にしたのが次式で表される
GSVD-MUSIC である．

$$\boldsymbol{K}^{-1}(\omega,f)\,\boldsymbol{R}(\omega,f) = \boldsymbol{E}_1(\omega,f)\,\boldsymbol{\Lambda}(\omega,f)\,\boldsymbol{E}_{\mathrm{r}}^{\mathsf{H}}(\omega,f) \tag{6.34}$$

ここで，$\boldsymbol{E}_1(\omega,f)$ はユニタリ行列[9]で左特異ベクトルからなる特異行列，$\boldsymbol{E}_{\mathrm{r}}(\omega,f)$ はユニタリ行列で右特異ベクトルからなる特異行列を表す．このような $\boldsymbol{E}_1(\omega,f)$，$\boldsymbol{E}_{\mathrm{r}}(\omega,f)$ は，非エルミート行列に対しても求めることができるので，任意の $\boldsymbol{K}^{-1}(\omega,f)\,\boldsymbol{R}(\omega,f)$ に対して一般化特異値分解が可能である．

　また，SEVD-MUSIC や GEVD-MUSIC では固有値，および，固有ベクトルを用いていたのに対して，GSVD-MUSIC では特異値，および，特異ベクトルを用いる．つまり，式 (6.34) の $\boldsymbol{E}_1(\omega,f)$ を式 (6.24)（137 ページ）の $\boldsymbol{E}(\omega,f)$ と見なすと，式 (6.34) から求められる特異値は実数なので，式 (6.26)（139 ページ）の $\boldsymbol{e}_{L+1}(\omega,f),\dots,\boldsymbol{e}_M(\omega,f)$ には，大きさが $L+1$ 番目から M 番目までの特異値に対応した特異ベクトルを $\boldsymbol{E}_1(\omega,f)$ から選択して使用することになる．◑

　このような計算の変更によっても適切な音源定位が可能であるかを調べるため，式 (6.34) の両辺に右から $(\boldsymbol{K}^{-1}(\omega,f)\,\boldsymbol{R}(\omega,f))^{\mathsf{H}}$ を乗じてみる．

$$\begin{cases} \boldsymbol{K}^{-1}(\omega,f)\,\boldsymbol{R}(\omega,f)\,\big(\boldsymbol{K}^{-1}(\omega,f)\,\boldsymbol{R}(\omega,f)\big)^{\mathsf{H}} \\ \quad = \boldsymbol{E}_1(\omega,f)\,\boldsymbol{\Lambda}(\omega,f)\,\boldsymbol{E}_{\mathrm{r}}^{\mathsf{H}}(\omega,f)\,\big(\boldsymbol{E}_1(\omega,f)\,\boldsymbol{\Lambda}(\omega,f)\,\boldsymbol{E}_{\mathrm{r}}^{*}(\omega,f)\big)^{\mathsf{H}} \\ \boldsymbol{K}^{-1}(\omega,f)\,\boldsymbol{R}^2(\omega,f)\,\boldsymbol{K}^{-1}(\omega,f) \\ \quad = \boldsymbol{E}_1(\omega,f)\,\boldsymbol{\Lambda}^2(\omega,f)\,\boldsymbol{E}_1^{\mathsf{H}}(\omega,f) \end{cases} \tag{6.35}$$

式 (6.35) は，$\boldsymbol{R}^2(\omega,f)$ に対する前項で説明した GEVD-MUSIC を示しており，$\boldsymbol{E}_1(\omega,f)$ は，標準固有値分解の結果として，得られる固有ベクトルの行列である．式 (6.35) の $\boldsymbol{R}^2(\omega,f)$ を，式 (6.28)（141 ページ）を用いて整理すると，次式が得られる．

---

[9] $\boldsymbol{E}_1(\omega,f)\boldsymbol{E}_1(\omega,f)^{\mathsf{H}} = \boldsymbol{E}_1(\omega,f)^{\mathsf{H}}\boldsymbol{E}_1(\omega,f) = \boldsymbol{I}$

$$\boldsymbol{K}^{-1}(\omega, f)\, \boldsymbol{R}^2(\omega, f)\, \boldsymbol{K}^{-1}(\omega, f)$$

$$= \boldsymbol{K}^{-1}(\omega, f)\, (\bar{\boldsymbol{\Gamma}}_H(\omega, f) + \boldsymbol{K}(\omega, f))\, (\bar{\boldsymbol{\Gamma}}_H(\omega, f) + \boldsymbol{K}(\omega, f))^{\mathsf{H}}\, \boldsymbol{K}^{-1}(\omega, f)$$

$$= \boldsymbol{K}^{-1}(\omega, f)\, \bar{\boldsymbol{\Gamma}}_H^2(\omega, f)\, \boldsymbol{K}^{-1}(\omega, f) + \boldsymbol{K}^{-1}(\omega, f)\, \bar{\boldsymbol{\Gamma}}_H(\omega, f)$$

$$+ \bar{\boldsymbol{\Gamma}}_H(\omega, f)\, \boldsymbol{K}^{-1}(\omega, f) + \boldsymbol{I} \tag{6.36}$$

式 (6.36) では，右辺の第 1 項はエルミート行列である目的音源の空間相関行列，第 4 項は雑音相関行列 $\boldsymbol{K}(\omega, f)$ でうまく白色化できているものの，第 2 項と第 3 項は白色化できているとは限らない．つまり，GSVD-MUSIC は，GEVD-MUSIC と比較すると計算量は削減できるものの，音源定位の性能が低下すると考えられる．しかし，SEVD-MUSIC と比較すれば音源定位の性能が向上すると考えられる．なぜなら，SEVD-MUSIC では雑音源のパワーが目的音源のパワーより小さいことを仮定しているので，理論的に S/N が 0 dB 以上でなければ適切な音源定位ができないからである．GSVD-MUSIC（および GEVD-MUSIC）では，信号雑音比が −10 dB 程度でも，精度よく音源定位できることが報告されている [129]．

　一方，GEVD-MUSIC および GSVD-MUSIC は，雑音相関行列 $\boldsymbol{K}(\omega, f)$ を必要とする．ここまで，この求め方について触れず，単に T_N フレームの加算平均で算出できるとしていた．確かに，周波数 f に非依存な定常性雑音を仮定できるのであれば，目的音源が存在しない区間でこれを推定すればよい．しかし，ロボットに実装する場合，ロボットの動作音などの非定常雑音も考慮しなければならない．つまり，ロボットの動作音の空間相関行列 $\boldsymbol{K}(\omega, f)$ を動的に推定する必要がある．例えば，ロボットの関節状態 φ と，その動作雑音の空間相関行列 $\boldsymbol{K}(\omega, f)$ からなる雑音相関行列のデータベースを事前に作成しておき，ロボットの動作時に時間フレームごとの関節状態に最も近い関節状態に対応する雑音相関行列をデータベースから検索して，GEVD-MUSIC に適用して音源定位を行う手法が提案されている．この手法により，ロボットの動作中の信号雑音比が −5 dB と低い場合であっても，精度よく音源定位できることが報告されている [68]．

　また，ドローンなど屋外での利用を前提とする場合，自己動作音に加えて風切り音などの外部雑音も考慮する必要がある．しかし，外部雑音は動的に変化し，パワーが大きく，すべてのパターンを事前に収録しておくことが難しいので，雑音相関行列のデータベースをつくることが困難である．したがって，逐次的に $\boldsymbol{K}(\omega, f)$ を推定する iGEVD-MUSIC 法 [141] や iGSVD-MUSIC 法 [138] が提案されて

いる．これらの手法は，直前の時間に収録した信号には雑音源信号のみが含まれることを仮定し，その収録音から逐次的に雑音相関行列を推定する．実際に，屋外における実機ドローンを用いた実験でも，これらの手法の有効性が実証されており，オンライン実機デモも報告されている[62]．

6.5

深層学習による音源定位

音源定位においても，**深層学習**（deep learning）の応用が進められている．本節ではこれを概観し，代表的な手法を説明する．

深層学習による音源分離といっても，さまざまなアプローチが考えられるが，音源定位をある種の分類問題としてとらえるアプローチが数多く報告されている．すなわち，音源方向を分類問題におけるクラスと見なし，入力された音響信号がどのクラスに分類されるかを予測するのである．

例えば，方位角の全周 $360°$ を $5°$ ごとに区切って 72 方向とすれば，出力は72 次元のベクトルであり，ベクトルの各要素が各音源方向に対応することとなる．ここで，ベクトルの各要素の値は，音源方向に対応する要素のみが 1，それ以外の要素が 0 のワンホットベクトルとして表現される．

このような分類問題を解くには，主に

① ネットワークのアーキテクチャ
② ネットワークへの入力特徴量
③ 訓練・評価用データセット

という 3 つの要素が重要である．

また，深層学習では，データは入力層からいくつかの隠れ層（中間層）を通過して出力層へと伝達される（図 **6.6**）．音源定位の場合，入力は多くの場合，多チャネルのスペクトルやチャネル間の時間差・振幅比である．

6.5.1　ニューラルネットワークのアーキテクチャ

フィードフォワードニューラルネットワーク（feedforward neural network;

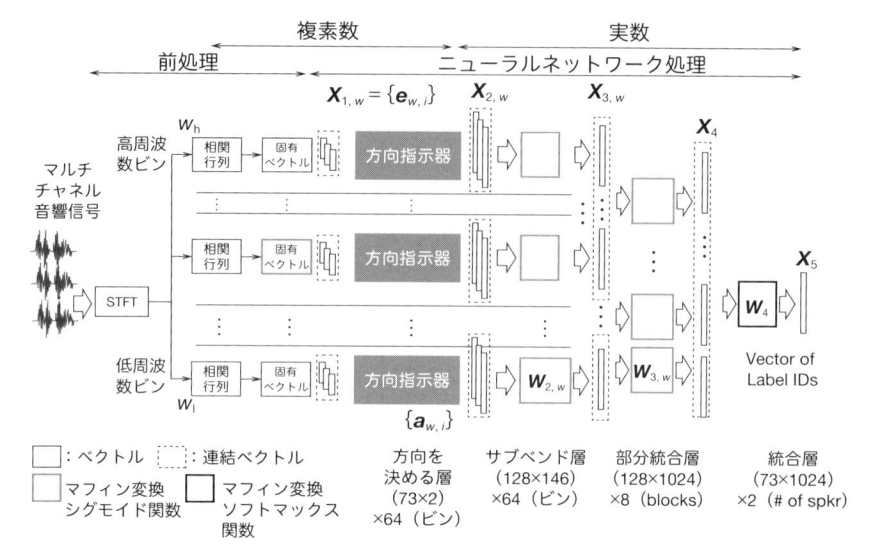

図 **6.6** フィードフォワードニューラルネットワーク（FFNN）を用いた音源定位モデルの例 [185)]

FFNN）は，最も単純なニューラルネットワークのクラスである．FFNN では，データは入力層から出力層へと向かって，いくつかの隠れ層を経由しながら伝達される．それぞれの層の末尾では非線形の活性化関数（activation function）が使用される．FFNN のこのような構成は非常に一般的なものであり，後述する畳み込みニューラルネットワークや再帰型ニューラルネットワークも FFNN の一種と見なすことができるが，通常 FFNN といえば，畳み込みや再帰のような特別な構造を含まないもののみを指すことが多い．

　FFNN を用いた音源定位モデルの一例が，図 6.6 に示される Takeda ら [185)] の手法である．この手法では，マルチチャネルのスペクトログラムをいくつかの周波数帯域に分割し，それぞれの周波数帯域ごとに求めたチャネル間相関行列の固有ベクトルを FFNN に入力する．各周波数帯域ごとの FFNN の出力を別の FFNN を用いて段階的に統合することで，最終的な音源定位結果を出力するものである．

　また，畳み込みニューラルネットワーク（CNN）は，画像処理タスクで応用が先行しているニューラルネットワークの 1 つであるが，音源定位，音源分離，音声認識などの音響信号処理タスクにおいても，時間と周波数の 2 軸をもつ 2 次元配列スペクトログラムを画像と見なすなどして応用が進められている．ただし，画像処理タスクでは，画像データを 3 次元配列（縦・横・色（RGB））と見なして畳

み込み演算を行うことが多いのに対して，音響信号タスクでは多チャネルのスペクトログラムを3次元配列（時間・周波数・チャネル）と見なして畳み込み演算を行うことが多い．最初の研究事例は Hirvonen [60] のものであり，8チャネルの観測音響信号から振幅スペクトルを求め，いくつかの畳み込み層とそれに続くいくつかの全結合層を組み合わせて8方向の音源定位を実現した．その後も，多くの研究事例が報告されており，CNN の音源定位への有効性が示されている．

再帰型ニューラルネットワーク（**RNN**）は，時系列データの扱いにおいて応用が先行しているニューラルネットワークの1つであり，機械翻訳などの自然言語処理タスク，音声認識タスクなどに用いられている．一方，純粋な RNN を音響信号処理タスクに応用した報告は少なく，かわって，CNN と RNN を組み合わせた**畳み込み・再帰型ニューラルネットワーク**（convolutional recurrent neural network; **CRNN**）が音響信号処理タスクでは用いられることが多い．具体的には，入力したスペクトログラムについて畳み込み層で特徴抽出を行い，さらに再帰層でその時系列的な関係性を扱うようなアーキテクチャがよく用いられている．Adavanne らの一連の研究事例 [2,3] は，畳み込み層のブロック，双方向の Gated Recurrent Unit（GRU）ブロック，フィードフォワード層のブロックを組み合わせたもので，複数の音源が時間的に重複していても，それらが異なる種類であれば定位し検出できることを示した．この CRNN は音源定位と音源識別に関するチャレンジ **DCASE** のベースラインモデルとしても用いられたため，さまざまな修正や改良を加えて構築されたモデルが報告されており，ほかの研究へ多くの影響を与えている．

さらに，**注意機構**（attention mechanism，アテンション）は，時系列の入出力データ間の対応関係を扱うことに重点を置いたニューラルネットワークの1つであり，入力データ同士の関連性と，出力データと入力データとの関連性の両方を反映した最適な重みを計算するように学習することが特徴である．特に，トランスフォーマ（Transformer）[193] は注意機構を採用したモデルの中でも最も注目されているものであり，自然言語処理タスク，画像処理タスクをはじめとする幅広いタスクで応用されている．音響信号処理タスクにおいては，長期的な関連性をとらえることができるトランスフォーマと，局所的な特徴の抽出に向いた CNN を組み合わせたコンフォーマ（Conformer）[52] が，音声認識などで高い性能を示していることが注目されており，コンフォーマの音源定位への応用がこれから進むと期待されている．実際に，Vision Transformer や Video Vision Transformer

の音源定位への適用研究も報告されている[205].

6.5.2 入力特徴量

音響信号処理タスクにおいて，ニューラルネットワークへの入力特徴量として
よく用いられるものとしては

- 音響信号やスペクトログラムのような低レベル表現
- 両耳間時間差，両耳間位相差，両耳間レベル差などの両耳間特徴量
- CSP などのマイクロホン間の相関
- メルスペクトログラム[※10]などの音韻的特徴
- ビームフォーマや MUSIC 法などにより求めた方向特徴量

などである．下の行のものほど，音源方向そのものにより近い高レベル表現であ
る．ただし，高レベル表現を用いたほうがニューラルネットワークの隠れ層の数
や重みパラメータの数などをより減らすことができて学習コストを低減できる一
方，その特徴を抽出した環境への依存度が強くなる．また，特徴抽出の過程で，一
部の情報が欠落してしまうことはよくある．このため，年々，GPU の性能向上に
よってコンピュータの計算能力向上や学習の効率化が進むにつれて，音響信号や
スペクトログラムなどの低レベル表現を用いて，観測情報をできるだけそのまま
入力するような手法が多く報告されるようになっている．

一方で，位相は音源定位のための有効な手がかりの1つであり，ネットワーク
への入力特徴量としてよく用いられているが，一般的なニューラルネットワーク
は周期性をもつ入力を適切に扱うことができないことに注意が必要である．すな
わち，一般に位相は $0 \sim 2\pi$，もしくは $0° \sim 360°$ の範囲の値として表現されるが，
ニューラルネットワークへの入力特徴量としてこのまま，もしくは 0 から 1 など
の範囲に変換して入力することには問題がある．このような表現で位相をネット
ワークに入力してしまうと，$1°$ 方向と $359°$ 方向の間の角度は，幾何的には $2°$ で
あるのにもかかわらず，$358°$ であると計算されてしまうからである．

対策としては，**von Mises–Bernoulli DNN（vM-B DNN）**[73] などの特殊
なニューラルネットワークを応用することなどが考えられる．vM-B DNN では，
入力層の出力 y が，入力 x と重み A, B，バイアス c を用いて次式で定義される．

※10 ヘルツ〔Hz〕のかわりにメル周波数[177]と呼ばれる音高尺度を周波数軸に用いたスペク
トログラムのこと．

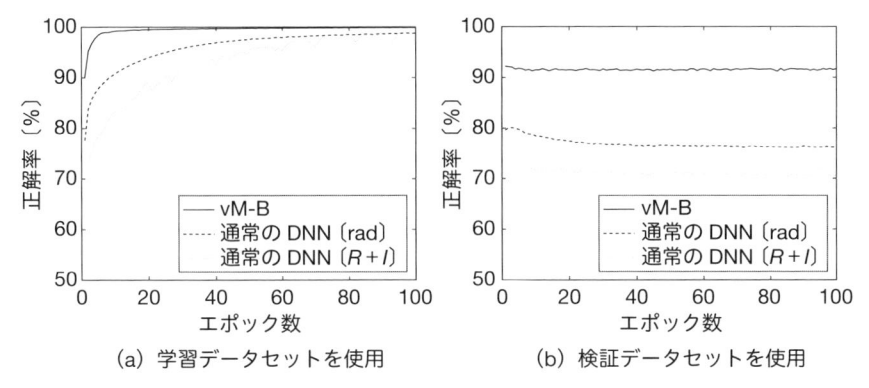

(a) 学習データセットを使用　　　(b) 検証データセットを使用

図 **6.7**　von Mises–Bernoulli DNN（vM-B）と通常のディープニューラルネットワークを用いて実環境での音源定位を行ったときの正解率

（〔rad〕はラジアン表現の位相を，〔$R+I$〕は実部と虚部に分けた位相を入力としているが，vM-B のほうがこれらより学習の収束が速く，また検証データセットでの正解率も高いことがわかる）

$$y_i = f\left(\sum_j \left(A_{ij} \cos x_j + B_{ij} \sin x_j \right) + c_i \right) \tag{6.37}$$

ここで，$f(\cdot)$ はシグモイド関数や ReLU 関数などの任意の活性化関数である．周期性をもつ入力 $\boldsymbol{x}$ を cos と sin を用いてこのようなニューラルネットワークに応用すれば，位相などの周期性をもつ入力特徴量でも適切に扱うことが可能である．

vM-B DNN を用いて音源定位を行った学習結果の例を図 **6.7** に示す．

6.5.3　学習・評価データセット

前述のとおり，音源定位のニーズは非定常雑音，特に外部雑音のある環境におけるものが多く，このような環境では十分な量のラベル付きデータを事前に準備することは困難であるため，シミュレーションによって学習・評価データセットを作成することが多い．

例えば，仮想的な音源とマイクロホンの組に対して，音の伝搬をモデル化したインパルス応答を合成して，このインパルス応答に残響のないドライな音源を畳み込むことで，擬似的な残響あり信号を得ることが可能である．このようなシミュレーションによるデータセットの作成は，例えば，プログラミング言語とし

て Python を使用するのであれば，PyRoomAcoustics[※11]などのライブラリを使用することで可能である．

また，残響のないドライな音源としては，音源分離や音声認識用のコーパスに含まれる音声，あるいは音楽情報処理用のソロ演奏コーパスに含まれる楽器音などを用いることができる．さらに，実環境で収録したインパルス応答にドライな音源を畳み込めば，より実環境に近いデータを大量に生成することが可能である．

近年では，音源定位や音源分離に関するいくつかの公開のチャレンジプロジェクト[4, 39, 150, 151] が開催されており，それらにおいて学習・評価データセットの生成のために使用可能なインパルス応答のコーパスが公開されている．

[※11] https://pyroomacoustics.readthedocs.io/

第 7 章

音源分離

　最後となる本章では，ロボット聴覚の主要技術のうち，残る音源分離について説明する．
　音源分離も音源定位と同様，さまざまなアルゴリズムが提案されている．まず，最も基本的な空間情報を陽に用いるビームフォーミングを説明する．この具体的なアルゴリズムとしては，遅延和ビームフォーミング，重み付き遅延和ビームフォーミング，死角型ビームフォーミングを説明する．

　次に，空間情報を（陽に）用いないブラインド音源分離を説明する．ブラインド音源分離には，大きく 2 つのアプローチがあるが，そのうち音源間の統計的な独立性を仮定して分離を行うアプローチについて，代表例として，独立成分分析，独立ベクトル分析を説明する．さらに，これらのハイブリッド型，つまり空間情報を陽に用い，かつ音源間の統計的独立性を仮定するアルゴリズムとして，GSS，および，GHDSS を説明する．

　また，もう一方の時間周波数成分のスパース性に注目するアプローチとして，非負値行列分解，および，その拡張である独立低ランク行列分析，さらには，非負値行列分解の多チャネル拡張，マルチモーダル拡張を説明する．そのほか，非負値行列分解による音源分離で一般的に用いられるマスクベースの分離処理という文脈で，ディープクラスタリングやニューラルネットワークでマスクを直接推定する深層学習ベースの音源分離手法についても説明する．

✎ 7.1

空間情報にもとづく音源分離

マイクロホンアレイを用いた音源分離の手法として，遅延和ビームフォーミングと死角型ビームフォーミングを説明する．

7.1.1 遅延和ビームフォーミング

音源分離の遅延和ビームフォーミングは，音源定位の遅延和ビームフォーミング（6.2 節参照）と基本的には同じだが，音源定位では，ビームフォーミングの出力を最大化する方向を推定することが主目的であったのに対し，音源分離では，推定した音源方向に対するビームフォーミングの出力そのものを得ることが主目的となる．

つまり，音源分離では，式 (6.8)（129 ページ）や式 (6.11)（130 ページ）で得られる $\hat{\theta}$ を，式 (6.7)（129 ページ）や式 (6.10)（129 ページ）に，代入して $y(t, \hat{\theta})$ や $Y(\omega, \hat{\theta})$ を得ることが目的である．なお，式 (6.7) や式 (6.10) では，ビームフォーミングの出力がもとの信号のマイクロホン数（M）倍となってしまう．しかし，音源分離という主旨では，もとの信号に戻るほうが，使い勝手がよい．この場合は，式 (6.5)（129 ページ）のかわりに，次式のようなフィルタを用いて，加算平均をとるように変更すればよい．

$$w_m(t) = \frac{1}{M} \delta(t + \tau_m(\theta)) \tag{7.1}$$

ここで，$\delta(\cdot)$ はデルタ関数である．

さらに，重み付き遅延和ビームフォーミングも，同様の考え方で音源定位で用いた手法を音源分離に用いることができる．すなわち，式 (6.20)（133 ページ）より l 番目の音源の音源方向 θ_l が得られたとき，θ_l を式 (6.20) の ψ に代入して得られる $Y(\omega, f, \theta_l)$ が音源分離結果となる．▶

7.1.2　死角型ビームフォーミング

前項で述べた遅延和ビームフォーミングや重み付き遅延和ビームフォーミングは，目的音源信号を同期加算することで強調すると同時に，雑音信号は加算平均することで，中心極限定理にもとづき振幅の期待値がゼロになるガウス雑音に帰着させることで抑圧して，音源分離（音声強調）を行う手法である．

このため，原理上，複数の音源がある場合はその音源の影響を受けて性能が低下する．例えば，重み付き遅延和ビームフォーミングの式 (6.20) の $\boldsymbol{X}$ に，L 個の音源信号からなる式 (6.18)（132 ページ）を代入し，θ_1 方向にある音源を抽出しようとすると，次式となる．

$$
\begin{aligned}
Y(\omega, f, \theta_1) &= \frac{\boldsymbol{H}^{\mathsf{H}}(\omega, \theta_1)}{||\boldsymbol{H}(\omega, \theta_1)||} \left(\boldsymbol{H}(\omega)\, \boldsymbol{S}(\omega, f) + \boldsymbol{N}(\omega, f) \right) \\
&= \frac{\boldsymbol{H}^{\mathsf{H}}(\omega, \theta_1)}{||\boldsymbol{H}(\omega, \theta_1)||} \left(\sum_{l=1}^{L} \boldsymbol{H}(\omega, \theta_l)\, S_l(\omega, f) + \boldsymbol{N}(\omega, f) \right) \\
&= S_1(\omega, f) + \sum_{l=2}^{L} \frac{\boldsymbol{H}^{\mathsf{H}}(\omega, \theta_1)\, \boldsymbol{H}(\omega, \theta_l)}{||\boldsymbol{H}(\omega, \theta_1)||} S_l(\omega, f) + \frac{\boldsymbol{H}^{\mathsf{H}}(\omega, \theta_1)}{||\boldsymbol{H}(\omega, \theta_1)||} \boldsymbol{N}(\omega, f)
\end{aligned}
\tag{7.2}
$$

ここで，右辺の第 1 項（右辺 3 行目の左）は目的音源がうまく取り出せたことを示しているが，第 2 項（3 行目の中央）はほかの音源信号による影響を，第 3 項（3 行目の右）は各マイクロホンで混入する加法性雑音の影響を示しており，これらの項のせいで，複数音源下での性能が低下することが問題となる．

この問題を解決するためには，式 (6.20) のように，特定の方向 ψ にある音源のみを抽出するのではなく，$\boldsymbol{\theta} = [\theta_1, \ldots, \theta_L]$ 方向にあるすべての音源を同時に分離抽出するような $\boldsymbol{W}(\omega)$ を設計すればよい．具体的には，例えば，式 (6.18) で用いた $\boldsymbol{H}(\omega)$ にならって，次式の行列を定義する．

$$
\begin{aligned}
\boldsymbol{H}(\omega, \boldsymbol{\theta}) &= [\boldsymbol{H}(\omega, \theta_1), \ldots, \boldsymbol{H}(\omega, \theta_l), \ldots, \boldsymbol{H}(\omega, \theta_L)] \\
&= \begin{bmatrix}
H_1(\omega, \theta_1) & \cdots & H_1(\omega, \theta_l) & \cdots & H_1(\omega, \theta_L) \\
\vdots & \ddots & & & \vdots \\
H_m(\omega, \theta_1) & & H_m(\omega, \theta_l) & & H_m(\omega, \theta_L) \\
\vdots & & & \ddots & \vdots \\
H_M(\omega, \theta_1) & \cdots & H_M(\omega, \theta_l) & \cdots & H_M(\omega, \theta_L)
\end{bmatrix}
\end{aligned}
\tag{7.3}
$$

このような，すべての音源とマイクロホン間の伝達関数を含む行列を用いて，次式の分離行列 $\boldsymbol{W}(\omega, \boldsymbol{\theta})$ を設計する．

$$\begin{aligned}
\boldsymbol{W}(\omega, \boldsymbol{\theta}) &= \boldsymbol{H}^{+}(\omega, \boldsymbol{\theta}) \\
&= \frac{\boldsymbol{H}^{\mathrm{H}}(\omega, \boldsymbol{\theta})}{||\boldsymbol{H}(\omega, \boldsymbol{\theta})||}
\end{aligned} \tag{7.4}$$

ここで $\boldsymbol{A}^{+}$ は行列 $\boldsymbol{A}$ の擬似逆行列である．

また，ビームフォーミングの出力を次式のように定義する．▶

$$\boldsymbol{Y}(\omega, f) = \boldsymbol{W}(\omega, \boldsymbol{\theta})\, \boldsymbol{X}(\omega, f) \tag{7.5}$$

これに，式 (6.18) を代入してみる．

$$\begin{aligned}
\boldsymbol{Y}(\omega, f) &= \boldsymbol{W}(\omega, \boldsymbol{\theta})\,(\boldsymbol{H}(\omega)\,\boldsymbol{S}(\omega, f) + \boldsymbol{N}(\omega, f)) \\
&= \frac{\boldsymbol{H}^{\mathrm{H}}(\omega, \boldsymbol{\theta})}{||\boldsymbol{H}(\omega, \boldsymbol{\theta})||}\,(\boldsymbol{H}(\omega)\,\boldsymbol{S}(\omega, f) + \boldsymbol{N}(\omega, f)) \\
&= \boldsymbol{S}(\omega, f) + \frac{\boldsymbol{H}^{\mathrm{H}}(\omega, \boldsymbol{\theta})}{||\boldsymbol{H}(\omega, \boldsymbol{\theta})||}\,\boldsymbol{N}(\omega, f)
\end{aligned} \tag{7.6}$$

この結果をみると，式 (7.2) の第2項の影響，つまり，ほかの音源からの影響がなくなっており，音源分離の性能が向上している．

上記のビームフォーミングは，θ_l 方向にある音源を分離・抽出するという立場で考えれば，θ_l 方向にビームを形成すると同時に，θ_l 方向以外の音源方向に死角を形成して，ほかの音源からの信号を抑圧しているといえる．このため，**死角型ビームフォーミング**（null beamforming）と呼ばれる．一方，実際の問題では抑圧したい雑音源の方向が未知であることが多いことから，死角を適応的に形成する必要がある場合が一般的であり，さまざまな提案がなされている．よって，死角型ビームフォーミングは，適応ビームフォーミングとほぼ同義の用語であるということもできる．

🐾 7.2

統計的独立性にもとづく音源分離

前節で述べたビームフォーミングは，「音源とマイクロホンアレイの間の空間を

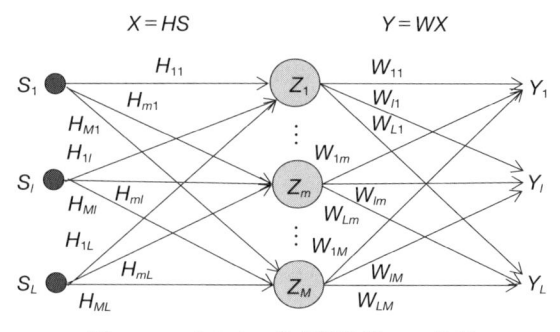

図 **7.1** ブラインド音源分離の一般形

音がどのように伝わってくるか」，すなわち，ステアリングベクトルや空間相関行列が事前情報として与えられていることを前提としたものであった．本節以降では，音源やマイクロホンに関する空間的なモデルや事前知識を仮定しないかわりに，音源信号そのものの性質に着目した音源分離手法について述べる．特に本節では，音源の統計的独立性に着目した音源分離手法である独立成分分析と，その発展形である独立ベクトル分析，さらに，統計的独立性と空間的なモデルを組み合わせたハイブリッド型の音源分離手法である GSS や GHDSS について述べる．

7.2.1 独立成分分析

　観測信号以外の情報が与えられない，すなわち，混合系が未知（ブラインド）である状況で行う音源分離は，ブラインド音源分離（blind source separation; **BSS**）と総称されることがある．図 **7.1** にブラインド音源分離の一般形を示す．

　独立成分分析（**ICA**）は，音源やマイクロホンの配置などの混合系が未知であっても音源を分離することができる手法の 1 つである．音源分離のほかにも，信号処理や画像処理での雑音除去，通信におけるクロストーク（漏話）の分離，生体信号の解析などに用いられている．実際，多くの場合，それぞれの音源は何ら関連のない信号を生成しており，一方の音源信号から他方の音源信号を推測することは困難である．このとき，「複数の音源（信号源）は互いに統計的に独立（statistically independent）である」という．音源信号 $s_1(t)$ と $s_2(t)$ が統計的に独立であることは，次式が成り立つことでも表される．

$$p(s_1(t), s_2(t)) = p(s_1(t))\, p(s_2(t)) \tag{7.7}$$

　それぞれの音源源が互いに独立であるということは，混合音に対して理想的な分離を行えれば，得られた分離音も互いに大きな独立性をもつはずである．一方で，不十分な分離であれば，得られた分離音の独立性は低下してしまう．つまり，独立成分分析は，音源信号が統計的独立性を満たすことを仮定し，観測された混合音から独立性が最大化されるような音源信号（および分離行列）を推定する手法である．

　以下では，独立成分分析の基本的な考え方やアルゴリズムを述べるために，まず時間領域独立成分分析について説明する．次に，実用的に広く用いられる周波数領域独立成分分析について説明する．

(1)　時間領域独立成分分析

　時間領域独立成分分析では，音源信号が瞬時混合（instantaneous mixture）と呼ばれる過程を通じて混合・観測されることを仮定する．

　瞬時混合とは，音源からマイクロホンまでの距離の違いによる遅延や部屋の残響がない，例えばミキサを使って音を混合するような状況に相当する概念である．このとき，音源信号を $s_n(t)$，観測信号を $x_m(t)$，音源 n がマイクロホン m で観測されるときの減衰度合いを a_{mn} とすると，次式の関係が成り立つ．

$$x_m(t) = \sum_{n=1}^{N} a_{mn} s_n(t) \tag{7.8}$$

ただし，M はマイクロホン数，N は音源数である[※1]．a_{mn} を要素にもつ混合行列 A を用いて行列形式に書き直すと次式となる．

$$\boldsymbol{x}(t) = A\boldsymbol{s}(t) \tag{7.9}$$

さらに，混合行列 A が正則で，その逆行列 $W = A^{-1}$（分離行列）が存在すれば

$$\begin{aligned}\boldsymbol{y}(t) &= W\boldsymbol{x}(t) \\ &= WA\boldsymbol{s}(t) \\ &= \boldsymbol{s}(t)\end{aligned} \tag{7.10}$$

[※1] 独立成分分析ではマイクロホン数と音源数が等しい $M = N$ の状況を想定することが多い．一方，マイクロホン数が音源数より少ない $M < N$ の状況は劣決定（underdetermined）と呼ばれ，統計的独立性に加えてさらなる仮定や工夫が必要になる．

のように音源信号の推測値 $\boldsymbol{y}(t)$ を得ることができる．これによって，観測信号 $(\boldsymbol{x}(1),\ldots,\boldsymbol{x}(t),\ldots,\boldsymbol{x}(T))$ のみから分離行列 W を推定することができれば，音源信号を分離することができる．しかし，混合行列の逆行列 A^{-1} は必ずしも存在するわけではないので，独立成分分析では音源信号の推測値 $\boldsymbol{y}(t)$ が統計的に独立になるように，最適な分離行列 W を推定することになる．

ここで，独立成分分析を実行するアルゴリズムを検討する前に，観測信号に対する2つの前処理を説明する．1つは**中心化**（centering）と呼ばれる処理で，観測信号とその平均値の差をとることで，観測信号の各チャネルにおける平均がゼロとなるように（中心が原点に移動するように）する処理である．以降の式では，簡略化のため，時間のインデックス (t) を省略している．▶

$$\boldsymbol{x}_c = \boldsymbol{x} - \mathrm{E}[\boldsymbol{x}] \tag{7.11}$$

もう1つは**白色化**と呼ばれる処理であり，観測信号を線形変換することで，観測信号の各チャネルが無相関となるようにする処理である．▶

$$\boldsymbol{x}_w = \hat{\Sigma}^{-\frac{1}{2}} \boldsymbol{x}_c \tag{7.12}$$

$$\hat{\Sigma} = \mathrm{E}[\boldsymbol{x}_c^\top \boldsymbol{x}_c] \tag{7.13}$$

さて，独立成分分析では，観測信号 $\boldsymbol{x}(t)$ に対して，音源信号の推測値 $\boldsymbol{y}(t)$ の独立性が最大化されるような分離行列 W を求めることが目的となる．ここで，出力の統計的独立性を評価するには，**カルバック–ライブラーダイバージェンス**（Kullback–Leibler Divergence, **KLD**）最小化，エントロピー最小化，ネゲントロピー最大化，相関行列の同時対角化などの基準を用いることができる．以下では，KLD 最小化を用いることとする．

KLD とは，2つの確率密度 $p(\boldsymbol{\xi})$ と $q(\boldsymbol{\xi})$ の間の乖離度を表す基準である．2つの分布が一致していればゼロ，分布の違いが大きくなるほど大きな値をとる性質をもち，$\mathcal{D}(p(\boldsymbol{\xi}),q(\boldsymbol{\xi}))$ と表記される．特に，KLD 最小化を用いる独立成分分析では

$$p(\boldsymbol{y}) = p(y_1,\ldots,y_L)$$

と記述される出力の同時分布と

$$\prod_{l=1}^{L} p_l(y_l)$$

と記述される周辺分布の積との間の KLD を考慮する.

$$\mathcal{D}\left(p(\boldsymbol{y}), \prod_{l=1}^{L} p_l(y_l)\right) = \int p(\boldsymbol{y}) \log \frac{p(\boldsymbol{y})}{\prod_{l=1}^{L} p_l(y_l)} \, d\boldsymbol{y} \tag{7.14}$$

式 (7.14) において

$$p(\boldsymbol{y}) = \prod_{l=1}^{L} p_l(y_l)$$

が成り立つ, すなわち $y_1, \ldots, y_L$ が統計的に独立であれば, KLD は最小値のゼロをとる. よって, 分離の目的は式 (7.14) の $\mathcal{D}$ を最小化するような W を求めることになる.

この $\mathcal{D}$ を最小化するためには, 一般に最急降下法が用いられる.

$$\boldsymbol{y} = W\boldsymbol{x}$$

であるから, W に対する勾配は次式で計算できる.

$$\frac{\partial \mathcal{D}}{\partial W^*} = -\frac{1}{2} W^{-\mathsf{H}} + \mathrm{E}[\boldsymbol{\varphi}(\boldsymbol{y})\boldsymbol{x}^{\mathsf{H}}] \tag{7.15}$$

$$\left(\boldsymbol{\varphi}(\boldsymbol{y}) = [\varphi_1(y_1), \ldots, \varphi_L(y_L)]^{\top}, \quad \varphi_l(y_l) = \frac{\partial \log p_l(y_l)}{\partial y_l^*}\right)$$

これを実際に計算しようとするとかなりの計算リソースを要するから, 実応用においては, かわって次式のような自然勾配を用いて最小化を行う.

$$\frac{\partial \mathcal{D}}{\partial W^*} W^{\mathsf{H}} W = -\frac{1}{2} W + \mathrm{E}[\boldsymbol{\varphi}(\boldsymbol{y})\,\boldsymbol{x}^{\mathsf{H}}] W^{\mathsf{H}} W$$

$$= -\left(\frac{1}{2} I - \mathrm{E}[\boldsymbol{\varphi}(\boldsymbol{y})\,\boldsymbol{y}^{\mathsf{H}}]\right) W \tag{7.16}$$

これを解いて得られる最急降下法の更新式は次式となる.

$$W_k = W_{k-1} + \eta \left(\frac{1}{2} I - \mathrm{E}[\boldsymbol{\varphi}(\boldsymbol{y})\,\boldsymbol{y}^{\mathsf{H}}]\right) W \tag{7.17}$$

ここで, η は最小化のための制御パラメータである.

FastICA 不動点アルゴリズム[66] は代表的な独立成分分析のアルゴリズムの 1 つであり, これによって, KLD 最小化, ネゲントロピー最大化, 尖度最大化などを用いた独立成分分析を適用することができる (アルゴリズム **7.1**). また, 収束が高速である, ニュートン法を用いるため学習系数が不要である, といった利点があり広く用いられている. ▶

アルゴリズム 7.1 FastICA 不動点アルゴリズム

1: **function** FastICA(X: $M \times N$ 行列, L: 最大反復回数, ε: 収束判定閾値)

2:     W をランダムな $M \times M$ 行列で初期化し, 各行を正規化する

3:     **for** $m \leftarrow 1$ to M **do**

4:         **for** $i \leftarrow 1$ to L **do**

5:             $y_m \leftarrow X W_m$

6:             $w' \leftarrow \mathrm{E}\{\tanh'(y_m)\}w' - \mathrm{E}\{\tanh(y_m)X\}$

7:             $w' \leftarrow W_m - \sum_{m'=1}^{m-1}(W_{m'}^{\top}w')W_{m'}$

8:             $w' \leftarrow \dfrac{w'}{\|w'\|}$

9:             **if** $\langle W_m, w' \rangle < \epsilon$ **then**

10:                **Break**

11:             **end if**

12:             $W_m \leftarrow w'$

13:         **end for**

14:     **end for**

15:     **return** Y, W

16: **end function**

---

(2) 周波数領域独立成分分析

　上記の時間領域独立成分分析はさまざまな特長を有する有力な手法であるが, 瞬時混合で音源信号が混合するためには, 無響室や高い山の頂上のような, まったく残響音のない環境を仮定しなければならない. しかし, 実際の環境では, 音源からマイクロホンに直接届く成分 (直接音) と, 壁・地面・天井や周囲の物体で反射して届く成分 (間接音) が存在する.

　このような間接音は音源からマイクロホンまでの経路が直接音に比べて長く, 遅れてマイクロホンに届く性質をもつ. **畳み込み混合** (convolutional mixture) とは, 距離の違いによる遅延や部屋の残響音がある状況で, 音源信号が時間遅れの状態で足し込まれて観測信号となる過程である. これは次式で表される. ▶

$$x_m(t) = \sum_{n=1}^{N} \sum_{l=0}^{L-1} h_{mn}(l)\, s_n(t-l)$$

$$= \sum_{n=1}^{N} (h_{mn} * s_n)(t) \tag{7.18}$$

ここで, $h_{mn}(l)$ は畳み込みフィルタの係数, L はフィルタの最長タップ数である. $L = 1$ ならば, 式 (7.18) は式 (7.8) (158 ページ) と等価になる. 行列形式で表す

と次式となる.

$$
\boldsymbol{x}(t) = \sum_{l=0}^{L-1} H(l)\,\boldsymbol{s}(t-l)
$$

$$
= (H * \boldsymbol{s})(t) \tag{7.19}
$$

さらに，フーリエ変換が畳み込みを乗算に変換する性質（詳しくは 2.1.6 項参照）があることを利用して，式 (7.19) を短時間フーリエ（STFT）変換すると，時間周波数領域で次式のように表現できる.

$$
\boldsymbol{X}(f,t) = H(f)\,\boldsymbol{S}(f,t) \tag{7.20}
$$

なお，STFT のフレーム長 F はフィルタの最長タップ数 L よりも十分に大きいとする.

式 (7.20) は，時間領域での畳み込み混合モデルであり，かつ，時間周波数領域での瞬時混合モデルと見なせる．すなわち，式 (7.20) の周波数 f を適当な周波数 f_1 に固定すると，式 (7.10)（158 ページ）と同じ形の式になっている．これにより，M 個の信号が $\dfrac{F}{2}+1$ 組だけ得られたことになるから，それぞれの組（周波数ビン）に対して，時間領域独立成分分析と同様のアルゴリズムを用いて分離行列を推定すれば，周波数領域で独立成分分析を適用できたことになる. ◐

一方，このような周波数領域独立成分分析における課題の 1 つが，以下のパーミュテーション問題とスケーリング問題である.

周波数領域独立成分分析においては，それぞれの周波数において，分離行列の推定は独立に行われることになる．したがって，分離行列の行と列，あるいは推定された音源信号 $\hat{\boldsymbol{S}}(f,t)$ の順序が入れかわったとしても，独立成分分析自体の目的関数の値は変化しない．いいかえれば，独立性は変化しない．よって，任意の異なる周波数 f_1 と f_2 において，$\hat{\boldsymbol{S}}(f_1,t)$ と $\hat{\boldsymbol{S}}(f_2,t)$ の音源信号との対応関係が一致しているとは限らない．これは，単に独立成分分析で得られた各周波数成分の 1 番目，2 番目，$\cdots$ をまとめたものを逆 STFT しても，一部の周波数ではある音源の成分が，ほかの周波数ではほかの音源の成分が混入してしまうことを意味する．これを**パーミュテーション問題**と呼ぶ．パーミュテーション問題の対策としては，音源の方向情報と分離信号の相関の利用 [169] などが提案されている.

さらに，順序と同様に，$\hat{S}(f, t)$ それぞれの周波数のスケーリング（ゲイン）が異なっていたとしても，やはり独立性は変化しない．このため，単に独立成分分析で得られた各周波数成分からある音源に対応する要素のみを集めたとしても，ある周波数ではゲインが大きく，ほかの周波数ではゲインが小さくなってしまう．これを**スケーリング問題**（scaling ambiguity）と呼ぶ．スケーリング問題を解く方法としては，最小ひずみ原理（minimal distortion principle）にもとづく手法[105]などが提案されている．

7.2.2　独立ベクトル分析

上記の周波数領域独立成分分析では各周波数成分を独立に扱っているため，パーミュテーション問題やスケーリング問題を解決する必要がある．

かわって，周波数成分ごとに独立した音源モデルではなく，すべての（複数の）周波数帯域での多変量音源モデルを考えることでパーミュテーション問題やスケーリングの問題を回避する手法が**独立ベクトル分析**（**IVA**）である．▶

おさらいになるが，周波数領域独立成分分析では，それぞれの周波数成分を独立に扱う．すなわち，次式のように，それぞれの周波数成分ごとに分離行列を独立に推定する．

$$\begin{pmatrix} Y_1(\omega, t) \\ \vdots \\ Y_n(\omega, t) \end{pmatrix} = \begin{pmatrix} w_{11}(\omega) & \cdots & w_{1n}(\omega) \\ \vdots & \ddots & \vdots \\ w_{n1}(\omega) & \cdots & w_{nn}(\omega) \end{pmatrix} \begin{pmatrix} X_1(\omega, t) \\ \vdots \\ X_n(\omega, t) \end{pmatrix}$$

$$\Leftrightarrow \quad \boldsymbol{Y}(\omega, t) = \boldsymbol{W}(\omega)\boldsymbol{X}(\omega, t)$$

ここで，ω は周波数であり，それぞれの ω に対して分離行列 $\boldsymbol{W}(\omega)$ は独立に推定される．

対して，独立ベクトル分析では，次式によってすべての周波数成分を同時に扱うことで，パーミュテーション問題やスケーリング問題の根本的な解決を試みる．

$$
\begin{pmatrix} Y_1(1,t) \\ \vdots \\ Y_1(M,t) \\ \hline \vdots \\ \hline Y_n(1,t) \\ \vdots \\ Y_n(M,t) \end{pmatrix} = \begin{pmatrix} w_{11}(1) & & \mathbf{0} & & w_{1n}(1) & & \mathbf{0} \\ & \ddots & & \cdots & & \ddots & \\ \mathbf{0} & & w_{11}(M) & & \mathbf{0} & & w_{1n}(M) \\ \hline \vdots & & & \ddots & & \vdots & \\ \hline w_{n1}(1) & & \mathbf{0} & & w_{nn}(1) & & \mathbf{0} \\ & \ddots & & \cdots & & \ddots & \\ \mathbf{0} & & w_{n1}(M) & & \mathbf{0} & & w_{nn}(M) \end{pmatrix} \begin{pmatrix} X_1(1,t) \\ \vdots \\ X_1(M,t) \\ \vdots \\ X_n(1,t) \\ \vdots \\ X_n(M,t) \end{pmatrix}
$$

$$(7.21)$$

$$
\Leftrightarrow \begin{pmatrix} \boldsymbol{Y}_1(t) \\ \vdots \\ \boldsymbol{Y}_n(t) \end{pmatrix} = \begin{pmatrix} \boldsymbol{W}_{11} & \cdots & \boldsymbol{W}_{1n} \\ \vdots & \ddots & \vdots \\ \boldsymbol{W}_{n1} & \cdots & \boldsymbol{W}_{nn} \end{pmatrix} \begin{pmatrix} \boldsymbol{X}_1(t) \\ \vdots \\ \boldsymbol{X}_n(t) \end{pmatrix}
$$

$$
\Leftrightarrow \quad \boldsymbol{Y}(t) = \boldsymbol{W}\boldsymbol{X}(t) \tag{7.22}
$$

すなわち，周波数 ω ごとに分離行列 $\boldsymbol{W}(\omega)$ を推定するのではなく，すべての周波数にわたる巨大な分離行列 $\boldsymbol{W}$ を一度に推定しようとするのである．

　それでは，式 (7.22) が適用できるには，信号がどのような性質をもてばよいか考えてみる．前述のとおり，周波数領域独立成分分析を音源分離に用いる場合は，その音源信号は優ガウス性（正規分布よりも「尖っている」）の分布にしたがうと仮定することが多い．その一例がラプラス分布であり，これは次式で表される．

$$
p(\boldsymbol{s}_n) = p(s_{n,1}, \ldots, s_{n,F}) = \prod_{f=1}^{F} p(s_{n,f}) \propto \prod_{f=1}^{F} \exp\left(-\frac{s_{n,f}}{\sigma_{n,f}}\right) \tag{7.23}
$$

ここで，$\sigma_{n,f}$ は分布の広がりの大きさを表すスケールパラメータである．

　また，実際，音声や音楽の音響信号を STFT して適当な周波数成分の分布を図示してみると，多くの場合で正規分布よりも尖っていることが確認できる．

　一方，周波数領域独立成分分析では，音源信号の異なる周波数間は独立性が満たされていることを仮定しているが，例えば音声には調波構造があるように，（音源が互いに統計的に独立であったとしても）音源信号の異なる周波数成分に関しては決して独立であるとは限らず，強い相関が存在する場合も多いことが問題となる．このような特徴をもつ音源信号を扱うためには，音源信号が周波数間に相

関をもつような分布にしたがうと仮定することが望ましいといえる．その一例が多変量ラプラス分布であり，これは次式で表される．

$$p(\boldsymbol{s}_n) = p(s_{n,1}, \ldots, s_{n,F}) \propto \exp\left(-\sqrt{\boldsymbol{s}_n^{\mathsf{H}} \Sigma_n^{-1} \boldsymbol{s}_n}\right) \tag{7.24}$$

ここで，Σ_n は音源 n の各周波数成分間の共分散行列であり，その非対角成分が周波数間の相関を表す．独立ベクトル分析では，この周波数間の相関に着目することで，巨大な分離行列 W を一度に推定しようとする．

ただし，独立ベクトル分析でも，（周波数成分間に相関があるような事前分布を用いたうえで）通常の周波数領域独立成分分析とほぼ同様の目的関数を用いて定式化される．一例として，KLD を目的関数に用いた場合[59] は次式で表される．

$$\begin{aligned}
\mathrm{KLD}(\boldsymbol{Y}) &= \sum_{k=1}^{n} H(\boldsymbol{Y}_k) - H(\boldsymbol{Y}) \\
&= \sum_{k=1}^{n} \mathrm{E}_t[-\log P_{Y_k}(\boldsymbol{Y}_k(t))] - \log|\det(\boldsymbol{W})| - H(\boldsymbol{X})
\end{aligned} \tag{7.25}$$

ここで，$H(\boldsymbol{Y}_k)$ は $\boldsymbol{Y}_k(t)$ の微分エントロピー，$H(\boldsymbol{Y})$ は $\boldsymbol{Y}(t)$ の結合エントロピー，$\mathrm{E}_t[]$ は時間フレームに関する期待値である．式 (7.25) に自然勾配法を適用することで，次式の学習則を導出できる．

$$\delta \boldsymbol{W} = -\frac{\partial \mathrm{KLD}(\boldsymbol{Y})}{\partial \boldsymbol{W}} \boldsymbol{W}^{\mathsf{H}} \boldsymbol{W} \tag{7.26}$$

$$= \left(\boldsymbol{I} - \frac{\partial}{\partial \boldsymbol{W}}\left(\sum_{k=1}^{n} H(\boldsymbol{Y}_k) \boldsymbol{W}^{\mathsf{H}}\right)\right) \boldsymbol{W} \tag{7.27}$$

ただし，$\dfrac{\partial \sum H(\boldsymbol{Y}_k)}{\partial \boldsymbol{W}}$ の計算は困難であるため，実用上，$\delta \boldsymbol{W}$ を直接求めるかわりに，周波数ごとに分解した $\delta \boldsymbol{W}(\omega)$ を求める．

$$\delta \boldsymbol{W}(\omega) = \left(\boldsymbol{I} + \mathrm{E}_t\left[\boldsymbol{\varphi_\omega}(\boldsymbol{Y}(t))\boldsymbol{Y}(\omega,t)^{\mathsf{H}}\right]\right) \boldsymbol{W}(\omega) \tag{7.28}$$

$$\begin{cases}
\boldsymbol{\varphi_\omega}(\boldsymbol{Y}(t)) = [\varphi_{1\omega}(\boldsymbol{Y}_1(t)]), \ldots, \varphi_{n\omega}(\boldsymbol{Y}_n(t))]]^{\top} \\
\varphi_{k\omega}(\boldsymbol{Y}_k(t)) = \dfrac{\partial}{\partial Y_k(\omega,t)} \log P_{Y_k}(\boldsymbol{Y}_k(t))
\end{cases}$$

ここで，式 (7.21) のうち，非ゼロ成分のみを更新することに注意する．

7.2.3 ハイブリッド型音源分離手法

GSS[192] は，独立成分分析で用いられる音源信号の無相関化とビームフォーミングによる空間フィルタリングを組み合わせた，ハイブリッド型の音源分離手法である．また，**GHDSS**[126] は，GSS を発展させ，高次無相関化にもとづく音源分離（HDSS）と幾何学的制約（GC）を統合し，さらに適応的なステップサイズ制御を導入することで動的環境での高速なオンライン音源分離を実現した音源分離手法である．以下ではハイブリッド型音源分離手法として GHDSS について説明する．

GHDSS をはじめとしたハイブリッド型の音源分離手法の目的は，観測信号 $\boldsymbol{X}(\omega, f)$ から直接，式 (6.18)（132 ページ）の $\boldsymbol{S}(\omega, f)$ を推定することである．これには，$\boldsymbol{S}(\omega, f)$ の推定値を $\hat{\boldsymbol{S}}(\omega, f)$ として，分離行列 $\boldsymbol{W}(\omega, f) \in \mathbb{C}^{L \times M}$ を次式で推定する必要がある[*2]．

$$\hat{\boldsymbol{S}}(\omega, f) = \boldsymbol{W}(\omega, f)\, \boldsymbol{X}(\omega, f) \tag{7.29}$$

また，この $\boldsymbol{W}(\omega, f) \in \mathbb{C}^{L \times M}$ の最適化は，次式で表される音源分離のコスト関数 $J_{\mathrm{GHDSS}}(\boldsymbol{W}(\omega, f))$ を最小化することで行う．

$$J_{\mathrm{GHDSS}}(\boldsymbol{W}(\omega, f)) = \alpha J_{\mathrm{HDSS}}(\boldsymbol{W}(\omega, f)) + \beta J_{\mathrm{GC}}(\boldsymbol{W}(\omega, f)) \tag{7.30}$$

ここで，$J_{\mathrm{HDSS}}(\boldsymbol{W}(\omega, f))$ と $J_{\mathrm{GC}}(\boldsymbol{W}(\omega, f))$ は，それぞれ HDSS と GSS のコスト関数である．また，α と β は 2 つのアルゴリズムの重み付けであり，$\alpha + \beta = 1$ とする．

このうち $J_{\mathrm{HDSS}}(\boldsymbol{W}(\omega, f))$ は，高次無相関化のための 2 次コスト関数であり，次式で表される．

$$J_{\mathrm{HDSS}}(\boldsymbol{W}(\omega, f)) = ||\mathrm{E}[\boldsymbol{E}_{\mathrm{HDSS}}]||^2 \tag{7.31}$$

$$\begin{cases} \boldsymbol{E}_{\mathrm{HDSS}} = \Upsilon(\hat{\boldsymbol{S}}(\omega, f))\hat{\boldsymbol{S}}^*(\omega, f) - \mathrm{diag}[\Upsilon(\hat{\boldsymbol{S}}(\omega, f))\hat{\boldsymbol{S}}^*(\omega, f)] \\ \Upsilon(\hat{S}_l(\omega, f)) = \tanh(\eta_u|\hat{S}_l(\omega, f)|)\exp(j \cdot \angle\hat{S}_l(\omega, f)) \end{cases}$$

ただし，η_u は $\Upsilon()$ の非線形性の強さを制御するパラメータである[167]．

また，$J_{\mathrm{GC}}(\boldsymbol{W}(\omega, f))$ は，幾何学的制約をもつ 2 次コスト関数であり，次式で表される．

[*2] $\mathbb{C}^{L \times n}$ は $L \times M$ 次元の複素行列を表す．

$$J_{\mathrm{GC}}(\boldsymbol{W}(\omega, f)) = ||\boldsymbol{E}_{\mathrm{GC}}||^2 \tag{7.32}$$

$$(\boldsymbol{E}_{\mathrm{GC}} = \mathrm{diag}[\boldsymbol{W}(\omega, f)\boldsymbol{D} - \boldsymbol{I}])$$

ただし，$\boldsymbol{D} \in \mathbb{C}^{M \times L}$ は，局所的な音源とマイクアレイ間の直接音の経路にもとづく混合行列で，理想的には式 (6.18) の $\boldsymbol{D} = \boldsymbol{H}(\omega)$ である．

さらに，動的環境においては，伝達関数が時間の経過とともに変動するため，分離行列 $\boldsymbol{W}(\omega, f)$ もその変動に合わせて，適応的に推定する必要がある．伝達関数の時間変化がある程度なめらかであるとすると，分離行列の時間変化も同様になめらかとしてよいから，時刻 $t+1$ の分離行列は時刻 t の分離行列と近いものとなる．そこで，時刻 t で得られた分離行列を用いて，次式によって時刻 $t+1$ の分離行列を推定する．

$$\boldsymbol{W}(\omega, f)_{t+1} = \boldsymbol{W}(\omega, f)_t - \mu J'_{\mathrm{GHDSS}}(W_t) \tag{7.33}$$

式 (7.33) により，分離行列を逐次的に更新すれば，適応的な推定が実現できる．ただし，この式はその定義から次の特徴をもっている．

1. 更新量がコスト値の微分値ではなく，そのものの値と無関係に決まる
2. μ を固定すると，更新量がコスト値の微分値に比例する

これらの特徴により，次の課題が生じる．①については，コスト値が大きいにもかかわらず，更新量が小さくなる可能性があり，結果として収束が遅くなってしまう．また，②については，更新量がコスト値の微分値に対して単純な比例関係となっているため，コスト値が小さくほぼ収束している状態でも微分値がたまたま大きくなってしまうと，更新量が大きくなってしまい，結果として収束点付近で振動してしまう．

これらは，収束速度と収束精度の点で好ましくないため，GHDSS では多次元のニュートン法を利用して，適応的に μ を定める．具体的には，次のように $J(W_t)$ の近傍の $J(W)$ を，$J(W_t)$ の複素勾配演算 $\nabla J(W_t)$ を利用して線形近似する．

$$J(W) \approx J(W_t) + 2\mathrm{MA}(\nabla J(W), W - W_t) \tag{7.34}$$

ここで

$$\mathrm{MA}(A, B) = \Re\left[\sum_{i,j} a_{i,j}\, b_{i,j}\right]$$

は，行列 A と B の各要素における積の和の実部である．式 (7.34) よりニュートン法による最適なステップサイズ μ_{opt} は，$J(W) = 0$ となる $W = W_t - \mu J'(W_t)$ から

$$\mu_{\mathrm{opt}} = \frac{J(W)}{2\mathrm{MA}(\nabla J(W), J'(W))} \tag{7.35}$$

と求められる． ▶

🔧 7.3

時間周波数成分のスパース性にもとづく音源分離

7.3.1　非負値行列因子分解の原理

自然界には，数量，長さ，面積，体積，重さなど，負の値をもたないデータが多い．これらを**非負値データ**（nonnegative data）という．

非負値データがいくつかの構成要素の組合せからなるとき，それぞれの構成要素もまた非負値データであると考えるほうが自然である．このような，すべての要素が非負値データにより構成される行列を非負値行列という．

非負値行列因子分解（**NMF**）[97] は，非負値行列を 2 つの非負値行列の積に分解（近似）する手法である．

$$X \simeq WH \tag{7.36}$$

ここで，X は $M \times N$ の非負値行列，W は $M \times K$ の非負値行列，H は $K \times N$ の非負値行列である[※3]．すなわち，非負値行列因子分解は，与えられた非負値行列 X に対して，それらの積が X を近似するような W と H を推定する手法である．

非負値行列因子分解では，$M \times K$ の非負値行列 W，および，$K \times N$ の非負値行列 H の K をあらかじめ決めておく．これを**基底数**（base number）という．多くの場合，基底数 K はほかの M や N よりも小さくなるように設定する．この K

[※3] 非負値行列因子分解によって生成される 2 つの行列は慣習的に W と H で表されることが多い．

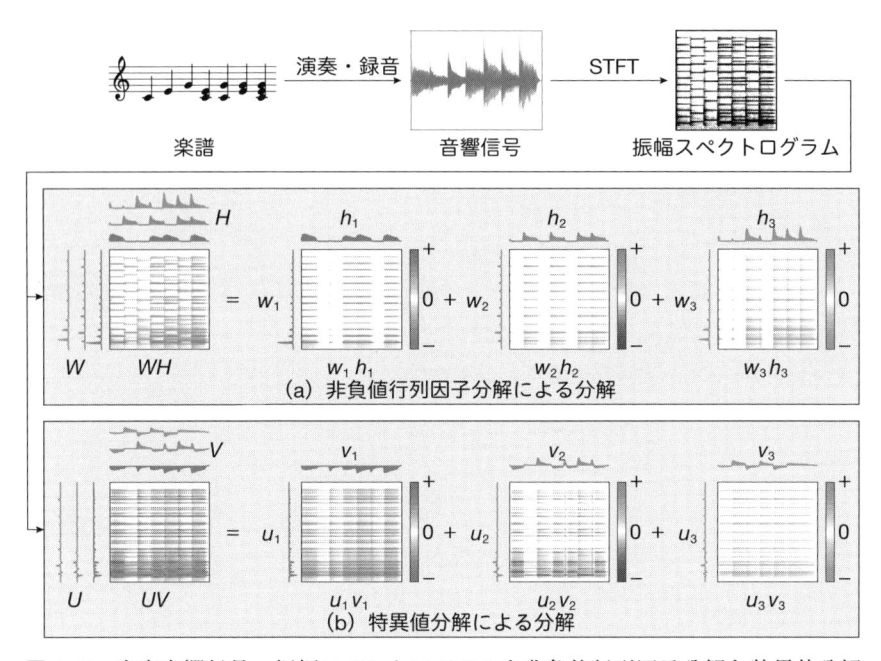

図 7.2 音楽音響信号の振幅スペクトログラムを非負値行列因子分解と特異値分解
で分解した例

(「ド」「ミ」「ソ」の 3 音を 1 音 (「ド」→「ミ」→「ソ」) →2 音同時 (「ドミ」→「ドソ」
→「ミソ」) →3 音同時 (「ドミソ」) の順にピアノで演奏し, 録音された音響信号を短時間
フーリエ変換 (STFT) して絶対値をとった振幅スペクトログラムを対象としている)

は非負値行列因子分解の結果に大きく影響する重要なパラメータであることが知
られており, 与えられた非負値行列 X に対して最適な基底数 K を自動的に推定
する手法[61] が提案されている.

例えば, 振幅スペクトログラムやパワースペクトログラムは, フーリエ変換で
得られる複素スペクトログラムの絶対値やその 2 乗で得られるため必然的にすべ
ての値が非負であり, かつ, 時間と周波数の 2 つの軸をもつ行列形式のデータで
あるため, 非負値行列因子分解を適用できる. 特に楽器音の振幅スペクトログラ
ムは, 各周波数成分の相対的な強度と振幅という時間的に変動する 2 つの要素の
積として表現しやすいため, 非負値行列因子分解による多重音解析と相性がよい.

図 7.2 (a) は, 混合音の振幅スペクトログラムに対して, 非負値行列因子分解
を適用した例である. なかでも基底数 K を 3 とした非負値行列因子分解の結果を
みると, 再構成された振幅スペクトログラムがもとの混合音をよく近似しており,

繰り返し現れるスペクトルパターン（「ド」「ミ」「ソ」の調波構造）と各時刻での各音の音量（発音のタイミング・区間）がよく抽出されていることがわかる．すなわち，各基底から再構築された振幅スペクトログラムが「ド」「ミ」「ソ」の各音だと解釈できる．ここで，スペクトルパターンを表す W は基底スペクトル（base spectrum），音量の時間変化を表す H はアクティベーション行列と，それぞれ慣習的に呼ばれる．

なお，非負値行列因子分解を用いて音源分離を行う際には，基底から再構築されたスペクトログラムをそのまま分離音のスペクトログラムとするのではなく，基底から分離マスク U_k を計算し，そのマスクと入力行列のもととなる複素スペクトログラムとの要素積をとることで各基底に対応した分離スペクトログラム $\hat{Y}_k$ を得る． ◉

$$u_{kmn} = \frac{w_{mk}\, h_{kn}}{\sum_k w_{mk}\, h_{kn}} \tag{7.37}$$

$$\hat{y}_k = u_{kmn}\, x_{kmn} \tag{7.38}$$

このようにすることで，複素スペクトログラムの振幅と位相のミスマッチが起こりにくくなり，逆 STFT で得られる信号にひずみやノイズが含まれにくくなる．

一方，図 7.2（b）は，振幅スペクトログラムに特異値分解を適用し，特異値が大きいものから順に 3 つの要素を抽出して再構成したものである．ただし，特異値分解では行列を $X = USV$ と分解するが，ここでは $\sqrt{S}$ を S の各要素の平方根からなる行列として，さらに $U' = U\sqrt{S}$，$V' = \sqrt{S}V$ として

$$X = U'V'$$

と分解している[※4]．

こちらの再構成された振幅スペクトログラムは非負値行列因子分解と同様にもとの混合音をよく近似しているものの，スペクトルパターンと音量に正の値と負の値を含んでおり，非負値データとなっていない．さらに，各要素から再構成されたスペクトログラムも非負値データとなっておらず，振幅スペクトログラムとしての解釈はもはや困難である．各要素と「ド」「ミ」「ソ」の音との対応関係も不明瞭である．

※4 図 7.2 では U', V' を単に U, V と表している．

　このように，特異値分解でも構成要素やその重みが負の値をとってもよい場合は，全体としてつじつまが合うように複数の要素を足したり引いたりすることで，観測データを表現（近似）することができるが，近似の精度は高いものの，それぞれの要素が表す対象やその意味を解釈することが難しいことが問題となる．一方，非負値データのみを許容することにできれば，それぞれの要素が表す対象やその意味の解釈は比較的容易である．さらに，引き算によるつじつま合せがなくなるため，それぞれの要素は余分な成分を含まない，より単純な内容へと誘導される．これによって，構成要素の大部分がゼロとなり，それぞれの要素はスパースなデータをもつものとなる[5]．

7.3.2　非負値行列因子分解の定式化

　非負値行列因子分解は，多数の顔画像に共通するパーツ（目・鼻・口など）を抽出するための画像処理分野の技術として，Lee らによって提案された[97]．Lee らは同時に乗法更新則と呼ばれる効率的な反復アルゴリズムを提案したため，非負値行列因子分解は画像処理分野に限らずさまざまな分野で用いられるようになっている．音響信号処理分野でも，音のスペクトログラムを画像と見なして自動採譜[175] や音源分離[194] に非負値行列因子分解を応用する研究をはじめとして，多くの研究が報告されている．

　前項で述べた内容を整理すると，非負値行列因子分解は与えられた $M \times N$ 非負値行列 X，および，正の整数 K に対して，関数 $D(X, WH)$ を最小化するような $M \times K$ 非負値行列 W および $K \times N$ 非負値行列 H を求める問題といえる．ここで，$D(X, WH)$ は X と WH との間の「距離」（非負値）[6]を求める関数であり，音響信号処理分野でよく用いられる定式化は次の3つ[7]である．

------

[5] スパース（sparse）は「まばらな」「すかすか」などを意味する単語であるが，データ解析においてはデータの構成要素の大部分がゼロもしくはゼロに近い値であり，ゼロから離れた値をもつ要素がごくわずかであるような状態を表す．

[6] 一般化カルバック–ライブラーダイバージェンスと板倉–斉藤ダイバージェンスでは必ずしも $D(X, WH) = D(WH, X)$ とはならない（対称性を満たさない）ため，厳密には距離ではない．

[7] これら3つの「距離」を一般化した β ダイバージェンスという概念を用いて説明されることもある．

- 一般化カルバック–ライブラーダイバージェンス（**KLD**）

$$D_{\mathrm{KL}}(X, WH) = \sum_{m,n} \left(X_{mn} \log \frac{X_{mn}}{(WH)_{mn}} - X_{mn} + (WH)_{mn} \right)$$

$$= \sum_{m,n} \left(-X_{mn} \log(WH)_{mn} + (WH)_{mn} \right) + \mathrm{Const.}$$

$$(7.39)$$

- ユークリッド距離（の 2 乗）

$$D_{\mathrm{EU}}(X, WH) = \sum_{m,n} \left(X_{mn} - (WH)_{mn} \right)^2 \tag{7.40}$$

- 板倉–斉藤ダイバージェンス（Itakura–Saito divergence, **ISD**）

$$D_{\mathrm{IS}}(X, WH) = \sum_{m,n} \left(\frac{X_{mn}}{(WH)_{mn}} - \log \frac{X_{mn}}{(WH)_{mn}} - 1 \right) \tag{7.41}$$

ただし，$(WH)_{mn}$ を

$$(WH)_{mn} = \sum_k W_{mk} H_{kn}$$

とする.

　これらの「距離」のうちどれを用いるのかを決める際は，「分解したいデータがどのような過程や規則で生成されたのか」「個々の要素の値はどのように分布しているのか」を考えることが重要である．値がある一定の範囲で均等に分布している場合は，ユークリッド距離のような，差にもとづくコスト関数が有効であるが，音声やそのスペクトルの場合，ゼロに近い値ほど出現しやすい性質があるため，KLD や ISD のような，比率にもとづくコスト関数を用いるとよい場合が多い.

7.3.3　反復更新アルゴリズム

　前項で述べた $D(X, WH)$ は，いずれの定式化においても，W のみもしくは H のみに関しては凸であるが，両方の変数を合わせると凸であるとは限らない[98]ため，$D(X, WH)$ の大域的な最小値を解析的に求めることは難しい[※8]．そこで，

[※8] 凸関数（convex function）とは「下に膨らんだ形」をしている関数で，簡単に最小値を求めることができる．例えば関数 $f(x, y) = x^2 + y^2 - 4xy$ は，y を適当な値 y_1 に固定すると，$f(x, y_1) = (x - 2y_1)^2 - 3y_1{}^2$ となり，関数 $f(x, y_1)$ は x に関して凸であり，これを最小化する x は $x = 2y_1$ と簡単に求められる（y に関しても同様）．しかし，(x, y) の両方について同時に考えるとこの関数は凸ではないため，このような簡単な最小値の求め方はできない.

アルゴリズム 7.2　NMF の反復更新アルゴリズム

1: **function** NMF(X: $M \times N$ 非負値行列, K: 基底数, L: 最大反復回数, ε: 収束判定閾値)
2: 　　$M \leftarrow X$ の行数, $N \leftarrow X$ の列数
3: 　　$W \leftarrow$ ランダムな $M \times K$ 非負値行列
4: 　　$H \leftarrow$ ランダムな $K \times N$ 非負値行列
5: 　　$d \leftarrow \infty$
6: 　　**for** $i \leftarrow 1$ **to** L **do**
7: 　　　　$d' \leftarrow D_{\mathrm{KL}}(X, WH)$
8: 　　　　**if** $d - d' < \varepsilon$ **then**
9: 　　　　　　**Break**
10: 　　　　**end if**
11: 　　　　$d \leftarrow d'$
12: 　　　　$W_{mk} \leftarrow W_{mk} \dfrac{\sum_n \dfrac{X_{mn}}{(WH)_{mn}} H_{kn}}{\sum_n H_{kn}}$ 　（式 (7.50)）
13: 　　　　$H_{kn} \leftarrow H_{kn} \dfrac{\sum_m \dfrac{X_{mn}}{(WH)_{mn}} W_{mk}}{\sum_m W_{mk}}$ 　（式 (7.51)）
14: 　　**end for**
15: 　　**return** W, H
16: **end function**

何らかの方法で W と H の初期値を求めておき，W と H を交互に更新する反復的なアルゴリズムによって数値的に求める方法が提案されている．特に，非負値行列因子分解に関しては，現在の W や H の値に非負の係数を乗じることで値を更新するアルゴリズムが広く用いられている．これを**乗法更新則**（multiplicative update）という．このほか，$D(X, WH)$ の勾配を用いた加法的な更新則も考えられるが，更新後の値が非負であることが保証されないため，負の値をゼロに丸めるなどのアドホック（場当たり）な処理が必要になる．

　乗法更新則では，反復更新の途中で W や H の要素がいったんゼロ（もしくはゼロに近い値）になると，その要素は以降の反復更新で常にゼロであり続ける．つまり，W と H のすべての要素をゼロで初期化すると，反復更新をどれだけ行っても W と H は常にゼロである．これは，対象の音に対する事前知識（例えば，ある時間帯やある周波数帯には目的の音が存在しない）や拘束条件とらえることができるが，分解結果が意図したとおりにならない要因ともなりうる．したがって W と H は何らかの乱数を用いて初期化することが多い．ただし，完全にランダムな初期化を行うと，収束の遅さや望ましくない局所解への収束などが問題となるの

で，k-means などのクラスタリングを行い，各クラスタの平均値や中央値を用いる方法[50, 201]や，特異値分解の一種である非負二重 SVD（non-negative double SVD; NNDSVD）を用いる方法[18, 208]などが提案されている．

また，上記の乗法更新則は，コスト関数 $D(X, WH)$ の勾配をそのまま用いてもうまく導出できない．これは，総和を含む項 $\sum_k W_{mk}H_{kn}$ が log などの非線形関数の中に含まれるためである．非負値行列因子分解の乗法更新則は，**補助関数法**（auxiliary function method）による反復最適化，**イェンセンの不等式**（Jensen's inequality）による補助関数の構成，さらに**ラグランジュの未定乗数法**（method of Lagrange multiplier）による制約付き最適化問題の解法を組み合わせることで導出される．補助関数法は，本来最適化したい関数に対して，補助変数を導入した新たな関数（補助関数）を構築し，その補助関数の上で本来，最適化したい変数と補助変数を交互に最適化することで，もとの関数の局所的な最適化を行う方法である．イェンセンの不等式は，凸関数に対して一般的に成り立つ不等式である．ラグランジュの未定乗数法は，制約（いくつかの変数の総和が 1 になるなど）下での最適化問題を解くための方法である．以下では，これらの手法や定理を用いて非負値行列因子分解の乗法更新則を導出する過程について説明する．

$f(\theta)$ を θ に関して最小化したいコスト関数とする．これに対して

$$f(\theta) = \min_{\phi} g(\theta, \phi) \tag{7.42}$$

を満たす関数 $g(\theta, \phi)$ が補助関数，ϕ が補助変数である．式 (7.42) より，$f(\theta)$ と $g(\theta, \phi)$ との間には次式の関係が成り立つ．

$$f(\theta) \le g(\theta, \phi) \tag{7.43}$$

ここで，θ の値を適当に決める $(\theta = \theta_0)$ と，式 (7.43) より

$$f(\theta_0) \le g(\theta_0, \phi) \tag{7.44}$$

が成り立つ．この $g(\theta_0, \phi)$ を ϕ に関して最小化し，そのときの ϕ を ϕ_0 とすると，式 (7.42) および式 (7.43) より

$$g(\theta_0, \phi_0) = \min_{\phi} g(\theta_0, \phi) = f(\theta_0) \le g(\theta_0, \phi)$$

$$\Rightarrow g(\theta_0, \phi_0) \le g(\theta_0, \phi)$$

が成り立つ. さらに, $g(\theta, \phi_0)$ を θ に関して最小化し, そのときの θ を θ_1 とすると

$$g(\theta_1, \phi_0) = \min_\theta g(\theta, \phi_0) \leq g(\theta_0, \phi_0)$$

$$f(\theta_1) \leq g(\theta_1, \phi_0)$$

$$g(\theta_0, \phi_0) = f(\theta_0)$$

$$\Rightarrow f(\theta_1) \leq f(\theta_0)$$

が成り立つ. このように, $f(\theta)$ を直接最小化することが困難でも, 補助関数としての性質を満たし, かつ, θ と ϕ のそれぞれに関する最小化が可能な $g(\theta, \phi)$ を構成することができれば, $g(\theta, \phi)$ を用いて $f(\theta)$ を小さくする θ を反復的に求めることができる.

イェンセンの不等式は上記の補助関数を構成するために有用な定理の1つである. すなわち, $f(x)$ を実凸関数, $\lambda_1, \lambda_2, \dots, \lambda_K$ を $\sum_k \lambda_k = 1$ を満たす非負実数とすると, 次式の不等式が常に成り立つ.

$$f\left(\sum_k \lambda_k x_k\right) \geq \sum_k \lambda_k f(x_k) \tag{7.45}$$

これをイェンセンの不等式という. 例えば, 式 (7.39) からは以下のようにして補助関数を構成することができる.

式 (7.39) には, 対数関数 $\log$ の中に総和を含む項 $\sum_k W_{mk} H_{kn}$ が含まれていることに着目する. 対数関数 $\log x$ は凹関数 (concave function, 上に膨らんだ形) であるため, 正負を入れ替えた $-\log x$ は凸関数 (下に膨らんだ形) である. したがって, 式 (7.45) より

$$-\log\left(\sum_k \lambda_k x_k\right) \geq -\sum_k \lambda_k \log x_k$$

が成り立つ. ここで, この x_k を

$$x_k = \frac{W_{mk} H_{kn}}{\lambda_k}$$

と置き換えると

$$-\log\left(\sum_k W_{mk} H_{kn}\right) \geq -\sum_k \lambda_k \log \frac{W_{mk} H_{kn}}{\lambda_k}$$

となる．これを式 (7.39) に代入すると

$$-X_{mn}\log(WH)_{mn} + (WH)_{mn} \geq -X_{mn}\sum_{k}\lambda_k\log\frac{W_{mk}\,H_{kn}}{\lambda_k} + (WH)_{mn}$$

となり，もとのコスト関数

$$D_{\mathrm{KL}}(X,\,WH) = \sum_{m,n}\left(-X_{mn}\log(WH)_{mn} + (WH)_{mn}\right) + \mathrm{Const.}$$

に対して

$$
\begin{aligned}
&D'_{\mathrm{KL}}(X,\,WH,\,\lambda)\\
&= \sum_{m,n}\left(-X_{mn}\sum_{k}\lambda_{mnk}\log\frac{W_{mk}H_{kn}}{\lambda_{mnk}} + (WH)_{mn}\right) + \mathrm{Const.}\\
&\mathrm{s.t.}\quad \forall m,n : \sum_{k}\lambda_{mnk} = 1
\end{aligned}
\tag{7.46}
$$

は補助関数となっている．

　次に，λ に関する式 (7.46) の制約条件の下での最小化を行うには，ラグランジュの未定乗数法を用いる．ラグランジュの未定乗数法は，最小化したいコスト関数に，制約条件と未定乗数の積を足し合わせ，得られた新たなコスト関数を最小化することで，制約条件を満たしつつ，もとのコスト関数を最小化する方法である．各 m,n に対応するラグランジュの未定乗数を α_{mn} とすると，制約条件を含めた補助関数は次式で表される．

$$
\begin{aligned}
&D''_{\mathrm{KL}}(X,\,WH,\,\lambda)\\
&= \sum_{m,n}\left(-X_{mn}\sum_{k}\lambda_{mnk}\log\frac{W_{mk}\,H_{kn}}{\lambda_{mnk}} + (WH)_{mn}\right)\\
&\quad + \sum_{m,n}\alpha_{mn}\left(\sum_{k}\lambda_{mnk} - 1\right) + \mathrm{Const.}
\end{aligned}
$$

　W と H を固定して，λ に関して最小化するため，λ で微分する．

$$\frac{\partial}{\partial\lambda_{mnk}}D''_{\mathrm{KL}}(X,\,WH,\,\lambda) = -X_{mn}\left(\log\frac{W_{mk}\,H_{kn}}{\lambda_{mnk}} - 1\right) + \alpha_{mn}$$

これをゼロにする λ_{mnk} は

$$\frac{\partial}{\partial \lambda_{mnk}} D''_{\mathrm{KL}}(X, WH, \lambda) = 0$$

$$\Rightarrow \lambda_{mnk} = W_{mk} H_{kn} \exp\left(-\frac{\alpha_{mn}}{X_{mn}} - 1\right) \tag{7.47}$$

である．この結果を式 (7.46) の制約条件として代入すると

$$\sum_k W_{mk} H_{kn} \exp\left(-\frac{\alpha_{mn}}{X_{mn}} - 1\right) = 1$$

$$\Rightarrow \exp\left(\frac{\alpha_{mn}}{X_{mn}} + 1\right) = \sum_k W_{mk} H_{kn}$$

$$\Rightarrow \frac{\alpha_{mn}}{X_{mn}} = \log\left(\sum_k W_{mk} H_{kn}\right) - 1$$

$$\Rightarrow \alpha_{mn} = X_{mn} \log\left(\sum_k W_{mk} H_{kn}\right) - 1 \tag{7.48}$$

が得られる．式 (7.48) によって，式 (7.47) の α_{mn} を消去すると

$$\lambda_{mnk} = \frac{W_{mk} H_{kn}}{\sum_{k'} W_{mk'} H_{k'n}} \tag{7.49}$$

となる．これは，第 m 行第 n 列のすべての基底成分の総和に対する k 番目の基底成分の占める割合を意味しており，混合正規分布などの混合モデルに対するパラメータの最尤推定でしばしば現れる負担率と同様の働きをするものだと解釈できる．

また，式 (7.49) において，H と λ を固定して W に関して最小化するため，式 (7.49) を W で微分する．

$$\frac{\partial}{\partial W_{mk}} D''_{\mathrm{KL}}(X, WH, \lambda) = -\frac{1}{W_{mk}} \sum_n X_{mn} \lambda_{mnk} + \sum_n H_{kn}$$

これをゼロにする W_{mk} は

$$W_{mk} = \frac{\sum_n X_{mn} \lambda_{mnk}}{\sum_n H_{kn}}$$

である．ここで，λ_{mnk} を式 (7.49) により消去すると

$$W_{mk} = \frac{\sum_n X_{mn} \dfrac{W_{mk} H_{kn}}{\sum_{k'} W_{mk'} H_{k'n}}}{\sum_n H_{kn}}$$

$$= W_{mk} \frac{\sum_n \frac{X_{mn}}{(WH)_{mn}} H_{kn}}{\sum_n H_{kn}} \tag{7.50}$$

となる．式 (7.50) は，W_{mk} に係数

$$\frac{\sum_n \frac{X_{mn}}{(WH)_{mn}} H_{kn}}{\sum_n H_{kn}}$$

を乗じた式となっており，まさしく**乗法更新則**の数理モデルである． ▶

　H に関しても同様の乗法更新則

$$H_{kn} = H_{kn} \frac{\sum_m \frac{X_{mn}}{(WH)_{mn}} W_{mk}}{\sum_m W_{mk}} \tag{7.51}$$

を導出できる[※9]． ▶

　上記ではコスト関数に一般化 KLD を用いているが，ユークリッド距離や ISD
を用いた場合でも，同様にして，補助関数法を使って一般的な乗法更新則の数理モ
デルを導出できる．ここでは結果のみを示す．ユークリッド距離を用いた場合は

$$W_{mk} = W_{mk} \frac{\sum_n X_{mn} H_{kn}}{\sum_n H_{kn} (WH)_{mn}} \tag{7.52}$$

$$H_{kn} = H_{kn} \frac{\sum_m X_{mn} W_{mk}}{\sum_m W_{mk} (WH)_{mn}} \tag{7.53}$$

となる．また，ISD を用いた場合は

$$W_{mk} = W_{mk} \frac{\sum_n \frac{X_{mn}}{(WH)_{mn}^2} H_{kn}}{\sum_n \frac{H_{kn}}{(WH)_{mn}}} \tag{7.54}$$

$$H_{kn} = H_{kn} \frac{\sum_m \frac{X_{mn}}{(WH)_{mn}^2} W_{mk}}{\sum_m \frac{W_{mk}}{(WH)_{mn}}} \tag{7.55}$$

となる．

[※9] 導出過程は W のものと同様であるため省略する．

7.3.4 非負値行列因子分解の統計モデル

前項では，一般化 KLD などをコスト関数として用いて，それを最小化する非負値行列因子分解のアルゴリズムについて説明した．

このほかにも，パラメータ $(WH)_{mn}$ をもつ確率分布から観測値 X_{mn} が生成されると考えることで，統計的手法によって非負値行列因子分解の数理モデルを求めることも可能である．

以下では簡単のため，行列 X の各要素は互いに独立な確率変数であるとする．すなわち

$$p(X) = \prod_{m,n} p(X_{mn}) \tag{7.56}$$

とする．そして，X の各要素が何らかの確率分布にしたがって生成されるとして，確率分布に応じた尤度関数を設計し，その尤度関数の最大化（最尤推定）により非負値行列因子分解の最適化を実現する．

ここで，確率分布がポアソン分布であるとすると，観測値 X_{mn} はパラメータ $(WH)_{mn}$ をもつポアソン分布にしたがって生成されるから，X_{mn} の確率密度関数は次式で表される．

$$p(X_{mn}) = \frac{(WH)_{mn}^{X_{mn}} e^{-(WH)_{mn}}}{X_{mn}!} \tag{7.57}$$

したがって，観測行列 X が与えられたときのパラメータ W, H の対数尤度は次式で求められる．

$$\begin{aligned}
\log p(X) &= \log \prod_{m,n} p(X_{mn}) \\
&= \sum_{m,n} \log p(X_{mn}) \\
&= \sum_{m,n} \log \frac{(WH)_{mn}^{X_{mn}} e^{-(WH)_{mn}}}{X_{mn}!} \\
&= \sum_{m,n} \left(\log(WH)_{mn}^{X_{mn}} + \log e^{-(WH)_{mn}} - \log X_{mn}! \right) \\
&= \sum_{m,n} (X_{mn} \log(WH)_{mn} - (WH)_{mn}) + \text{Const.} \tag{7.58}
\end{aligned}$$

式 (7.58) は，式 (7.39) の正負を反転させたものと等しい．よって，式 (7.39)（172ページ）の表す一般化 KLD の最小化と，対数尤度の最大化は等価であるとわか

る．これは，統計的な手法によって求められる非負値行列因子分解のモデルが最適化アルゴリズムによって求められる非負値行列因子分解と等価であることを意味している．

なお，一般化 KLD ではなく，ユークリッド距離の 2 乗を用いた場合は観測値 X_{mn} が平均 $(WH)_{mn}$，分散 1 の正規分布にしたがって生成される統計モデルと等価になる．ISD を用いた場合は観測値 X_{mn} が平均ゼロ，分散 $(WH)_{mn}$ の正規分布にしたがって生成される統計モデルと等価になる．

7.3.5 非負値行列因子分解の改良・拡張

非負値行列因子分解を改良し，非負値行列因子分解がもつ問題を解決するための拡張が多数提案されている．

(1) ベイジアン非負値行列因子分解

ベイジアン非負値行列因子分解（Bayesian nonnegative matrix factorization）[28] は，非負値行列因子分解の統計モデルとしての解釈をさらに押し進め，W や H の各要素もまた何らかの確率分布（事前分布）にしたがって生成されると仮定し，非負値行列因子分解を階層的な生成モデルへと拡張した手法である．

生成モデルとすることで，変分ベイズ法やマルコフ連鎖モンテカルロ法を使ってパラメータの効率的な推定が行えると同時に，目的に応じた事前分布を設定することで，推定結果の改善や事前知識の反映が行えることが特長である．Cemgil らの論文では，ガンマ分布を W と H の事前分布とするモデルが提案されており，事前分布のパラメータ（ハイパーパラメータ）を調整することで推定結果をよりスパースになりやすくする効果や，基底が調波構造を表現しやすくなる効果などが報告されている．

(2) ガンマ過程非負値行列因子分解

非負値行列因子分解における大きな問題の 1 つは，観測値 X に対して，因子数（音源数）K を適切に設定しなければ意味のある推定結果が得られにくいということである．つまり，K が小さすぎると複数の音源が 1 つの因子にまとめられてしまって適切な音源分離が行えないし，K が大きすぎると 1 つの音源が複数の因子に分解されてしまって，やはり適切な音源分離が行えない．ガンマ過程非負値行列因子分解（Gamma-process nonnegative matrix factorization; **GaP-NMF**）[61]

は，この問題を解決するため，ノンパラメトリックベイズの考え方にもとづいて因子数を自動的に最適化する手法である．

(3)　ロバスト非負値行列因子分解

　非負値行列因子分解はそもそも観測値 X に含まれる成分をその低ランク性にもとづいて W と H に分解する手法であるため，X に低ランクではない成分が含まれると，適切な分解が難しくなってしまう．例えば，歌声と楽器音の混合音に非負値行列因子分解を適用すると，楽器音は個々の音源に分解できるが，歌声は複数の因子に分解されてしまう．これは，楽器音の振幅スペクトログラムは低ランクであるが，歌声の振幅スペクトログラムは楽器音よりも高ランクであることが多いためである．

　ロバスト非負値行列因子分解（robust nonnegative matrix factorization）[42, 181]は，X を低ランク成分とスパース成分の和として表現することで，観測値をこれらの成分のそれぞれに分解してこの問題を解消する手法である．上記の歌声の場合，振幅スペクトログラムは高ランクではあるものの，調波構造をもつため大部分はゼロに近い値をとる．したがって，歌声と楽器音の混合音に対してロバスト非負値行列因子分解を適用すると，歌声はスパース成分として，楽器音は低ランク成分として分解することができる．

7.3.6　非負値行列因子分解のマルチチャネル拡張

　第 6 章までに述べたように，マイクロホンアレイを利用した音源定位や音源分離は有用性が高い．そこで，マイクロホンアレイを利用した音源定位や音源分離においても利用できるように，非負値行列因子分解をマルチチャネルに拡張する試みがなされている．

　本節では，このような試みとして，マルチチャネル非負値行列因子分解と独立低ランク行列分析について述べる．なお，音源分離においては，通常の非負値行列因子分解が 1 チャネル（1 つのマイクロホン）の振幅スペクトログラムを分解するのに対して，マルチチャネル非負値行列因子分解は L チャネル（L 個のマイクロホン）の振幅スペクトログラムを分解することに注意してほしい．

(1)　マルチチャネル非負値行列因子分解

　以下では，Sawada らが提案したマルチチャネル非負値行列因子分解について説

明する [168]. ▶

　L チャネルのマイクロホンアレイで収録されたマルチチャネル音響信号に対して，各チャネルごとに STFT を適用して振幅スペクトログラムに変換した $L \times M \times N$ 次元の 3 階テンソル X が観測値として得られたとする．

　このとき，標準の非負値行列因子分解では観測値はすべて非負値である必要があるが，テンソル X の各要素は任意の複素数値をとりうるので，標準の 1 チャネルの非負値行列因子分解を適用するには振幅スペクトログラムを非負値行列に変換しなければならない．具体的には，各要素の絶対値かその 2 乗を用いることが多い．

　いま周波数 m，時刻 n での X の値を，L 次元の複素ベクトル

$$X_{mn} = (X_{1mn}, \ldots, X_{Lmn})^{\top} \in \mathbb{C}^L \tag{7.59}$$

で表すとする．一般に，複素ベクトルそのものは非負ではないが，式 (7.59) のベクトル同士のテンソル積

$$X_{mn} X_{mn}^{\mathsf{H}} = \begin{pmatrix} X_{1mn} X_{1mn}^* & \ldots & X_{1mn} X_{Lmn}^* \\ \vdots & \ddots & \vdots \\ X_{Lmn} X_{1mn}^* & \ldots & X_{Lmn} X_{Lmn}^* \end{pmatrix} \tag{7.60}$$

はエルミート性

$$X_{mn} X_{mn}^{\mathsf{H}} = (X_{mn} X_{mn}^{\mathsf{H}})^{\mathsf{H}}$$

および，半正定値性（すべての固有値が非負）をもつ行列（半正定値エルミート行列）となる．ただし $\cdot^*$ は複素共役を表す．半正定値エルミート行列は，スカラーが非負値であることを行列に拡張した概念と見なすことができる[※10]ため，このようなテンソル積を考えることで，非負値行列因子分解を複素ベクトルを扱えるように拡張することが可能である．

　このような $(L \times L) \times M \times N$ 次元に拡張したテンソル X を，次式によって非負値行列の積に分解する．

....

[※10] 行列が半正定値であることは，その行列の固有値がすべて非負であることと等しい．なぜなら，スカラーを 1×1 の行列と見なすと，その固有値は自身の値と等しいので，スカラーが非負であればその行列の固有値も非負である．

$$X \approx WH \tag{7.61}$$

ここで，H は標準の 1 チャネルの非負値行列因子分解と同様の $K \times N$ 非負値行列である．一方，W は，全体としては $M \times K$ 行列だが，各要素が $L \times L$ 半正定値エルミート行列であり，階層的な行列である．

したがって，W の要素である W_{km} を

$$W_{km} = W'_{km}\, w_{km}$$

と分解し，w_{km} は非負のスカラー，W'_{km} を $\mathrm{tr}(W'_{km}) = 1$ を満たす $L \times L$ 半正定値エルミート行列とすることで，w_{km} を基底スペクトル，W'_{km} を空間相関行列として解釈できる．また，$L = 1$ とすると，$W'_{km} = 1$ となり，標準の 1 チャネルの非負値行列因子分解と同様の分解となることから，このアプローチは標準の 1 チャネルの非負値行列因子分解を自然にマルチチャネルへと拡張する手法（の 1 つ）と解釈することができる．これを**マルチチャネル非負値行列因子分解**（multichannel nonnegative matrix factorization; **MNMF**）という．

なお，与えられた X に対する W と H の最適化手法としては，標準の 1 チャネルの非負値行列因子分解と同様に，乗法的な反復更新アルゴリズムによる方法が提案されている．

(2) 独立低ランク行列分析

上記のマルチチャネル非負値行列因子分解は，音源スペクトルの低ランク構造と音源信号の空間伝達過程の両方を扱うことができる強力な音源分離手法であるが，その一方で計算量の大きさや，膨大なパラメータ数に起因する自由度の高さと局所解の多さが問題となる．**独立低ランク行列分析**（**ILRMA**）[86] は，マルチチャネル非負値行列因子分解の問題を解決する手法である． ▶

独立低ランク行列分析は，音源スペクトルが時間周波数的に低ランク構造をもつことを前提にする非負値行列因子分解の特徴と，複数の音源スペクトルは互いに統計的に独立であることを前提にする独立成分分析や独立ベクトル分析の特徴を併せもつように構築されたものである．これは，ISD を用いた非負値行列因子分解と同様に，次式によって音源スペクトルの生成モデルとして複素ガウス分布を仮定する．

$$p(\boldsymbol{y}_{t1}, \ldots, \boldsymbol{y}_{tF}) = \prod_f p(\boldsymbol{y}_{tf})$$

$$= \prod_{f,n} \frac{1}{\pi r_{tfn}} \exp\left(-\frac{|y_{tfn}|^2}{r_{tfn}}\right) \tag{7.62}$$

ここで，r_{tfn} は n 番目の音源スペクトルの時刻 t，周波数 f における分散（パワーに相当）である．式 (7.62) にもとづく観測スペクトルの負の対数尤度関数は

$$\mathcal{L} = -2T \sum_{f} \log|\det \boldsymbol{W}_f| + \sum_{t,f,n} \left(\frac{|y_{tfn}|^2}{r_{tfn}} + \log r_{tfn}\right) \tag{7.63}$$

で与えられる．ここで，$\log|\det \boldsymbol{W}_f|$ と $\dfrac{|y_{tfn}|^2}{r_{tfn}}$ の項は，独立ベクトル分析のコスト関数に対応しており，これらを W_f に関して最小化することは，音源信号間の独立性をできるだけ高めるような W_f を推定することを意味する．

一方で，$\log r_{tfn}$ に関する項は，r_{tfn} が

$$r_{tfn} = \sum_{k} z_{nk} h_{tn} u_{fn}$$

と分解できるとすると，ISD を用いた非負値行列因子分解の目的関数と等しくなる．ただし，z_{nk} は，非負値行列因子分解の K 個の基底を N 個の音源に振り分ける働きをする変数であり，音源の種類によって最適な基底数が異なるような場合に，これによってそれぞれの基底を適応的に音源に割り当てることができる．

以上のとおり，マルチチャネル非負値行列因子分解では，空間相関行列がフルランクであることを仮定しているのに対して，独立低ランク行列分析では空間相関行列がランク 1 であることを仮定している．これにより，反復計算の計算量削減と高速な収束，さらには初期値へのロバスト性の向上が実現される．

7.3.7 マルチモーダル音源分離

非負値行列因子分解による音源分離の応用例として，音と画像を併用したマルチモーダル音源分離（audio-visual nonnegative matrix factorization; **A-V NMF**）がある．以下では，夜の水田でカエルが合唱している様子を分析する例を用いて説明する．すなわち，個々のカエルの鳴き声を音源分離することを目標とする．

カエルの合唱を録音した音響信号の振幅スペクトログラムに対して，標準の非負値行列因子分解[98] を適用しようとすると，次の2つが問題となる．

① 個々の鳴き声を分離できない．一般に，同じ種類のカエルは鳴き声の特徴が強く類似しているので，鳴き声が1つのスペクトル基底にクラスタリン

グされてしまう（非負値行列因子分解を使って，できるだけ少ない数の基底で表現することで解決したい）

② 目標のカエルのみの鳴き声を抽出できない．夜の水田には目標（インタラクションの観察対象）のカエルのほかにも，多数のカエルや昆虫などがいて，それぞれ鳴き声を発しており，これらすべての鳴き声が重畳して録音されてしまう

これらの問題を次のように解決する．

i) 音響信号と同期した「カエルホタル」（ホタルが捕捉したカエル）の発光を録画した映像を用いる．これによって非負値行列因子分解のアクティベーション行列を音響信号と映像とで共有させ，目標のカエルだけを抽出し，同種の異個体を分離する

ii) さらに，音響信号側にのみ，少数の因子ペアを追加して非負値行列因子分解する．ホタルが捕捉していないカエルの鳴き声もこれらの因子で捕捉し，音響信号と映像とで共有するアクティベーション行列にこれらの鳴き声成分が混入することを防ぐ

上記の対策で，モノラル音響信号の振幅スペクトログラム $Y^A \in \mathbb{R}_{\geq 0}^{M \times N_A}$[※11]と，「カエルホタル」の映像 $Y^V \in \mathbb{R}_{\geq 0}^{M \times N_V}$（前処理[5]）により各ホタルの発光時系列を抽出済み）の2つの非負値行列が与えられたとする．ここで，$M > 0$ は振幅スペクトログラムと「カエルホタル」映像のフレーム数，$N_A > 0$ はスペクトログラムの周波数ビン数，$N_V > 0$「カエルホタル」の数である．なお，音響信号は映像のフレーム周波数に合わせて短時間で分析がなされているものとする．また，音源分離対象の（「カエルホタル」の範囲内に存在する）カエルの個体数 $K_S > 0$ は既知とする．

さらに，観測された2つの非負値行列に対する因子分解を次式で定義する．

$$Y^A \approx H^S U^A + H^D U^D, \qquad Y^V \approx H^S U^V \tag{7.64}$$

ただし，$H^S \in \mathbb{R}_{\geq 0}^{M \times K_S}$ は分離対象のカエルの鳴き声アクティベーション行列（音声と映像で共有），$H^D \in \mathbb{R}_{\geq 0}^{M \times K_D}$ は分離対象外のカエルなどの鳴き声アクティベーション行列（音声のみ），$U^A \in \mathbb{R}_{\geq 0}^{K_S \times N_A}$ は分離対象のカエルの鳴き声スペクトル基底，$U^D \in \mathbb{R}_{\geq 0}^{K_D \times N_A}$ は分離対象外のカエルなどのスペクトル基底，$U^V \in \mathbb{R}_{\geq 0}^{K_S \times N_V}$

※11 $\mathbb{R}_{\geq 0}^{M \times N_A}$ は $M \times N_A$ 次元の非負の実行列を表す．

は分離対象のカエルの「カエルホタル」発光パターンである。$K_D > 0$ は目標以外の鳴き声をトラップするための因子ペアの数である。

非負値行列因子分解のよし悪しを評価するための目的関数 L を，一般化 KLD を用いて次式で定義する。

$$L = \alpha_A D_I(Y^A || H^S U^A + H^D U^D) + \alpha_V D_I(Y^V || H^S U^V)$$

$$= \alpha_A \sum_{m=1}^{M} \sum_{n=1}^{N_A} \left(Y_{m,n}^A \log \frac{Y_{m,n}^A}{(H^S U^A + H^D U^D)_{m,n}} \right.$$
$$\left. - Y_{m,n}^A + (H^S U^A + H^D U^D)_{m,n} \right)$$
$$+ \alpha_V \sum_{m=1}^{M} \sum_{n=1}^{N_V} \left(Y_{m,n}^V \log \frac{Y_{m,n}^V}{(H^S U^V)_{m,n}} - Y_{m,n}^V + (H^S U^V)_{m,n} \right)$$

$$\tag{7.65}$$

ここで，$\alpha_A > 0$，$\alpha_V > 0$ はそれぞれ音響信号と映像の一般化 KLD に対する重み（信頼度）である。

式 (7.65) の目的関数 L に対して，各因子 H^S, H^D, U^A, U^V, U^D に応じて設計された補助関数にもとづいて各因子の更新式を導出する[12]。

$$H_{m,k}^S \leftarrow H_{m,k}^S \frac{\hat{H}_{m,k}^S}{\alpha_A \sum_{n=1}^{N_A} U_{k,n}^A + \alpha_V \sum_{n=1}^{N_V} U_{k,n}^V}$$

$$\hat{H}_{m,k}^S = \alpha_A \sum_{n=1}^{N_A} \frac{Y_{m,n}^A U_{k,n}^A}{(\hat{H}^S U^A + H^D U^D)_{m,n}}$$
$$+ \alpha_V \sum_{n=1}^{N_V} \frac{Y_{m,n}^V U_{k,n}^V}{(\hat{H}^S U^V)_{m,n}}$$

$$H_{m,k}^D \leftarrow H_{m,k}^D \frac{\sum_{n=1}^{N_A} \dfrac{Y_{m,n}^A U_{k,n}^D}{(H^S U^A + \hat{H}^D U^D)_{m,n}}}{\sum_{n=1}^{N_A} U_{k,n}^D}$$

$$U_{k,n}^A \leftarrow U_{k,n}^A \frac{\sum_{m=1}^{M} \dfrac{Y_{m,n}^A H_{m,k}^S}{(H^S \hat{U}^A + H^D U^D)_{m,n}}}{\sum_{m=1}^{M} H_{m,k}^S}$$

---

[12] 設計した補助関数と更新式の導出過程については省略する。

$$U_{k,n}^D \leftarrow U_{k,n}^D \frac{\displaystyle\sum_{m=1}^{M} \frac{Y_{m,n}^A H_{m,k}^D}{(H^S U^A + H^D \hat{U}^D)_{m,n}}}{\displaystyle\sum_{m=1}^{M} H_{m,k}^D}$$

$$U_{k,n}^V \leftarrow U_{k,n}^V \frac{\displaystyle\sum_{m=1}^{M} \frac{Y_{m,n}^V H_{m,k}^S}{(H^S \hat{U}^V)_{m,n}}}{\displaystyle\sum_{m=1}^{M} H_{m,k}^S}$$

7.3.8　深層学習ベースの音源分離

　非負値行列因子分解をはじめとした 1 チャネルの音源分離では，推定された成分をそのまま分離音として使用することは少なく，推定結果をもとに時間周波数マスク（time–frequency masking）を計算し，それを用いて実際の音源分離を行うことが多い．これには，通常，式 (7.49) で定義されるようなソフトマスク（連続値マスク）（soft/continuous-valued mask），あるいは，閾値処理によりそれを $\{0, 1\}$ に二値化したハードマスク（バイナリマスク）（hard/binary mask）が用いられる．ソフトマスクとハードマスクのどちらを用いるべきかは音源分離の応用先にもよるが，一般的にはハードマスクを用いたほうが雑音や妨害音がより強く抑圧され，分離性能が高くなりやすい．一方で，ハードマスクには必然的に非線形な閾値処理が含まれるため，分離音にミュージカルノイズと呼ばれる非線形なひずみや雑音が含まれやすくなる．すなわち，時間周波数マスクの選択は音源分離における大きな問題の 1 つである．

　近年の深層学習技術の発達を活用して，ニューラルネットワークを用いることで，より複雑かつ高精細な時間周波数マスクを，混合音から直接推定しようとする試みがなされている．ディープクラスタリング（deep clustering）[56, 237] はそのような試みの 1 つであり，主に自然言語処理分野から研究が進められてきた埋込み表現（embedded representation）あるいは分散表現（distributed representation）を用いることで，与えられた振幅スペクトログラムに対して効果的に時間周波数マスクを生成する手法である．▶

　ここで，埋込み表現とは，高次元（数百 〜 数千次元以上）のベクトルであるもとのデータに対して，ニューラルネットワークによる非線形な変換を用いて低次元（多くの場合，数 10 〜 数 100 次元）のベクトルに圧縮した表現をいう．

　なお，このような深層学習ベースの手法の多くでは，時間周波数領域における
ある種の直交性（W-disjoint orthogonality）が仮定される．これは，振幅スペク
トログラムの各要素（時間，周波数）に対して，「その要素に支配的な影響を与え
ている音源は多くても 1 つである」ことを要請するものである．いいかえれば，
複数の音源信号が同時に観測されている状況でも，各音源の周波数成分のピーク
は重複しないことを仮定している．時間周波数領域における直交性により，与え
られた振幅スペクトログラムの各要素は常に 1 つの音源にのみ割り当てられるこ
ととなるので，その割当てを何らかの方法で推定することができれば，そこから
時間周波数マスクを生成することが可能になるというわけである．

　ディープクラスタリングでは，振幅スペクトログラムに対する時間周波数マス
クを直接的には推定しない．かわりに，振幅スペクトログラムの各要素（時間，周
波数）に対して，その要素を埋込み表現に一度変換する．事前に，振幅スペクト
ログラムの各要素に対応する音源が同一であればベクトル間の距離を小さく，音
源が異なればベクトル空間の距離を大きくするように，振幅スペクトログラムの
各要素を埋込み表現に変換するモデル（ニューラルネットワーク）を学習してお
き，得られたモデルにより，与えられた振幅スペクトログラムの各要素を埋込み
表現に変換して，その埋込み表現に対して教師なしクラスタリング手法の 1 つで
ある k-means を適用することで，各埋込み表現に対応する振幅スペクトログラム
の各要素を音源に割り当てるわけである．

　また，坂東らが提案する**深層フルランク空間相関分析**（neural full-rank spatial
covariance analysis; **neural FCA**）[17] は，与えられたマルチチャネル混合音から，
音源スペクトルの深層生成モデルと各音源からマイクロホンアレイまでの伝達過
程を，教師あり学習，あるいは教師なし学習で推定しようとする手法（図 **7.3**）で
ある．特に，変分オートエンコーダ（variational autoencoder; VAE）と呼ばれる
ニューラルネットワークを用いて，混合音に含まれる各音源の埋込み表現の推定
と，埋込み表現から各音源の音源スペクトルへの復元，さらに空間相関行列を用い
たマルチチャネルの混合音スペクトルへの復元を行うことが特徴である．ディー
プクラスタリングと同様，各音源の埋込み表現の推定が音源分離に相当し，混合
音スペクトルへの復元は，各音源スペクトルを足し合わせて伝達過程にもとづい
て混合音をつくり直す処理に相当する．したがって，埋込み表現の推定と伝達過
程の推定が適切に行われていれば，適切な音源スペクトルと音の伝達過程が同時
に得られ，そこから再構成された混合音スペクトルは与えられたもともとの混合

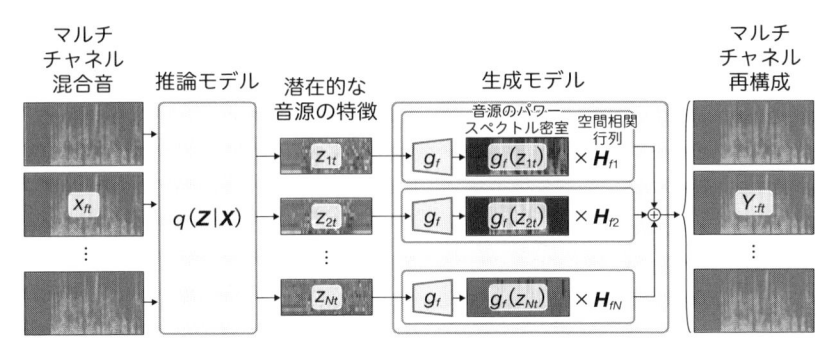

図 **7.3** 深層フルランク空間相関分析の概要
（文献 17) より引用)

音と一致していることになる．この深層フルランク空間相関分析は，入力に混合音スペクトルを，出力に各音源のスペクトルを与えて，教師あり学習として解くことも，また，入出力ともに混合音スペクトルを与えた教師なし学習として解くことも可能な点において，幅広い応用が期待される手法である．

　一方，ニューラルネットワークを用いて振幅スペクトログラムに対する時間周波数マスクを直接的に推定する試みもなされている．単に振幅スペクトログラムのみを入力する場合は，1つのニューラルネットワークでは特定の種類の音源（音声，楽器音，機械音など）に対応した時間周波数マスクや，最も優勢な音源の時間周波数マスクを推定することしかできないが，音源に関して何らかの補助的な情報を用いることで，1つのニューラルネットワークでさまざまな種類の音源を同時に扱えるようにする手法が報告されている．

　また，ニューラルネットワークを用いてビームフォーミングを行う手法も多数報告されている．これらの手法は，Heymann らの研究[57]に端を発しており，ニューラルネットワークで推定された目的音源の時間周波数マスクにもとづいて目的音源の空間相関行列を計算し，その空間相関行列を用いて各種（MVDR や Max-SNRなど）のビームフォーミングを行うというものが主である． ▶

　ここで，空間相関行列，ビームフォーマのフィルタ係数などは線形であるため，微分可能であり，出力音と正解音との誤差を逆伝搬させて時間周波数マスクを推定するニューラルネットワークの重みを学習させることができることがポイントである．深層学習ベースの音源分離手法は現在も精力的に研究が進められており，今後も多くの手法が提案されることが期待される．

参 考 文 献

1) N. L. Aaronson and W. M. Hartmann. Testing, correcting, and extending the Woodworth model for interaural time difference. *The Journal of the Acoustical Society of America*, 135(2):817–823, 2014.

2) Sharath Adavanne, Archontis Politis, Joonas Nikunen, and Tuomas Virtanen. Sound event localization and detection of overlapping sources using convolutional recurrent neural networks. *IEEE Journal of Selected Topics in Signal Processing*, 13(1):34–48, 2019.

3) Sharath Adavanne, Archontis Politis, and Tuomas Virtanen. Localization, detection and tracking of multiple moving sound sources with a convolutional recurrent neural network. In *Detection and Classification of Acoustic Scenes and Events 2019 (DCASE2019)*, pages 20–24, 2019.

4) Sharath Adavanne, Archontis Politis, and Tuomas Virtanen. A multi-room reverberant dataset for sound event localization and detection. In *Detection and Classification of Acoustic Scenes and Events 2019 (DCASE2019)*, 2019.

5) I. Aihara, T. Mizumoto, T. Otsuka, H. Awano, K. Nagira, H. G. Okuno, and K. Aihara. Spatio-temporal dynamics in collective frog choruses examined by mathematical modeling and field observation. *Scientific Reports*, 4:3891 doi: 10.1038/srep03891 27 Jan. 2014. Nature Publishing Group.

6) V. R. Algazi and R. O. Duda. Headphone-based spatial sound. *Signal Processing Magazine*, 28(1):33–42, 2011.

7) Y. Aloimonos, I. Weiss, and A. Bandyopadhyay. Active vision. *International Journal of Computer Vision*, 1987.

8) S. Ando. An autonomous three–dimensional vision sensor with ears. *IEICE Transactions on Information and Systems*, E78–D(12):1621–1629, 1995.

9) M. Aoki, M. Okamoto, S. Aoki, H. Matusi, T. Sakurai, and Y. Kaneda. Sound source segregation based on estimationg incident angle of each frequency component of input signals acquired by multiple microphones. *Acoust. Sci. and Tech*, 22(2):149–157, 2001.

10) S. Araki, S. Makino, R. Mukai, and H. Saruwatari. Equivalence between frequency domain blind source separation and frequency domain adaptive null beamformers. In *7th European Conference on Speech Communication and Technology (Eurospeech2001)*, volume 4, pages 2595–2598, 2001.

11) S. Argentieri and P. Danès. Broadband variations of the music high-resolution method for sound source localization in robotics. In *Proceedings of the IEEE/RSJ International Conference on Intelligent Robots and Systems (IROS 2007)*, pages 2009–2014, 2007.

12) S. Argentieri, P. Danès, and P. Souères. A survey on sound source localization in robotics: From binaural to array processing methods. *Computer Speech & Language*, 34(1):87 – 112, 2015.

13) M.S. Arulampalam, S. Maskell, N. Gordon, and T. Clapp. A tutorial on particle filters for online nonlinear/non-Gaussian bayesian tracking. *IEEE Transactions on Signal Processing*, 50(2):174–188, 2002.

14) H. Asoh, S. Hayamizu, I. Hara, Y. Motomura, S. Akaho, and T. Matsui. Socially embedded learning of the office-conversant mobile robot *Jijo-2*. In *Proceedings of 15th International Joint Conference on Artificial Intelligence (IJCAI-97)*, volume 1, pages 880–885. AAAI, 1997.

15) Y. Bando, K. Itoyama, M. Konyou, S. Tadokoro, K. Nakadai, K. Yoshii, T. Kawahara, and H. G. Okuno. Speech enhancement based on Bayesian low-rank and sparse decomposition of multichannel magnitude spectrograms. *IEEE/ACM Transactions on Audio, Speech, and Language Processing*, 26(2): 215–230, Feb. 2018.

16) Y. Bando, T. Mizumoto, K. Itoyama, K. Nakadai, and H. G. Okuno. Posture estimation of hose-shaped robot using microphone array localization. In *Proceedings of the IEEE/RSJ International Conference on Intelligent Robots and Systems (IROS 2013)*, pages 3446–3451, 2013.

17) Yoshiaki Bando, Kouhei Sekiguchi, Yoshiki Masuyama, Aditya Arie Nugraha, Mathieu Fontaine, and Kazuyoshi Yoshii. Neural full-rank spatial covariance analysis for blind source separation. *IEEE Signal Processing Letters*, 28:1670–1674, 2021.

18) Julian Becker, Matthias Menzel, and Christian Rohlfing. Complex SVD initialization for NMF source separation on audio spectrograms. In *Deutsche Jahrestagung fur Akustik (DAGA)*, 2015.

19) J. Blauert. *Spatial Hearing*. The MIT Press, 1999.

20) S. F. Boll. A spectral subtraction algorithm for suppression of acoustic noise in speech. In *Proceedings of 1979 International Conference on Acoustics, Speech, and Signal Processing (ICASSP-79)*, pages 200–203. IEEE, 1979.

21) J. J. Bowman, T. B. A. Senior, and P. L. E. Uslenghi. *Electromagnetic and Acoustic Scattering by Simple Shapes*. Hemisphere Publishing Co., 1987.

22) C. Breazeal and B. Scassellati. A context-dependent attention system for a social robot. In *Proc. of the Sixteenth International Joint Conference on Atificial Intelligence (IJCAI-99)*, pages 1146–1151, 1999.

23) A. S. Bregman. *Auditory Scene Analysis*. The MIT Press, MA., 1990.

24) R. A. Brooks, C. Breazeal, R. Irie, C. C. Kemp, M. Marjanovic, B. Scassellati, and M. M. Williamson. Alternative essences of intelligence. In *Proceedings of 15th National Conference on Artificial Intelligence (AAAI-98)*, pages 961–968. AAAI, 1998.

25) G. J. Brown. *Computational auditory scene analysis: A representational ap-*

proach. University of Sheffield, 1992.

26) A. Cantoni and L. C. Godara. Resolving the directions of sources in a correlated field incident on an array. *J. Acoust. Soc. Am.*, (4):1247–1255, 1980.

27) S. Cavaco and J. Hallam. A biologically plausible acoustic azimuth estimation system. In *Proceedings of IJCAI-99 Workshop on Computational Auditory Scene Analysis (CASA '99)*, pages 78–87. IJCAI, 1999.

28) Ali Taylan Cemgil. Bayesian inference for nonnegative matrix factorisation models. *Computational Intelligence and Neuroscience*, 2009, 2009. Article ID 785152.

29) Pritish Chandna, Marius Miron, Jordi Janer, and Emilia Gómez. Monoaural audio source separation using deep convolutional neural networks. In Petr Tichavský, Massoud Babaie-Zadeh, Olivier J.J. Michel, and Nadège Thirion-Moreau, editors, *Latent Variable Analysis and Signal Separation*, pages 258–266, Cham, 2017. Springer International Publishing.

30) E. C. Cherry. Some experiments on the recognition of speech, with one and with two ears. *Journal of Acoustic Society of America*, 25:975–979, 1953.

31) I. Cohen and B. Berdugo. Speech enhancement for non-stationary noise environments. *Signal Processing*, 81(2):2403–2418, 2001.

32) I. Cohen and B. Berdugo. Microphone array post-filtering for non-stationary noise suppression. In *ICASSP-2002*, pages 901–904, 2002.

33) M. P. Cooke, G. J. Brown, M. Crawford, and P. Green. Computational auditory scene analysis: Listening to several things at once. *Endeavour*, 17(4):186–190, 1993.

34) C. Côté, D. Létourneau, F. Michaud, J.-M. Valin, Y. Brosseau, C. Räievsky, M. Lemay, and V. Tran. Reusability tools for programming mobile robots. In *Proceedings of the IEEE/RSJ International Conference on Intelligent Robots and Systems (IROS 2004)*, pages 1820–1825. IEEE, 2004.

35) K. Dan, K. Itoyama, K. Nishida, and K. Nakadai. Calibration of a microphone array based on a probabilistic model of microphone positions. In *Trends in Artificial Intelligence Theory and Applications. IEA/AIE 2020*, volume 12144, pages 614–625. Springer, 2020.

36) A.P. Dempster. Upper and lower probabilities induced by a multivalued mapping. *Annals of Mathematical Statistics*, 38:325–339, 1967.

37) Y. Ephraim and D. Malah. Speech enhancement using minimum mean-square error log-spectral amplitude estimator. *IEEE Transactions on Acoustics, Speech and Signal Processing*, ASSP-33(2):443–445, 1985.

38) J. Even, H. Sawada, H. Saruwatari, K. Shikano, and T. Takatani. Semi-blind suppression of internal noise for hands-free robot spoken dialog system. In *Proceedings of the IEEE/RSJ International Conference on Intelligent Robots and Systems (IROS 2009)*, pages 658–663, 2009.

39) Christine Evers, Heinrich W. Lollmann, Heinrich Mellmann, Alexander Schmidt,

Hendrik Barfuss, Patrick A. Naylor, and Walter Kellermann. The LOCATA challenge: Acoustic source localization and tracking. *IEEE/ACM Transactions on Audio, Speech, and Language Processing*, 28:1620–1643, 2020.

40) A. Farina. Simultaneous measurement of impulse response and distortion with a swept-sine technique. In *108th AES Convention*, pages 5093, (D–4), 2000.

41) O. D. Faugeras. *Three Dimensional Computer Vision: A Geometric Viewpoint*. The MIT Press, MA., 1993.

42) Cédric Févotte and Nicolas Dobigeon. Nonlinear hyperspectral unmixing with robust nonnegative matrix factorization. *IEEE Transactions on Image Processing*, 24:4810–4819, 12 2015.

43) J.G. Fiscus. A post-processing systems to yield reduced word error rates: Recognizer output voting error reduction (ROVER). In *Proceedings of the Workshop on Automatic Speech Recognition and Understanding (ASRU-97)*, pages 347–354. IEEE, 1997.

44) Mathieu Fontaine, Kouhei Sekiguchi, Aditya Arie Nugraha, Yoshiaki Bando, and Kazuyoshi Yoshii. Generalized fast multichannel nonnegative matrix factorization based on Gaussian scale mixtures for blind source separation. *IEEE ACM Trans. Audio Speech Lang. Process.*, 30:1734–1748, 2022.

45) K. Furukawa, K. Okutani, K. Nagira, T. Otsuka, K. Itoyama, K. Nakadai, and H. G. Okuno. Noise correlation matrix estimation for improving sound source localization by multirotor UAV. In *Proceedings of the IEEE/RSJ International Conference on Intelligent Robots and Systems (IROS 2013)*, pages 3943–3948. IEEE, 2013.

46) D. Gabriel, R. Kojima, K. Hoshiba, K. Itoyama, K. Nishida, and K. Nakadai. 2D sound source position estimation using microphone arrays and its application to a VR-based bird song analysis system. *Advanced Robotics*, 33(7-8):403–414, 2019.

47) G. H. Golub and C. F. Van Loan. *Matrix Computations 3rd ed.* Johns Hopkins University Press, 1996.

48) R. Gomez, K. Nakamura, and K. Nakadai. Dereverberation robust to speaker's azimuthal orientation in multi-channel human-robot communication. In *Proceedings of the IEEE/RSJ International Conference on Intelligent Robots and Systems (IROS 2013)*, pages 3439–3445. IEEE, 2013.

49) R. Gomez, K. Nakamura, K. Nakadai, E.-H. Kim, H. G. Okuno, and T. Kawahara. Hands-free human-robot communication robust to speaker's radial position. In *Proceedings of the 2013 IEEE International Conference on Robotics and Automation (ICRA 2013)*, pages 4314–4319. IEEE, 2013.

50) Liyun Gong and Asoke K. Nandi. An enhanced initialization method for nonnegative matrix factorization. In *IEEE International Workshop on Machine Learning for Signal Processing (MLSP)*, 2013.

51) Pierre-Amaury Grumiaux, Srđan Kitić, Laurent Girin, and Alexandre Guérin.

A survey of sound source localization with deep learning methods. *The Journal of the Acoustical Society of America*, 152(1):107–151, 07 2022.

52) Anmol Gulati, James Qin, Chung-Cheng Chiu, Niki Parmar, Yu Zhang, Jiahui Yu, Wei Han, Shibo Wang, Zhengdong Zhang, Yonghui Wu, and Ruoming Pang. Conformer: Convolution-augmented transformer for speech recognition. In *Interspeech 2020*, pages 5036–5040. ISCA, 10 2020.

53) H. Gulzar, M. Shakeel, K. Nishida, K. Itoyama, and K. Nakadai. A multi-access edge computing solution with distributed sound source localization for IoT networks. In 第 21 回計測自動制御学会システムインテグレーション部門講演会 *(SI2020)*, pages 1E3–04, 2020.

54) E. T. Hall. *The Hidden Dimension.* Anchor books doubleday, 1966.

55) I. Hara, F. Asano, H. Asoh, J. Ogata, N. Ichimura, Y. Kawai, F. Kanehiro, H. Hirukawa, and K. Yamamoto. Robust speech interface based on audio and video information fusion for humanoid HRP-2. In *Proceedings of the IEEE/RSJ International Conference on Intelligent Robots and Systems (IROS 2004)*, pages 2404–2410. IEEE, 2004.

56) John R. Hershey, Zhuo Chen, Jonathan Le Roux, and Shinji Watanabe. Deep clustering: Discriminative embeddings for segmentation and separation. In *2016 IEEE International Conference on Acoustics, Speech and Signal Processing (ICASSP)*, pages 31–35. IEEE, 3 2016.

57) Jahn Heymann, Lukas Drude, and Reinhold Haeb-Umbach. Neural network based spectral mask estimation for acoustic beamforming. In *2016 IEEE International Conference on Acoustics, Speech and Signal Processing (ICASSP)*, pages 196–200. IEEE, 3 2016.

58) G. E. Hinton. Learning multiple layers of representation. *Trends in Cognitive Sciences*, 11:428–434, 2010.

59) Atsuo Hiroe. Solution of permutation problem in frequency domain ICA, using multivariate probability density functions. In Justinian Rosca, Deniz Erdogmus, José C. Príncipe, and Simon Haykin, editors, *Independent Component Analysis and Blind Signal Separation*, pages 601–608, Berlin, Heidelberg, 2006. Springer Berlin Heidelberg.

60) Toni Hirvonen. Classification of spatial audio location and content using convolutional neural networks. In *Audio Engineering Society Convention 138*, May 2015.

61) Matthew D. Hoffman, David M. Blei, and Perry R. Cook. Bayesian nonparametric matrix factorization for recorded music. In *Proceedings of the 27th International Conference on International Conference on Machine Learning*, pages 439–446, 2010.

62) K. Hoshiba, K. Washizaki, M. Wakabayashi, T. Ishiki, M. Kumon, Y. Bando, D. P. Gabriel, K. Nakadai, and H. G Okuno. Design of UAV-embedded microphone array system for sound source localization in outdoor environments.

Sensors, 17(11):1–16, Nov. 2017.

63) J. Huang, N. Ohnishi, and N. Sugie. Building ears for robots: sound localization and separation. *Artificial Life and Robotics*, 1(4):157–163, 1997.

64) Po-Sen Huang, Minje Kim, Mark Hasegawa-Johnson, and Paris Smaragdi. Singing-voice separation from monaural recordings using deep recurrent neural networks. In *15th International Society for Music Information Retrieval Conference (ISMIR 2014)*, pages 477–482, 2014.

65) H. Hung and M. Kaveh. Focusing matrices for coherent signal-subspace processing. *IEEE Transactions on Acoustics, Speech, and Signal Processing*, 36(8):1272–1281, 1988.

66) Arpo Hyvärinen. Fast and robust fixed-point algorithms for independent component analysis. *IEEE Transactions on Neural Networks*, 10:626–634, 5 1999.

67) G. Ince, K. Nakadai, T. Rodemann, J. Imura, K. Nakamura, and H. Nakajima. Incremental learning for ego noise estimation of a robot. In *Proceedings of the IEEE/RSJ International Conference on Intelligent Robots and Systems (IROS 2011)*, pages 131–136. IEEE/RSJ, 2011.

68) G. Ince, K. Nakamura, F. Asano, H. Nakajima, and K. Nakadai. Assessment of general applicability of ego noise estimation - applications to automatic speech recognition and sound source localization -. In *Proceedings of the 2011 IEEE International Conference on Robotics and Automation (ICRA 2011)*, pages 3517–3522. IEEE, 2011.

69) T. Irino and R.D. Patterson. A time-domain, level-dependent auditory filter: The gammachirp. *J. Acoust. Soc. Am.*, 101:412–419, 1997.

70) A. Ito, T. Kanayama, M. Suzuki, and S. Makino. Internal noise suppression for speech recognition by small robots. In *Proceedings of European Conference on Speech Communication and Technology (Eurospeech-2005)*, pages 2685–2688, 2005.

71) Tatsuhiko Itohara, Kazuhiro Nakadai, Tetsuya Ogata, and Hiroshi G Okuno. Improvement of audio-visual score following in robot ensemble with human guitarist. In *Proceedings of the 2012 IEEE RAS International Conference on Humanoid Robots (Humanoids 2012)*, pages 574–579. IEEE, 2012.

72) K. Itoyama and K. Nakadai. Synchronization of microphones based on rank minimization of warped spectrum for asynchronous distributed recording. In *Proceedings of the 2020 IEEE/RSJ International Conference on Intelligent Robots and Systems (IROS)*, pages 4842–4847, 2020.

73) Katsutoshi Itoyama, Yoshiya Morimoto, Shungo Masaki, Ryosuke Kojima, Kenji Nishida, and Kazuhiro Nakadai. Assessment of von Mises-Bernoulli deep neural network in sound source localization. In *Proc. Interspeech 2021*, pages 2152–2156, 2021.

74) L.A. Jeffress. A place theory of sound localization. *Journal of Comparative Physiology, Psycology*, 41:35–39, 1948.

75) C. Jutten and J. Herault. Blind separation of sources, part I: An adaptive algorithm based on neuromimetic architecture. *Signal Processing*, 24(1):1–10, 1991.

76) S. Kagami, K. Okada, M. Inaba, and H. Inoue. Real-time 3D optical flow generation system. In *Proc. of Int. Conf. on Multisensor Fusion and Integration for Intelligent Systems (MFI'99)*, pages 237–242, 1999.

77) Toshinori Kagawa, Fumie Ono, Lin Shan, Ryu Miura, Kazuhiro Nakadai, Kotaro Hoshiba, Makoto Kumon, Hiroshi G. Okuno, Shin Kato, and Fumihide Kojima. Multi-hop wireless command and telemetry communication system for remote operation of robots with extending operation area beyond line-of-sight using 920 MHz/169 MHz. *Adv. Robotics*, 34(11):756–766, 2020.

78) H. Kameoka, N. Ono, K. Kashino, and S. Sagayama. Complex NMF: A new sparse representation for acoustic signals. In *Proceedings of 2009 International Conference on Acoustics, Speech, and Signal Processing (ICASSP-2009)*, pages 3437–3440. IEEE, 2009.

79) Hirokazu Kameoka, Takuya Nishimoto, and Shigeki Sagayama. A multipitch analyzer based on harmonic temporal structured clustering. *IEEE Transactions on Audio, Speech, and Language Processing*, 15(3):982–994, 2007.

80) K. Kashino, K. Nakadai, T. Kinoshita, and H. Tanaka. Application of Bayesian probability network to music scene analysis. In *Working Notes of the IJCAI-95 Computational Auditory Scene Analysis Workshop*, pages 52–59. AAAI, 1995.

81) Hiromichi Kawanami, Tobias Cincarek, Shota Takeuchi, Hiroshi Saruwatari, and Kiyohiro Shikano. Environment speech-oriented guidance systems Kita-robo and Kita-chan. In *Oriental COCOSDA*, pages 132–136, 2007.

82) H.-D. Kim, K. Komatani, T. Ogata, and H. G. Okuno. Human tracking system integrating sound and face localization using em algorithm in real environments. *Advanced Robotics*, 23(6):629–653, 2007.

83) H.-D. Kim, K. Komatani, T. Ogata, and H. G. Okuno. Human tracking system integrating sound and face localization using an expectation-maximization algorithm in real environments. *Advanced Robotics*, 23(6):629–653, 2009.

84) U.-H. Kim and H. G. Okuno. Improved binaural sound localization and tracking for unknown time-varying number of speakers. *Advanced Robotics*, 27(15):1161–1173, 2013.

85) Keisuke Kinoshita, Marc Delcroix, Haeyong Kwon, Takuma Mori, and Tomohiro Nakatani. Neural network-based spectrum estimation for online WPE dereverberation. In *Proc. Interspeech 2017*, pages 384–388, 2017.

86) Daichi Kitamura, Nobutaka Ono, Hiroshi Sawada, Hirokazu Kameoka, and Hiroshi Saruwatari. Determined blind source separation unifying independent vector analysis and nonnegative matrix factorization. *IEEE/ACM Transactions on Audio, Speech, and Language Processing*, 24(9):1626–1641, 2016.

87) W.N. Klarquist and A.C. Bovik. Fovea: A foveated vergent active stereo vision system for dynamic 3-dimensional scene recovery. *RA*, 14(5):755–770, October

1998.

88) M. Knaak and S. Araki. Geometrically constrained independent component analysis. *IEEE Transactions on Speech and Audio Processing*, 15(2):715–726, 2007.

89) C. H. Knapp and G. C. Carter. The generalized correlation method for estimation of time delay. *IEEE Transactions on Acoustics, Speech, and Signal Processing*, 24(4):320–327, 1976.

90) Tomoaki Koiwa, Kazuhiro Nakadai, and Jun-ichi Imura. Coarse speech recognition by audio-visual integration based on missing feature theory. In *Proceedings of the IEEE/RSJ International Conference on Intelligent Robots and Systems (IROS 2007)*, pages 1751–1756. IEEE, 2007.

91) H. Krim and M. Viberg. Two decades of array signal processing research: the parametric approach. *Signal Processing Magazine, IEEE*, 13(4):67–94, 1996.

92) Makoto Kumon and Yoshitaka Noda. Active soft pinnae for robots. In *Proceedings of the IEEE/RSJ International Conference on Intelligent Robots and Systems (IROS 2011)*, pages 112–117, 2011.

93) Makoto Kumon, Hiroshi G. Okuno, and Shuichi Tajima. Alternating drive-and-glide flight navigation of a kiteplane for sound source position estimation. In *IEEE/RSJ International Conference on Intelligent Robots and Systems, IROS 2021, Prague, Czech Republic, September 27 - Oct. 1, 2021*, pages 2114–2120. IEEE, 2021.

94) T. Kurata, D. Chang, and S. Hashimoto. Multimedia sensing system for robot. In *Proceedings of 4th IEEE International Workshop on Robot and Human Communication (RO-MAN '95)*, pages 83–88. IEEE, 1995.

95) Shunsuke Kurotaki, Noriaki Suzuki, Kazuhiro Nakadai, Hiroshi G. Okuno, and Hideharu Amano. Implementation of active direction-pass filter on dynamically reconfigurable processor. In *Proceedings of the 2005 IEEE/RSJ International Conference on Intelligent Robots and Systems (IROS 2005)*, pages 515–520. IEEE, Aug. 2005.

96) P. Lax and R. Phillips. *Scattering Theory*. Academic Press, NY., 1989.

97) Daniel D. Lee and H. Sebastian Seung. Learning the parts of objects by non-negative matrix factorization. *Nature*, 401:788–791, 1999.

98) Daniel D. Lee and H. Sebastian Seung. Algorithms for non-negative matrix factorizaton. In *Advances in Neural Information Processing Systems 13 (NIPS 2000)*, pages 556–562. MIT Press, 2000.

99) Intae Lee, Taesu Kim, and Te-Won Lee. Fast fixed-point independent vector analysis algorithms for convolutive blind source separation. *Signal Processing*, 87(8):1859 – 1871, 2007. Independent Component Analysis and Blind Source Separation.

100) T. S. Lee. Efficient wideband source localization using beamforming invariance technique. *IEEE Transactions on Signal Processing*, 42(6):1376–1387, 1994.

101) Angelica Lim, Takeshi Mizumoto, Lois-Kenzo Cahier, Takuma Otsuka, Toru Takahashi, Kazunori Komatani, Tetsuya Ogata, and Hiroshi G. Okuno. Robot musical accompaniment: Integrating audio and visual cues for real-time synchronization with a human flutist. In *Proceedings of the IEEE/RSJ International Conference on Intelligent Robots and Systems (IROS 2010)*, pages 1964–1969. IEEE, 2010.

102) Y. Luo, D. N. Zotkin, and R. Duraiswami. Gaussian process models for HRTF based 3D sound localization. In *Proceedings of 2014 International Conference on Acoustics, Speech, and Signal Processing (ICASSP-2014)*, pages 2858–2862. IEEE, 2014.

103) Yi Luo and Nima Mesgarani. Conv-tasnet: Surpassing ideal time–frequency magnitude masking for speech separation. *IEEE/ACM Trans. Audio, Speech and Lang. Proc.*, 27(8):1256–1266, aug 2019.

104) E. Martinson and A. C. Schultz. Discovery of sound sources by an autonomous mobile robot. *Auton. Robots*, 27(3):221–237, 2009.

105) Kiyotoshi Matsuoka. Minimal distortion principle for blind source separation. In *Proceedings of the 41st SICE Annual Conference. SICE 2002.*, volume 4, pages 2138–2143, 2002.

106) Y. Matsusaka, T. Tojo, S. Kuota, K. Furukawa, D. Tamiya, K. Hayata, Y. Nakano, and T. Kobayashi. Multi-person conversation via multi-modal interface — a robot who communicates with multi-user. In *Proc. of 6th European Conference on Speech Communication Technology (EUROSPEECH-99)*, pages 1723–1726. ESCA, 1999.

107) H. McGurk and J. MacDonald. Hearing lips and seeing voices. In *Nature*, volume 264, pages 746–748, 1976.

108) Daniel Michelsanti, Zheng-Hua Tan, Shi-Xiong Zhang, Yong Xu, Meng Yu, Dong Yu, and Jesper Jensen. An overview of deep-learning-based audio-visual speech enhancement and separation. *IEEE/ACM Transactions on Audio, Speech, and Language Processing*, 29:1368–1396, 2021.

109) A.W. Mills. Lateralization of high-frequency tones. *The Journal of the Acoustical Society of America*, 32:132–134, 1960.

110) Hiroki Miura, Takami Yoshida, Keisuke Nakamura, and Kazuhiro Nakadai. SLAM-based online calibration for asynchronous microphone array. *Advanced Robotics*, 26(17):1941–1965, 2012.

111) T. Mizumoto, I. Aihara, T. Otsuka, R. Takeda, K. Aihara, and H. G. Okuno. Sound imaging of nocturnal animal calls in their natural habitat. *Journal of Comparative Physiology A: Neuroethology, Sensory, Neural, and Behavioral Physiology*, 197(9):915–921, 2011.

112) T. Mizumoto, K. Nakadai, T. Yoshida, R. Takeda, T. Otsuka, T. Takahashi, and H. G. Okuno. Design and implementation of selectable sound separation on the texai telepresence system using HARK. In *Proceedings of the IEEE-RAS*

International Conference on Robotics and Automation (ICRA 2011), pages 2130–2137. IEEE, 2011.

113) T. Mizumoto, T. Otsuka, K. Nakadai, T. Takahashi, K. Komatani, T. Ogata, and H.G. Okuno. Human-robot ensemble between robot thereminst and human percussionist using coupled oscillator model. In *Proceedings of IEEE/RSJ International Conference on Intelligent Robots and Systems (IROS-2010)*, pages 1957–1963, 2010.

114) B. C. J. Moore. *An Introduction to the Psychology of Hearing.* ACADEMIC PRESS, 1989.

115) K. Nakadai, K. Hidai, H. Mizoguchi, H. G. Okuno, and H. Kitano. Real-time auditory and visual multiple-object tracking for robots. In *Proc. of the 17th Int. Joint Conf. on Atificial Intelligence (IJCAI-01)*, pages 1424–1432. MIT Press, 2001.

116) K. Nakadai, T. Lourens, H. G. Okuno, and H. Kitano. Active audition for humanoid. In *Proceedings of 17th National Conference on Artificial Intelligence (AAAI-2000)*, pages 832–839. AAAI, 2000.

117) K. Nakadai, D. Matsuura, H. G. Okuno, and H. Tsujino. Improvement of recognition of simultaneous speech signals using AV integration and scattering theory for humanoid robots. *Speech Communication*, 44(1-4):97–112, 2004.

118) K. Nakadai, D. Matsuura, H.G. Okuno, and H. Kitano. Applying scattering theory to robot audition system: Robust sound source localization and extraction. In *Proc. of the 2003 IEEE/RSJ International Conference on Intelligent Robots and Systems (IROS-2003)*, pages 1157–1162, 2003.

119) K. Nakadai, H.G. Okuno, and H. Kitano. Auditory fovea based speech separation and its application to dialog system. In *Proceedings of the IEEE/RSJ International Conference on Intelligent Robots and Systems (IROS-2002)*, pages 1314–1319, 2002.

120) K. Nakadai, T. Takahashi, H. G. Okuno, H. Nakajima, Y. Hasegawa, and H. Tsujino. Design and implementation of robot audition system "HARK". *Advanced Robotics*, 24:739–761, 2010.

121) K. Nakadai, M. Takigahira, Y. Kawai, and H. Nakajima. Fully-online always-adaptation of transfer functions and its application to sound source localization and separation. In *Proceedings of the IEEE/RSJ International Conference on Intelligent Robots and Systems (IROS 2021)*, pages 2077–2082, 2021.

122) Kazuhiro Nakadai, Makoto Kumon, Hiroshi G. Okuno, Kotaro Hoshiba, Mizuho Wakabayashi, Kai Washizaki, Takahiro Ishiki, Daniel Gabriel, Yoshiaki Bando, Takayuki Morito, Ryosuke Kojima, and Osamu Sugiyama. Development of microphone-array-embedded UAV for search and rescue task. In *2017 IEEE/RSJ International Conference on Intelligent Robots and Systems, IROS 2017, Vancouver, BC, Canada, September 24-28, 2017*, pages 5985–5990. IEEE, 2017.

123) Kazuhiro Nakadai and Keisuke Nakamura. *Sound Source Localization and Separation*, pages 1–18. American Cancer Society, 2015.

124) Kazuhiro Nakadai, Hiroshi G. Okuno, and Takeshi Mizumoto. Development, deployment and applications of robot audition open source software HARK. *Journal of Robotics and Mechatronics*, 29(1):16–25, 2017.

125) Kazuhiro Nakadai, Shunichi Yamamoto, Hiroshi G Okuno, Hirofumi Nakajima, Yuji Hasegawa, and Hiroshi Tsujino. A robot referee for rock-paper-scissors sound games. In *Proceedings of the of IEEE-RAS International Conference on Robotics and Automation (ICRA 2008)*, pages 3469–3474. IEEE, 2008.

126) H. Nakajima, K. Nakadai, Y. Hasegawa, and H. Tsujino. Blind source separation with parameter-free adaptive step-size method for robot audition. *IEEE Transactions on Audio, Speech and Language Processing*, 18(6):1476–1485, 2010.

127) H. Nakajima, K. Nakadai, Y. Hasegawa, and H. Tsujino. Correlation matrix estimation by an optimally controlled recursive average method and its application to blind source separation. *Acoustical Science and Technology*, 31(3):205–212, 2010.

128) K. Nakamura, K. Nakadai, F. Asano, Y. Hasegawa, and H. Tsujino. Intelligent sound source localization for dynamic environments. In *Proceedings of the IEEE/RSJ International Conference on Intelligent Robots and Systems (IROS 2009)*, pages 664–669. IEEE/RSJ, 2009.

129) K. Nakamura, K. Nakadai, and H. G. Okuno. A real-time super-resolution robot audition system that improves the robustness of simultaneous speech recognition. *Advanced Robotics*, 27(12):933–945, 2013.

130) H. Nakashima and T. Mukai. 3D sound source localization system based on learning of binaural hearing. In *IEEE International Conference on Systems, Man and Cybernetics*, pages 3534–3539, 2005.

131) T. Nakatani and H. G. Okuno. Harmonic sound stream segregation using localization and its application to speech stream segregation. *Speech Communication*, 27(3-4):209–222, 1999.

132) T. Nakatani, H. G. Okuno, and T. Kawabata. Residue-driven architecture for computational auditory scene analysis. In *Proceedings of 14th International Joint Conference on Artificial Intelligence (IJCAI-95)*, volume 1, pages 165–172. AAAI, 1995.

133) Tomohiro Nakatani, Takuya Yoshioka, Keisuke Kinoshita, Masato Miyoshi, and Biing-Hwang Juang. Speech dereverberation based on variance-normalized delayed linear prediction. *IEEE Transactions on Audio, Speech, and Language Processing*, 18(7):1717–1731, 2010.

134) Y. Nishimura, K. Nakadai, M. Nakano, H. Tsujino, and M. Ishizuka. Speech recognition for a humanoid with motor noise utilizing missing feature theory. In *Proceedings of the 2006 IEEE-RAS International Conference on Humanoid*

Robots (Humanoids 2006), pages 26–33. IEEE, 2006.

135) Kuniaki Noda, Yuki Yamaguchi, Kazuhiro Nakadai, Hiroshi G. Okuno, and Tetsuya Ogata. Audio-visual speech recognition using deep learning. *Applied Intelligence*, 42(4), 2015.

136) Kenzo Nonami, Kotaro Hoshiba, Kazuhiro Nakadai, Makoto Kumon, Hiroshi G. Okuno, Yasutada Tanabe, Koichi Yonezawa, Hiroshi Tokutake, Satoshi Suzuki, Kohei Yamaguchi, Shigeru Sunada, Takeshi Takaki, Toshiyuki Nakata, Ryusuke Noda, Hao Liu, and Satoshi Tadokoro. Recent R&D technologies and future prospective of flying robot in tough robotics challenge. In Satoshi Tadokoro, editor, *Disaster Robotics - Results from the ImPACT Tough Robotics Challenge*, volume 128 of *Springer Tracts in Advanced Robotics*, pages 77–142. Springer, 2019.

137) Tsubasa Ochiai, Shinji Watanabe, and Shigeru Katagiri. Does speech enhancement work with end-to-end asr objectives?: Experimental analysis of multichannel end-to-end asr. In *2017 IEEE 27th International Workshop on Machine Learning for Signal Processing (MLSP)*, pages 1–6, 2017.

138) T. Ohata, K. Nakamura, A. Nagamine, T. Mizumoto, T. Ishizaki, R. Kojima, O. Sugiyama, and K. Nakadai. Outdoor sound source detection using a quadcopter with microphone array. *Journal of Robotics and Mechatronics*, 29(1):177–187, 2017.

139) H.G. Okuno, K. Nakadai, and H. Kitano. Realizing audio-visually triggered eliza-like non-verbal behaviors. In A. Sattar M. Ishizuka, editor, *PRICAI 2002: Trends in Artificial Intelligence*, volume 2417 of *Lecture Notes in Computer Science*, pages 552–562. Springer, 2002.

140) H.G. Okuno, K. Nakadai, T. Lourens, and H. Kitano. Separating three simultaneous speeches with two microphones by integrating auditory and visual processing. In *Proc. of European Conf. on Speech Processing(Eurospeech 2001)*. ESCA, 2001.

141) K. Okutani, T. Yoshida, K. Nakamura, and K. Nakadai. Outdoor auditory scene analysis using a moving microphone array embedded in a quadrocopter. In *Proceedings of the IEEE/RSJ International Conference on Intelligent Robots and Systems (IROS 2012)*, pages 3288–3293. IEEE, Oct. 2012.

142) M. Okutomi. Stereo vision. In T. Matsuyama, Y. Kuno, and J. Imiya, editors, *Computer Vision*, pages 123–137. New Technology Communications, 1998.

143) J. L. Oliveira, G. Ince, K. Nakamura, K. Nakadai, H. G. Okuno, L. P. Reis, and F. Gouyon. An active audition framework for auditory-driven hri: Application to interactive robot dancing. In *Proceedings of 21st IEEE International Symposium on Robot and Human Interactive Communication (RO-MAN 2012)*, pages 1078–1085. IEEE, 2012.

144) João Lobato Oliveira, Matthew E. P. Davies, Fabien Gouyon, and Luís Paulo Reis. Beat tracking for multiple applications: A multi-agent system architec-

ture with state recovery. *IEEE Transactions on Audio, Speech and Language Processing*, 20(10):2696–2706, 2012.

145) N. Ono, H. Kohno, N. Ito, and S. Sagayama. Blind alignment of asynchronously recorded signals for distributed microphone array. In *IEEE Workshop Applications of Signal Processing to Audio and Acoustics (WASPAA)*, pages 161–164, 2009.

146) Takuma Otsuka, Kazuhiro Nakadai, Tetsuya Ogata, and Hiroshi G. Okuno. Bayesian extension of MUSIC for sound source localization and tracking. In *Proceedings of INTERSPEECH 2011*, pages 3109–3112, 2011.

147) Takuma Otsuka, Kazuhiro Nakadai, Toru Takahashi, Tetsuya Ogata, and Hiroshi G Okuno. Real-time audio-to-score alignment using particle filter for coplayer music robots. *EURASIP Journal of Advances in Signal Processing*, 2011:13, 2010.

148) L. C. Parra and C. V. Alvino. Geometric source separation: Merging convolutive source separation with geometric beamforming. *IEEE Transactions on Speech and Audio Processing*, 10(6):352–362, 2002.

149) J. Pearl. *Causality. second edition.* Cambridge University Press, 2009.

150) Archontis Politis, Sharath Adavanne, Daniel Krause, Antoine Deleforge, Prerak Srivastava, and Tuomas Virtanen. A dataset of dynamic reverberant sound scenes with directional interferers for sound event localization and detection. In *Detection and Classification of Acoustic Scenes and Events 2021 (DCASE2021)*, pages 125–129, 2021.

151) Archontis Politis, Sharath Adavanne, and Tuomas Virtanen. A dataset of reverberant spatial sound scenes with moving sources for sound event localization and detection. In *Detection and Classification of Acoustic Scenes and Events 2020 (DCASE 2020)*, pages 165–169, 2020.

152) A. Portello, P. Danès, and S. Argentieri. Active binaural localization of intermittent moving sources in the presence of false measurements. In *Proceedings of the IEEE/RSJ International Conference on Intelligent Robots and Systems (IROS 2012)*, pages 3294–3299, 2012.

153) A. Portello, P. Danès, and S. Argentieri. HRTF-based source azimuth estimation and activity detection from a binaural sensor. In *IEEE/RSJ International Conference on Intelligent Robots and Systems*, pages 2908–2913, 2013.

154) M.P. Prockup, D.K. Grunberg, A. Hrybyk, and Y.E. Kim. Orchestral performance companion: Using real-time audio to score alignment. *IEEE Multimedia*, 20(2):52–60, 2013.

155) B. Raj and R. M. Stern. Missing-feature approaches in speech recognition. *Signal Processing Magazine*, 22(5):101–116, 2005.

156) Caleb Rascon and Ivan Meza. Localization of sound sources in robotics: A review. *Robotics and Autonomous Systems*, 96:184 – 210, 2017.

157) L. Rayleigh. On our perception of sound direction. *Phil. Mag.*, 13:214–232, 1907.

158) T. Rodemann, M. Heckmann, B. Schölling, F. Joublin, and C. Goerick. Real-time sound localization with a binaural head-system using a biologically-inspired cue-triple mapping. In *Proceedings of the IEEE/RSJ International Conference on Intelligent Robots and Systems (IROS 2006)*. IEEE Press, 2006.

159) D. Rosenthal and H. G. Okuno, editors. *Computational Auditory Scene Analysis*. Lawrence Erlbaum Associates, Mahwah, New Jersey, 1998.

160) S. Rougeaux and Y. Kuniyoshi. Robust real-time tracking on an active vision head. In *Proc. of IEEE/RAS Int. Conf. on Intelligent Robots and Systems (IROS-97)*, pages 873–879. IEEE, 1997.

161) Y. Sakagami, R. Watanabe, C. Aoyama, S. Matsunaga, N. Higaki, and K. Fujimura. The intelligent asimo: System overview and integration. In *Proceedings of IEEE/RSJ International Conference on Intelligent Robots and Systems (IROS-2002)*, pages 2478–2483, 2002.

162) T.T Sandel, D.C. Teas, W.E. Feddersen, and L.A. Jeffress. Localization of sound from single and paired sources. *The Journal of the Acoustical Society of America*, 27:842–852, 1955.

163) H. Saruwatari, Y. Mori, T. Takatani, S. Ukai, K. Shikano, T. Hiekata, and T. Morita. Two-stage blind source separation based on ica and binary masking for real-time robot audition system. In *Proceedings of the IEEE/RSJ International Conference on Intelligent Robots and Systems (IROS 2005)*, pages 209–214. IEEE, 2005.

164) Y. Sasaki, N. Hatao, K. Yoshii, and S. Kagami. Nested iGMM recognition and multiple hypothesis tracking of moving sound sources for mobile robot audition. In *Proceedings of the IEEE/RSJ International Conference on Intelligent Robots and Systems (IROS 2013)*, pages 3930–3936, 2013.

165) Y. Sasaki, M. Kaneyoshi, S. Kagami, H. Mizoguchi, and T. Enomoto. Daily sound recognition using pitch-cluster-maps for mobile robot audition. In *Proceedings of the IEEE/RSJ International Conference on Intelligent Robots and Systems (IROS 2009)*, pages 2724–2729, 2009.

166) Y. Sasaki, S. Thompson, M. Kaneyoshi, and S. Kagami. Map-generation and identification of multiple sound sources from robot in motion. In *Proceedings of the IEEE/RSJ International Conference on Intelligent Robots and Systems (IROS 2010)*, pages 437–443, 2010.

167) H. Sawada, R. Mukai, S. Araki, and S. Makino. Polar coordinate based nonlinear function for frequency-domain blind source separation. In *2002 IEEE International Conference on Acoustics, Speech and Signal Processing (ICASSP 2002)*, pages 1001–1004, 2002.

168) Hiroshi Sawada, Hirokazu Kameoka, Shoko Araki, and Naonori Ueda. Multi-channel extensions of non-negative matrix factorization with complex-valued data. *IEEE Transactions on Audio, Speech, and Language Processing*, 21:971–982, 5 2013.

169) Hiroshi Sawada, Ryo Mukai, Shoko Araki, and Shoji Makino. Convolutive blind source separation for more than two sources in the frequency domain. *Acoustical Science and Technology*, 25(4):296–298, 2004.

170) R. O. Schmidt. Multiple emitter location and signal parameter estimation. *IEEE Transactions on Antennas and Propagation*, AP-34(3):276–280, 1986.

171) G. Schuller and G. Pollak. Disproportionate frequency representation in the inferior colliculus of horsehoe bats: evidence for an "acoustic fovea". In *J. Comp. Physiol. A*, volume 132, pages 47–54, 1979.

172) Kouhei Sekiguchi, Yoshiaki Bando, Keisuke Nakamura, Kazuhiro Nakadai, Katsutoshi Itoyama, and Kazuyoshi Yoshii. Online simultaneous localization and mapping of multiple sound sources and asynchronous microphone arrays. In *Proceedinds of the 2016 IEEE/RSJ International Conference on Intelligent Robots and Systems (IROS 2016)*, pages 1973–1979, 2016.

173) T. Sekiya, T. Ogawa, and T. Kobayashi. Speech recognition of double talk using safia-based audio segregation. In *Proceedings of 8th European Conference on Speech Communication and Technology(INTERSPEECH)*. ISCA, 2003.

174) S. A. Shafer, A. Stentz, and C. E. Thorpe. An architecture for sensor fusion in a mobile robot. In *Proceedings of IEEE Conference on Robotics and Automation*, pages 2002–2011. IEEE, 1986.

175) Paris Smaragdis and Judith C. Brown. Non-negative matrix factorization for polyphonic music transcription. In *2003 IEEE Workshop on Applications of Signal Processing to Audio and Acoustics (WASPAA)*, pages 177–180, 2003.

176) Zengjie Song and Zhaoxiang Zhang. Visually guided sound source separation with audio-visual predictive coding. *IEEE Transactions on Neural Networks and Learning Systems*, pages 1–15, 2023.

177) S. S. Stevens, John E. Volkmann, and Edwin B. Newman. A scale for the measurement of the psychological magnitude pitch. *Journal of the Acoustical Society of America*, 8:185–190, 1937.

178) G. Strang. *Linear Algebra and its Applications Third Edition*. Harcourt Brace Jovanovich, 1988.

179) C. Sugiyama, K. Itoyama, K. Nishida, and K. Nakadai. Simultaneous calibration of positions, orientations, and time offsets among multiple microphone arrays. In *Proceedings of the IEEE 1st International Conference on Autonomous Systems (ICAS'21)*, page TBD, 2021.

180) S. Sumitani, R. Suzuki, N. Chiba, S. Matsubayashi, T. Arita, K. Nakadai, and H.G. Okuno. An integrated framework for field recording, localization, classification and annotation of birdsongs using robot audition techniques - HARKbird 2.0. In *Proceedings of the 2019 IEEE International Conference on Acoustics, Speech and Signal Processing (ICASSP 2019)*, pages 8246–8250, 2019.

181) Meng Sun, Yinan Li, Jort F. Gemmeke, and Xiongwei Zhang. Speech enhancement under low SNR conditions via noise estimation using sparse and low-rank

NMF with Kullback-Leibler divergence. *IEEE/ACM Transactions on Audio, Speech, and Language Processing*, 23:1233–1242, 7 2015.

182) R. Suzuki, S. Matsubayashi, R. W. Hedley, K. Nakadai, and H.G. Okuno. HARKbird: Exploring acoustic interactions in bird communities using a microphone array. *Journal of Robotics and Mechatronics*, 29(1):213–223, 2017.

183) Reiji Suzuki, Shiho Matsubayashi, Fumiyuki Saito, Tatsuyoshi Murate, Tomohisa Masuda, Koichi Yamamoto, Ryosuke Kojima, Kazuhiro Nakadai, and Hiroshi G. Okuno. A spatiotemporal analysis of acoustic interactions between great reed warblers (acrocephalus arundinaceus) using microphone arrays and robot audition software HARK. *Ecology and Evolution*, 8(1):812–825, 2018.

184) R. Takeda, K. Nakadai, T. Takahashi, K. Komatani, T. Ogata, and H. G. Okuno. Efficient blind dereverberation and echo cancellation based on independent component analysis for actual acoustic signals. *Neural Computation*, 24(1):234–272, 2011.

185) Ryu Takeda and Kazunori Komatani. Discriminative multiple sound source localization based on deep neural networks using independent location model. In *2016 IEEE Spoken Language Technology Workshop (SLT)*, pages 603–609, 12 2016.

186) Y. Tamai, Y. Sasaki, S. Kagami, and H. Mizoguchi. Three ring microphone array for 3D sound localization and separation for mobile robot audition. In *Proceedings of the IEEE/RSJ International Conference on Intelligent Robots and Systems (IROS 2005)*, pages 4172–4177, 2005.

187) K. Tanaka, M. Abe, and S. Ando. A novel mechanical cochlea "fishbone" with duel sensor/actuator characteristics. *IEEE Transactions on Mechatronics*, 3(2):98–105, 1998.

188) T. Tezuka, T. Yoshida, and K. Nakadai. Ego-motion noise suppression for robots based on semi-blind infinite non-negative matrix factorization. In *Proceedings of the IEEE International Conference on Robotics and Automation (ICRA 2014)*, pages 6293–6298, 2014.

189) I. Toshima and S. Aoki. Possibility of head-shape simplification for an acoustical telepresence robot: Telehead. *Journal of Robotics and Mechatronics*, 21(2):223–228, 2009.

190) T. Usagawa, K. Sakai, and M. Ebata. Frequency domain binaural model as the front end of speech recognition system. In *Proceedings of International Conference on Spoken Language Processing (ICSLP-1998)*. ISCA, 1998.

191) J.-M. Valin, F. Michaud, and J. Rouat. Robust localization and tracking of simultaneous moving sound sources using beamforming and particle filtering. *Robotics and Autonomous Systems Journal*, 55(3):216–228, 2007.

192) J.-M. Valin, S. Yamamoto, J. Rouat, F. Michaud, K. Nakadai, and H. G. Okuno. Robust recognition of simultaneous speech by a mobile robot. *IEEE Transactions on Robotics*, 23(4):742–752, 2007.

193) Ashish Vaswani, Noam Shazeer, Niki Parmar, Jakob Uszkoreit, Llion Jones, Aidan N Gomez, Lukasz Kaiser, and Illia Polosukhin. Attention is all you need. In *Advances in Neural Information Processing Systems*, volume 30, 2017.

194) T. Virtanen. Monaural sound source separation by nonnegative matrix factorization with temporal continuity and sparseness criteria. *IEEE Transactions on Audio, Speech, and Language Processing*, 15(3):1066–1074, 2006.

195) M. Wakabayashi, H. G. Okuno, and M. Kumon. Multiple sound source position estimation by drone audition based on data association between sound source localization and identification. *IEEE Robotics and Automation Letters*, 5(2):782–789, 2020.

196) H. Wang and M. Kaveh. Coherent signal-subspace processing for the detection and estimation of angles of arrival of multiple wide-band sources. *IEEE Transactions on Acoustics, Speech, and Signal Processing*, 33(4):823–831, 1985.

197) Yu-Xiong Wang and Yu-Jin Zhang. Nonnegative matrix factorization: A comprehensive review. *IEEE Transactions on Knowledge and Data Engineering*, 25(6):1336–1353, 2013.

198) Belhedi Wiem, Ben Messaoud Mohamed Anouar, and Bouzid Aicha. Time-frequency masks for monaural speech separation: A comparative review. In *2016 7th International Conference on Sciences of Electronics, Technologies of Information and Telecommunications (SETIT)*, pages 442–447, 2016.

199) F. Winter, F. Schultz, and Spors. S. Localization properties of data-based binaural synthesis including translatory head-movements. In *Proceedings of 7th European Acoustics Association (EAA) FORUM ACUSTICUM*, pages SS16–3, 2014.

200) R. S. Woodworth, H. Schlosberg, J. W. Kling, and L. A. Riggs. *Woodworth & Schlosberg's Experimental psychology*. Holt, Rinehart and Winston, 1971.

201) Yun Xue, Chong Sze Tong, Ying Chen, and Wen Sheng Chen. Clustering-based initialization for non-negative matrix factorization. *Applied Mathematics and Computation*, 205:525–536, 11 2008.

202) Taiki Yamada, Katsutoshi Itoyama, Kenji Nishida, and Kazuhiro Nakadai. Outdoor evaluation of sound source localization for drone groups using microphone arrays. In *Proc of 2022 IEEE/RSJ International Conference on Intelligent Robots and Systems (IROS)*, pages 1–6, 2022.

203) Nobuhide Yamakawa, Toru Takahashi, Tetsuro Kitahara, Tetsuya Ogata, and Hiroshi G. Okuno. Environmental sound recognition for robot audition using matching-pursuit. In *Modern Approaches in Applied Intelligence (IEA/AIE-2011), LNAI 6704*, pages 1–10. Springer, 2011.

204) S. Yamamoto, K. Nakadai, M. Nakano, H. Tsujino, J.-M. Valin, K. Komatani, T. Ogata, and H. G. Okuno. Design and implementation of a robot audition system for automatic speech recognition of simultaneous speech. In *Proceedings of the 2007 IEEE Workshop on Automatic Speech Recognition and Under-*

standing (ASRU-2007), pages 111–116. IEEE, 2007.

205) Haruto Yokota, Mert Bozkurtlar, Benjamin Yen Katsutoshi Itoyama, Kenji Nishida, and Kazuhiro Nakadai. A video vision transformer for sound source localization. In *Proceedings of the 32nd European conference on signal processing (EUSIPCO 2024)*, 2024.

206) T. Yoshida and K. Nakadai. Active audio-visual integration for voice activity detection based on a causal Bayesian network. In *Proceedings of the 2012 IEEE RAS International Conference on Humanoid Robots (Humanoids 2012)*, pages 370–375. IEEE, 2012.

207) K. Youssef, S. Argentieri, and J.-L. Zarader. A learning-based approach to robust binaural sound localization. In *IEEE/RSJ International Conference on Intelligent Robots and Systems*, pages 2927–2932, 2013.

208) Rafal Zdunek. Initialization of nonnegative matrix factorization with vertices of convex polytope. In Leszek Rutkowski, Marcin Korytkowski, Rafał Scherer, Ryszard Tadeusiewicz, Lotfi A. Zadeh, and Jacek M. Zurada, editors, *Artificial Intelligence and Soft Computing*, pages 448–455, Berlin, Heidelberg, 2012. Springer Berlin Heidelberg.

209) W. Zhang, M. Zhang, R. A. Kennedy, and T. D. Abhayapala. On high-resolution head-related transfer function measurements: An efficient sampling scheme. *IEEE Transactions on Audio, Speech and Language Processing*, 20(2):575–584, 2011.

210) Wangyou Zhang, Christoph Boeddeker, Shinji Watanabe, Tomohiro Nakatani, Marc Delcroix, Keisuke Kinoshita, Tsubasa Ochiai, Naoyuki Kamo, Reinhold Haeb-Umbach, and Yanmin Qian. End-to-end dereverberation, beamforming, and speech recognition with improved numerical stability and advanced frontend. In *ICASSP 2021 - 2021 IEEE International Conference on Acoustics, Speech and Signal Processing (ICASSP)*, pages 6898–6902, 2021.

211) Katerina Zmolikova, Marc Delcroix, Tsubasa Ochiai, Keisuke Kinoshita, Jan Černocký, and Dong Yu. Neural target speech extraction: An overview. *IEEE Signal Processing Magazine*, 40(3):8–29, 2023.

212) Y. Sudo, et al., Streaming Automatic Speech Recognition with Re-blocking Processing Based on Integrated Voice Activity Detection, INTERSPEECH 2022

213) T. Osaki et al., Improving Noise Robustness of Automatic Speech Recognition based on a Parallel Adapter Model with Near-Identity Initialization, IEA/AIE 2024

214) Y. Sudo et al., Retraining-free Customized ASR for Enharmonic Words Based on a Named-Entity-Aware Model and Phoneme Similarity Estimation, INTERSPEECH 2023

215) Kazuhiro Nakadai, Yusuke Fukumoto, Ryu Takeda, Investigation of Node Pruning Criteria for Neural Networks Model Compression with Non-Linear Function and Non-Uniform Network Topology, 2021 IEEE Spoken Language

Technology Workshop (SLT), pp.117–124, 20210101, https://doi.org/10.1109/SLT48900.2021.9383593

216) 石井 カルロス寿憲, Jani Even, 萩田 紀博. 複数のマイクロホンアレイおよび空間情報と反射音を利用した音源定位の検討. 人工知能学会 AI チャレンジ研究会, pages 64–69, 2012.

217) 石原 一志, 駒谷 和範, 尾形 哲也, 奥乃 博. 環境音を対象とした擬音語自動認識. 人工知能学会論文誌, 20(3):229–236, 2004.

218) 中臺 一博, 中島 弘史, 村瀬 昌満, 奥乃 博, 長谷川 雄二, 辻野 広司. 移動型および静止型マイクロホンアレイ統合による複数移動音源追跡. 日本ロボット学会誌, 25(6):181–191, 2007.

219) 佐藤 幹, 杉山 昭彦, 大中 慎一. パーソナルロボット PaPeRo における近接話者方向推定と 2 マイク音声強調. 人工知能学会 AI チャレンジ研究会, pages 41–46, 2005.

220) 小池 京太郎, 今井 倫太, 中村 圭佑, 中臺 一博. Telepabot：複数のグループが同時に会話する環境に適したテレプレゼンスシステム. 電子情報通信学会技術研究報告, クラウドネットワークロボット研究会, pages 1–6. 電子情報通信学会, 2013.

221) 奥谷 啓太, 吉田 尚水, 中村 圭佑, 中臺 一博. クワドロコプタ搭載のマイクロホンアレイを用いた屋外音環境理解の逐次雑音推定による向上. ロボット学会誌, 31(7):38–45, 2013.

222) 中村 圭佑, ゴメス ランディ, 中臺 一博. ノンパラメトリックベイズモデルを用いた雑音ロバストな音響イベント同定. 第 38 回人工知能学会 AI チャレンジ研究会, pages 3–8. 人工知能学会, 2013.

223) 中村 圭佑, 中臺 一博, 浅野 太, 中島 弘史, インジュ ギョカン. マルチモーダル情報統合によるインテリジェント人追跡システム. 計測自動制御学会論文集, 48(6):349–358, 2012.

224) 岡田 慧, 加賀美 聡, 稲葉 雅幸, 井上 博允. PC による高速対応点探索に基づくロボット搭載可能な実時間視差画像・フロー生成法と実現. 日本ロボット学会誌, 18(6):138–143, 2000.

225) 山本 潔, 浅野 太, 原 功, 緒方 淳, 麻生 英樹, 山田 武志, 北脇 信彦. ヒューマノイドロボット HRP-2 における音響情報と画像情報を統合したリアルタイム音声インタフェース. 日本音響学会誌, 62(3):161–172, 2006.

226) 新里 顕大, 小島 諒介. オンライン音環境認識のための低次元埋め込み手法の高速化. 人工知能学会 第 57 回 AI チャレンジ研究会 SIG-Challenge-057-3, pages 8–14, 2020.

227) 松林 志保, 斎藤 史之, 鈴木 麗璽, 中臺 一博, 奥乃 博. 「見えない」鳥を音で追う：定位技術を活用した鳥類観測. 第 29 回京都大会講演要旨集, page 53. 日本景観生態学会, 2019.

228) 植田 俊輔, 今井 倫太, 中臺 一博, 中村 圭佑. UI-ALT：音の選択聴取を可能とする実世界アバタのためのユーザインタフェース. 人工知能学会 第 34 回 AI-Challenge 研究会. JSAI, 2011.

229) 吉田 尚水, 中臺 一博, 奥乃 博. ロボット聴覚のための 2 階層視聴覚情報統合を用いた音声認識システムの検討. 日本ロボット学会誌, 28(8):56–63, 2010.

230) 手塚 太貴, 吉田 尚水, 中臺 一博. Semi-blind infinite NMF を用いた動作雑音抑圧手

法の提案とその評価. 第 *38* 回人工知能学会 *AI* チャレンジ研究会，pages 9–15. 人工知能学会，2013.

231) 木下 智義，中臺 一博. ロボット聴覚オープンソースソフトウェア HARK 用ミドルウェア HARK middleware の紹介. 人工知能学会研究会資料 *SIG-Challenge-057-012*, pages 73–78, 2020.

232) 中臺一博，奥乃 博. ロボット聴覚オープンソースソフトウェア HARK の紹介. 第 *15* 回計測自動制御学会システムインテグレーション部門講演会 *(SI2014)* 講演論文集，pages 1712–1716, 2014.

233) 奥乃 博. 音環境理解 —— 混合音の認識を目指して. 情報処理，40(10):1096–1101, Oct. 2000.

234) 石塚 満. Dempster & Shafer の確率理論. 電子通信学会誌，66(9):900–903, 1983.

235) 猿渡 洋. ブラインド音源分離 ～時空間スモールデータの非ガウス・低ランクモデリングとその最適化の数理～. 第 *49* 回人工知能学会 *AI* チャレンジ研究会，*SIG-Challenge-049-6*, pages 35–42, 2017.

236) 西村 竜一，原 直，川波 弘道，李 晃伸，鹿野 清宏. 10 年間の長期運用を支えた音声情報案内システム「たけまるくん」の技術. 人工知能学会誌，28(1):52–59, 2013.

237) 相原 龍，ウィシャーン ゴードン，ルルー ジョナトン. Deep clustering によるシングルチャネル音声分離とその発展. 日本音響学会誌，76:101–108, 2020.

238) 山本 遼，中臺 一博，西田 健次，糸山 克寿. 類似度行列を考慮した野鳥の歌自動識別の検討. 第 *39* 回日本ロボット学会学術講演会予稿集 *(RSJ 2021)*, 2D4–4, 2021.

239) 村田 和真，中臺 一博，武田 龍，奥乃 博，長谷川 雄二，辻野 広司. ロボットを対象としたビートトラッキングロボットの提案とその音楽ロボットへの応用. 日本ロボット学会誌，27(7):793–801, 2009.

240) 駒谷 和範，松山 匡子，武田 龍，高橋 徹，尾形 哲也，奥乃 博. 発語行為レベルの情報をユーザ発話の解釈に用いる音声対話システム. 情報処理学会論文誌，52(12):3374–3385, 2011.

索　引

〈著者略歴〉

中臺 一博（なかだい　かずひろ）
東京科学大学 工学院 システム制御系
教授，博士（工学）

1995 年　東京大学 大学院工学系研究科 情報
　　　　工学専攻 修了
1995〜1999 年　日本電信電話株式会社，NTT
　　　　コミュニケーションウェア株式会社
　　　　（現 NTT コムウェア株式会社）社員
1999〜2003 年　科学技術振興事業機構
　　　　ERATO 北野共生システムプロジェ
　　　　クト 研究員
2003〜2022 年　株式会社ホンダ・リサーチ・
　　　　インスティチュート・ジャパン プ
　　　　リンシパル・サイエンティスト
2006〜2022 年　東京工業大学 大学院情報理
　　　　工学研究科 客員准教授，連携准教
　　　　授，連携教授，工学院システム制
　　　　御系 特定教授，特任教授兼務
2011〜2017 年　早稲田大学 創造理工学研究
　　　　科 客員教授
2022 年より現職（2024 年，大学名称変更）

糸山 克寿（いとやま　かつとし）
株式会社ホンダ・リサーチ・インスティ
チュート・ジャパン シニアサイエンティスト，
博士（情報学）

2011 年　京都大学 大学院情報学研究科 知能
　　　　情報学専攻 修了
2008〜2011 年　日本学術振興会 特別研究員
　　　　（DC1）
2011〜2011 年　京都大学 大学院情報学研究
　　　　科 特定助教（工学部情報学科兼担）
2011 年　京都大学 大学院情報学研究科 助教
　　　　（工学部情報学科兼担）
2018〜2021 年　東京工業大学 工学院システ
　　　　ム制御系 特任講師
2021〜2024 年　東京工業大学 工学院システ
　　　　ム制御系 特任准教授
2018 年より現職

ロボット聴覚の基礎
　―実環境での音源定位・分離技術―

2025 年 2 月 25 日　　第 1 版第 1 刷発行

著　　　者　　中臺一博・糸山克寿
発 行 者　　村上和夫
発 行 所　　株式会社 オーム社
　　　　　　郵便番号　101-8460
　　　　　　東京都千代田区神田錦町 3-1
　　　　　　電話　03(3233)0641（代表）
　　　　　　URL https://www.ohmsha.co.jp/

© 中臺一博・糸山克寿 2025

印刷・製本　三美印刷
ISBN978-4-274-23252-7　Printed in Japan

本書の感想募集 https://www.ohmsha.co.jp/kansou/
本書をお読みになった感想を上記サイトまでお寄せください．
お寄せいただいた方には，抽選でプレゼントを差し上げます．